高职高专"十三五"规划教材

辽宁省能源装备智能制造高水平特色专业群建设成果系列教材

王 辉 主编

金工实习

杨艳春 蔡言锋 于文强 主编

化学工业出版社

·北京·

内容简介

《金工实习》以项目、工作任务为引领，系统地介绍了金属工艺的基础知识，常用金工实习的设备、工具量具及其加工工艺方法。全书共分为八个项目，内容包括金属材料与热处理、铸造、锻压、焊接、钳工、车削、铣削和磨削，每个项目后都有巩固练习。

本书可作为高职院校机械类、近机类及其他工科专业的金工实习教材，也可供工程技术人员参考使用。

图书在版编目（CIP）数据

金工实习/杨艳春，蔡言锋，于文强主编. —北京：化学工业出版社，2020.8（2023.9重印）
高职高专"十三五"规划教材. 辽宁省能源装备智能制造高水平特色专业群建设成果系列教材
ISBN 978-7-122-37131-7

Ⅰ.①金⋯ Ⅱ.①杨⋯ ②蔡⋯ ③于⋯ Ⅲ.①金属加工-实习-高等职业教育-教材 Ⅳ.①TG-45

中国版本图书馆 CIP 数据核字（2020）第 093175 号

责任编辑：满悦芝　丁文璇　　　　　　　装帧设计：张　辉
责任校对：宋　夏

出版发行：化学工业出版社（北京市东城区青年湖南街 13 号　邮政编码 100011）
印　　装：北京印刷集团有限责任公司
787mm×1092mm　1/16　印张 14¾　字数 364 千字　2023 年 9 月北京第 1 版第 4 次印刷

购书咨询：010-64518888　　　　　　　　售后服务：010-64518899
网　　址：http://www.cip.com.cn
凡购买本书，如有缺损质量问题，本社销售中心负责调换。

定　价：49.80 元　　　　　　　　　　　　　　　　　　　　版权所有　违者必究

辽宁省能源装备智能制造高水平特色专业群建设成果系列教材编写人员

主　编：王　辉

副主编：段艳超　孙　伟　尤建祥

编　委：孙宏伟　李树波　魏孔鹏　张洪雷
　　　　张　慧　黄清学　张忠哲　高　建
　　　　李正任　陈　军　李金良　刘　馥

前言

"金工实习"是一门实践性很强的技术基础课,也是十分重要的实践环节。党的二十大报告指出,在全社会弘扬劳动精神、奋斗精神、奉献精神、创造精神、勤俭节约精神。而金工实习可以使学生了解机械制造的一般过程,了解简单零件常用的加工方法和工艺过程,熟悉各种设备和工具的安全操作使用方法,能够培养学生的工程意识、实践动手能力、劳动精神、创造精神,提高学生的综合素质,为学生后续专业课程的学习提供工程背景知识,为培养应用型、复合型工程技术人员打下必要的实践基础。

本书根据高职院校机械类专业人才培养的特点和要求,结合多年的教学改革经验和体会编写而成。本书坚持理论的适度性、应用的系统性、实践的指导性、内容的先进性,侧重技能训练和实际操作能力的培养,可作为高职院校机械类专业或近机类专业的金工实习教材。

本书包括金属材料与热处理、铸造、锻压、焊接、钳工、车削、铣削和磨削八个项目,项目以任务为引领,能体现生产过程的特点,与实际工作联系紧密。每个项目均配有实习任务、知识准备、任务实施和巩固与练习,便于指导和规范学生的现场操作,帮助学生消化、巩固与深化理论教学内容。

本书由盘锦职业技术学院杨艳春、蔡言锋、于文强主编,杨艳春负责全书的统稿。本书的编写分工是:杨艳春、吴明川、张昊编写项目一,蔡言锋编写项目二、项目四、项目八,于文强编写项目三、项目六,杨艳春编写项目五、项目七。

本书由刘馥、张慧主审,他们对书中内容提出了很多宝贵意见和建议,在此表示感谢。

由于编者水平所限,书中难免有不妥之处,真诚希望广大读者批评指正。

编者

目录

项目一 金属材料与热处理

1.1 实习任务 ·· 1
　1.1.1 任务描述 ·· 1
　1.1.2 实习目的 ·· 1
　1.1.3 安全注意事项 ·· 1
1.2 知识准备 ·· 2
　1.2.1 金属材料的性能 ·· 2
　1.2.2 常用金属材料 ·· 5
　1.2.3 钢的热处理 ·· 10
1.3 任务实施 ·· 14
　1.3.1 任务报告——材料鉴别选择及热处理 ·· 14
　1.3.2 任务考核评价表 ·· 15
1.4 巩固练习 ·· 16

项目二 铸造

2.1 实习任务 ·· 18
　2.1.1 任务描述 ·· 18
　2.1.2 实习目的 ·· 18
　2.1.3 安全注意事项 ·· 18
2.2 知识准备 ·· 19
　2.2.1 概述 ·· 19
　2.2.2 砂型铸造 ·· 20
　2.2.3 铸铁的熔炼、浇注、落砂与清理 ·· 26
　2.2.4 铸件常见的缺陷分析 ·· 29
2.3 任务实施 ·· 31

2.3.1 任务报告——选择合适的铸造方法，并完成操作 ……………………… 31
2.3.2 任务考核评价表 …………………………………………………………… 33
2.4 巩固练习 ……………………………………………………………………………… 33

项目三 锻压

3.1 实习任务 ……………………………………………………………………………… 35
   3.1.1 任务描述 …………………………………………………………………… 35
   3.1.2 实习目的 …………………………………………………………………… 35
   3.1.3 安全注意事项 ……………………………………………………………… 35
3.2 知识准备 ……………………………………………………………………………… 36
   3.2.1 概述 ………………………………………………………………………… 36
   3.2.2 锻造对零件力学性能的影响 ……………………………………………… 38
   3.2.3 金属的加热与锻件的冷却 ………………………………………………… 38
   3.2.4 自由锻 ……………………………………………………………………… 42
   3.2.5 模型锻造 …………………………………………………………………… 55
   3.2.6 板料冲压 …………………………………………………………………… 59
3.3 任务实施 ……………………………………………………………………………… 66
   3.3.1 任务报告——手工锻造阶梯轴 …………………………………………… 66
   3.3.2 任务考核评价表 …………………………………………………………… 68
3.4 巩固练习 ……………………………………………………………………………… 68

项目四 焊接

4.1 实习任务 ……………………………………………………………………………… 70
   4.1.1 任务描述 …………………………………………………………………… 70
   4.1.2 实习目的 …………………………………………………………………… 70
   4.1.3 安全注意事项 ……………………………………………………………… 71
4.2 知识准备 ……………………………………………………………………………… 71
   4.2.1 概述 ………………………………………………………………………… 71
   4.2.2 焊条电弧焊 ………………………………………………………………… 73
   4.2.3 CO_2 气体保护焊 ………………………………………………………… 81
   4.2.4 气焊与气割 ………………………………………………………………… 85
   4.2.5 焊接检验 …………………………………………………………………… 87
4.3 任务实施 ……………………………………………………………………………… 91
   4.3.1 任务报告——焊接基本操作 ……………………………………………… 91
   4.3.2 任务考核评价表 …………………………………………………………… 93
4.4 巩固练习 ……………………………………………………………………………… 93

项目五 钳工

- 5.1 实习任务 ·········· 95
  - 5.1.1 任务描述 ·········· 95
  - 5.1.2 实习目的 ·········· 96
  - 5.1.3 安全注意事项 ·········· 96
- 5.2 知识准备 ·········· 96
  - 5.2.1 概述 ·········· 96
  - 5.2.2 划线 ·········· 105
  - 5.2.3 锯削 ·········· 110
  - 5.2.4 锉削 ·········· 112
  - 5.2.5 錾削 ·········· 117
  - 5.2.6 钻孔、扩孔、铰孔 ·········· 120
  - 5.2.7 攻螺纹和套螺纹 ·········· 125
  - 5.2.8 装配 ·········· 127
- 5.3 任务实施 ·········· 131
  - 5.3.1 任务报告 ·········· 131
  - 5.3.2 任务考核评价表 ·········· 132
- 5.4 巩固练习 ·········· 133

项目六 车削

- 6.1 实习任务 ·········· 135
  - 6.1.1 任务描述 ·········· 135
  - 6.1.2 实习目的 ·········· 136
  - 6.1.3 安全注意事项 ·········· 136
- 6.2 知识准备 ·········· 136
  - 6.2.1 概述 ·········· 136
  - 6.2.2 切削加工基础知识 ·········· 137
  - 6.2.3 车床 ·········· 140
  - 6.2.4 车刀 ·········· 143
  - 6.2.5 车床附件及工件的安装 ·········· 149
  - 6.2.6 车削加工 ·········· 154
- 6.3 任务实施 ·········· 168
  - 6.3.1 任务报告 ·········· 168
  - 6.3.2 任务考核评价表 ·········· 170
- 6.4 巩固练习 ·········· 170

项目七 铣削

- 7.1 实习任务 ………………………………………………………………………… 174
  - 7.1.1 任务描述 …………………………………………………………………… 174
  - 7.1.2 实习目的 …………………………………………………………………… 175
  - 7.1.3 安全注意事项 ……………………………………………………………… 175
- 7.2 知识准备 ………………………………………………………………………… 175
  - 7.2.1 概述 ………………………………………………………………………… 175
  - 7.2.2 铣床 ………………………………………………………………………… 178
  - 7.2.3 铣刀 ………………………………………………………………………… 179
  - 7.2.4 铣床附件及工件的安装 …………………………………………………… 182
  - 7.2.5 铣削加工 …………………………………………………………………… 187
  - 7.2.6 齿轮齿形加工 ……………………………………………………………… 194
- 7.3 任务实施 ………………………………………………………………………… 198
  - 7.3.1 任务报告 …………………………………………………………………… 198
  - 7.3.2 任务考核评价表 …………………………………………………………… 200
- 7.4 巩固练习 ………………………………………………………………………… 200

项目八 磨削

- 8.1 实习任务 ………………………………………………………………………… 203
  - 8.1.1 任务描述 …………………………………………………………………… 203
  - 8.1.2 实习目的 …………………………………………………………………… 204
  - 8.1.3 安全注意事项 ……………………………………………………………… 204
- 8.2 知识准备 ………………………………………………………………………… 204
  - 8.2.1 概述 ………………………………………………………………………… 204
  - 8.2.2 磨床 ………………………………………………………………………… 207
  - 8.2.3 砂轮 ………………………………………………………………………… 211
  - 8.2.4 工件的安装 ………………………………………………………………… 216
  - 8.2.5 磨削加工 …………………………………………………………………… 218
  - 8.2.6 其他磨削 …………………………………………………………………… 221
- 8.3 任务实施 ………………………………………………………………………… 224
  - 8.3.1 任务报告 …………………………………………………………………… 224
  - 8.3.2 任务考核评价表 …………………………………………………………… 225
- 8.4 巩固练习 ………………………………………………………………………… 226

参考文献

项目一　金属材料与热处理

【项目背景】　金属材料是人类生活和生产的重要物质基础，人类利用金属材料制作了各种生产和生活用具、设备及设施，改善了人类的生存环境与空间，创造了丰富的物质文明和精神文明，金属材料与人类社会的发展密切相关。

1.1　实习任务

1.1.1　任务描述

本任务需要为制作鸭嘴锤选择合适的材料，并对锤头进行淬火＋回火热处理，使其硬度达到 42～47HRC。

需解决问题
• 金属材料有哪些性能？
• 你认识金属材料的牌号吗？
• 如何根据实际需要选择金属材料？
• 如何鉴别钢铁材料？
• 什么是金属材料热处理？为什么要对金属材料进行热处理？

1.1.2　实习目的

① 能根据材料的性能为零件选择合适的材料。
② 能熟悉箱式电阻炉的使用过程。
③ 能掌握淬火＋回火工艺的操作方法。

1.1.3　安全注意事项

热处理实习时必须熟悉热处理设备和工艺的安全技术，才能保证实习安全、有序地进行。实习期间，实训人员必须严格遵守车间的各项规章制度，特别要注意以下几点：
① 必须按规定穿戴好必要的防护用品，如工作服、手套、防护眼镜等。

② 在操作前,要熟悉所使用的设备和热处理工艺规程。
③ 加热设备和冷却设备之间,不得设置任何妨碍操作的物品。
④ 工件装载、出炉时必须断电,以防触电。每次装载量不得超过炉子额定容量,工件不得与电阻丝相接触,也不要将带水的工件装炉。
⑤ 工作中要经常检查炉温,不得超过额定温度,尽量不要在高温时长期打开炉门。
⑥ 工件装载、出炉时必须使用夹钳,夹钳必须擦干,不得沾有水或油等,以防烫伤。
⑦ 正在处理的工件及未冷却的工件严禁用手触摸、用嘴吹氧化皮。
⑧ 严禁在车间内的水池、油池旁边玩耍。

1.2 知识准备

1.2.1 金属材料的性能

金属材料是指金属元素或以金属元素为主构成的、具有金属特性的材料的统称,包括纯金属、合金、金属间化合物和特种金属材料等,金属一般都是热和电的良导体。

金属材料的性能一般分为使用性能和工艺性能两类。

所谓使用性能是指金属材料在使用过程中表现出来的特性,包括力学性能、物理性能和化学性能等。使用性能决定金属材料的应用范围、安全可靠性和使用寿命。

所谓工艺性能是指机械零件在加工制造过程中,金属材料在特定的冷、热加工条件下表现出来的性能。金属材料工艺性能的好坏,决定了它在制造过程中加工成形的适应能力。

在选用金属和制造机械零件时,主要考虑力学性能和工艺性能。

1.2.1.1 金属材料的力学性能

力学性能是指金属抵抗外加载荷引起的变形和断裂的能力。材料的力学性能是设计零件及选择材料的重要依据。常用的力学性能指标有强度、塑性、硬度、冲击韧度等。

(1) 强度

强度是指金属材料在静载荷作用下抵抗塑性变形和断裂的能力。金属的强度指标可以通过金属拉伸试验来测定,如图 1-1 所示。金属的强度指标一般用单位面积所承受的载荷(应力)表示,符号为 σ,单位为 MPa。工程中常用的强度指标有屈服强度和抗拉强度。屈服强度是指材料刚开始产生塑性变形时的最低应力值,用 σ_s 表示。抗拉强度是指材料在破坏前所能承受的最大应力值,用 σ_b 表示。它们是零件设计时的主要依据,也是评定金属材料强度的重要指标。

(2) 塑性

塑性是指金属材料在静载荷作用下产生塑性变形(永久变形)而不破坏的能力。工程中常用的塑性指标有伸长率 δ 和断面收缩率 ψ,都可以通过金属拉伸试验来测定。伸长率和断面收缩率越大,材料的塑性越好。良好的塑性是材料进行成形加工的必要条件,也是保证零件工作安全、不发生突然脆断的必要条件。

(3) 硬度

硬度是指材料表面抵抗更硬物体压入的能力。硬度的测试方法很多,生产中常用的硬度测试方法有布氏硬度试验法和洛氏硬度试验法两种。

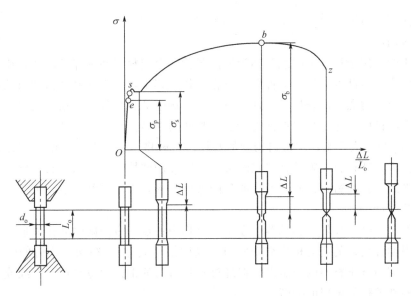

图 1-1 金属拉伸试验

σ_p—比例极限；ΔL—伸长量；L_o—试件标距长度；d_o—试件横截面直径

布氏硬度试验法是用一直径为 D 的淬火钢球或硬质合金球作为压头，在载荷 P 的作用下压入被测试金属的表面，保持一定时间后卸载，测量金属表面形成的压痕直径 d，以压痕单位面积所承受的平均压力作为被测试金属的布氏硬度值。实际测试时，一般用读数显微镜测出压痕直径 d，再根据压痕直径 d 在硬度换算表中查出布氏硬度值。布氏硬度指标有 HBS 和 HBW 两种，前者压头为淬火钢球，适用于布氏硬度值低于 450 的金属材料；后者压头为硬质合金球，适用于布氏硬度值为 450～650 的金属材料。布氏硬度允许有一定的波动范围，如 220～250HBS。

布氏硬度试验法试验结果精确、稳定，常用于测定经退火、正火处理的调质钢、铸铁及有色金属的硬度，但因压痕较大，故不宜测试成品或薄片金属的硬度。

洛氏硬度试验法是以锥顶角为 120° 的金刚石圆锥体或直径为 1.588mm（1/16in❶）的淬火钢球为压头，在规定载荷作用下压入被测试金属表面，根据压痕的深度直接在硬度指示盘上读出硬度值。常用的洛氏硬度指标有 HRA、HRB、HRC 三种，见表 1-1。

表 1-1 洛氏硬度试验规范

符号	压头	载荷/N	测量范围	应用范围
HRA	120°金刚石圆锥体	600	60～85	硬质合金、表面硬化钢、淬火工具钢
HRB	1/16in 钢球	1000	25～100	有色金属、可锻铸铁、退火或正火钢
HRC	120°金刚石圆锥体	1500	20～67	淬火钢、调质钢

洛氏硬度试验操作迅速简便、压痕小，可以直接测定较薄件和成品的硬度，且硬度测试范围较大。但因压痕较小、准确度较差，故须在零件的不同部位测量三点以上，取其平均值。洛氏硬度亦允许有一定的波动范围，如 40～45HRC。

硬度试验设备简单，操作方便，可直接在零件或工具上测试而不破坏工件，并可根据测得的硬度值估算出近似的抗拉强度值，从而了解材料的力学性能及工艺性能，因此，硬度试

---

❶ 英寸，1in=25.4mm

验作为一种常用的检测手段,在生产中得到了广泛的应用。

(4) 冲击韧度

以很大速度作用于机件上的载荷称为冲击载荷,金属材料在冲击载荷的作用下抵抗断裂破坏的能力称为冲击韧度。许多零件和工具在工作过程中,常常受到冲击载荷的作用,如锻锤的锤杆、锻模,内燃机的连杆等。评定材料冲击韧度的方法很多,通常情况下,我们常采用一次冲击弯曲试验来测定材料在冲击断裂中吸收的功 A_k（单位为J）,然后根据相同试验条件下材料 A_k 值的大小来评定冲击韧度的好坏。一般将 A_k 值低的材料称为脆性材料, A_k 值高的材料称为韧性材料。脆性材料在断裂前无明显的塑性变形,断口较平整,呈晶状或瓷状,有金属光泽;韧性材料在断裂前有明显的塑性变形,断口呈纤维状,无光泽。

(5) 疲劳强度

机械零件,如轴、齿轮、轴承等,在工作过程中各点的应力随时间作周期性的变化,这种随时间作周期性变化的应力称为交变应力（也称循环应力）。在交变应力的作用下,虽然零件所承受的应力低于材料的屈服点,但经过较长时间的工作后也会产生裂纹或突然发生完全断裂,这种现象称为金属的疲劳。

一般试验时规定,钢经受 10^7 次交变载荷作用而不产生断裂的最大应力称为疲劳强度或疲劳极限。当施加的交变应力是对称循环应力时,所得的疲劳强度用 σ_{-1} 表示。

1.2.1.2 金属材料的工艺性能

加工条件不同,要求的工艺性能也不同,工艺性能主要包括铸造性、焊接性、锻造性、切削加工性和热处理工艺性等。

(1) 铸造性

铸造性是指浇注铸件时,材料能充满比较复杂的铸型并获得优质铸件的能力,包括流动性、收缩性、偏析倾向等指标。流动性好、收缩率小、偏析倾向小的材料,其铸造性也好。

(2) 焊接性

焊接性是指材料焊接时其工艺方法的难易程度及接口处是否能满足使用目的的特性。钢材的含碳量高低是焊接性能好坏的主要因素,低碳钢具有优良的焊接性,而铸铁和铝合金的焊接性就很差。

(3) 锻造性

锻造性（可锻性）是指金属材料在锻压加工中能承受塑性变形而不破裂的能力。锻造性的好坏主要取决于材料的塑性和变形抗力。塑性越好,变形抗力越小,金属的锻造性能越好。高碳钢不易锻造,而高速钢更难。

(4) 切削加工性

切削加工性是指材料被切削加工成合格零件的难易程度。它与材料种类、成分、硬度、韧性、导热性及内部组织状态等许多因素有关。金属材料具有适当的硬度和足够的脆性时,切削性良好。改变钢的化学成分和进行适当的热处理可以提高钢的切削加工性。金属材料的硬度为160～230HBS时,最有利于切削。切削加工性好的材料,切削容易、刀具磨损小、加工表面光洁。铸铁、铜合金、铝合金及非合金钢都具有较好的切削加工性,而高合金钢的切削加工性较差。

(5) 热处理工艺性

热处理工艺性指材料被热处理时达到性能要求的难易程度,如：淬硬性、淬透性。含锰、铬、镍等元素的合金钢淬透性比较好,碳钢的淬透性较差。

1.2.2 常用金属材料

金属材料通常可分为黑色金属和有色金属。黑色金属主要指铁及其合金，包括含铁90%以上的工业纯铁，含碳2.11%~4%的铸铁及含碳小于2.11%的钢等。有色金属是指除黑色金属以外的所有金属及其合金，通常分为轻金属、重金属、贵金属、半金属、稀有金属和稀土金属等。

1.2.2.1 钢

(1) 钢的分类

工业上将含碳量介于0.02%~2.11%的铁碳合金称为钢。钢具有良好的使用性能和工艺性能，价格低廉，因此获得了广泛的应用。

由于钢材的品种繁多，为了便于生产、保管、选用与研究，必须对钢材加以分类。按钢材的用途、化学成分、质量的不同，可将钢分为许多类。

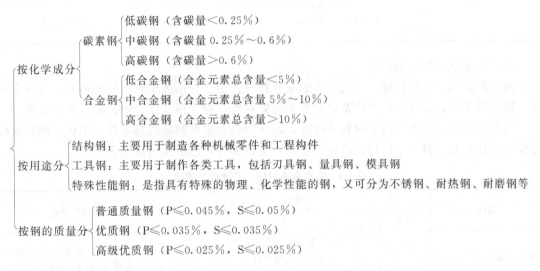

(2) 碳素钢的牌号、性能及用途

碳素钢是以铁和碳为主要元素组成的，含有少量的硅、锰、硫、磷等杂质。此类钢冶炼过程简单，生产费用低，价格低廉，广泛用于建筑工程、机械制造等行业中。常用的碳素钢牌号、性能及用途见表1-2。

表1-2 常见碳素钢牌号、性能及用途

名称	牌号及其说明		性能及用途
	牌号	牌号说明	
碳素结构钢	Q195 Q215 Q235A Q235B	Q:表示屈服强度"屈"字汉语拼音首字母 数字:表示屈服强度数值 A,B,C,D:表示质量等级符号 例如 Q235 的屈服强度为 $\sigma_s=235MPa$	塑性较好,有一定的强度,通常轧制成钢筋、钢板、钢管等。可作为桥梁、建筑物等的构件,也可用作螺钉、螺母、铆钉等
	Q235C		可用于重要的焊接件
	Q235D Q255 Q275		强度较高,可轧制成型钢、钢板,作构件用

续表

名称	牌号及其说明		性能及用途
	牌号	牌号说明	
优质碳素结构钢	08F	两位数字表示钢的平均含碳量的万分数 例如45钢的平均含碳为0.45%	塑性好,可制造冷冲压零件
	10 20		冷冲压性与焊接性能良好,可用作冲压件及焊接件,经过热处理也可以制造轴、销等零件
	35 40 45 50		经调质处理后,可获得良好的综合机械性能,用来制造齿轮、轴类、套筒等零件
	60 65		主要用来制造弹簧
碳素工具钢	T7 T8	T:表示碳素工具钢汉语拼音首字母 数字:表示钢的平均含碳量的千分数 A:表示高级优质碳素工具钢	适于制作承受一定冲击的工具,如钳工凿子等
	T12 T12 A		制作耐磨但不承受冲击的锉刀、刮刀等

(3) 合金钢的牌号及用途

为了提高钢的力学性能、工艺性能或某些特殊性能,在冶炼中有目的地加入一些合金元素,这种钢称为合金钢。生产中常用的合金元素有锰、硅、铬、镍、钼、钨、钒、钛等。

通过合金化,大大提高了材料的性能,因此,合金钢在制造机器零件、工具、模具及特殊性能工件方面,得到了广泛的应用。常用合金钢的牌号性能及用途见表1-3。

表1-3 常用合金钢的牌号性能及用途

名称	牌号		性能及用途
	牌号	牌号说明	
低合金高强度结构钢	Q345C Q390C	Q:表示屈服强度"屈"字汉语拼音首字母 数字:表示屈服强度数值 最后字母:表示质量等级符号	用于制造工程构件,如压力容器、桥梁、船舶等的构件
合金结构钢	20Cr 40Cr 50Mn2 GCr15	前两数字:表示钢的平均含碳量的万分数 合金元素:直接用化学符号表示,后跟数字表示合金元素平均含量的百分数。若合金元素的含量少于1.5%,一般不标出,如果合金元素含量等于或大于1.5%、2.5%、3.5%、…则相应地以2、3、4、…表示 滚动轴承钢在钢号前加字母G,后面的数字表示元素平均含量的千分数	用于制作各种轴类、连杆、齿轮、重要螺栓、弹簧及弹性零件、滚动轴承、丝杆等
合金工具钢	9SiCr W18Cr4V	前一位数字:表示钢的平均含碳量的千分数。平均含碳量大于等于1.0%时不标出;小于1.0%时为千分数表示。高速钢平均含碳量小于1.0%也不标出 合金元素含量的表示方法与合金结构钢相同	用于制作各种刀具(如丝锥、板牙、车刀、钻头等)、模具(如冲裁模、拉丝模、热锻模)、量具(如千分尺、塞规等)
特殊性能合金钢	1Cr18Ni9 15CrMo	前一位数字:表示钢的平均含碳量的千分数 合金元素含量的表示方法与合金结构钢相同	用于制作各种耐腐蚀及耐热零件,如汽轮机叶片、手术刀、锅炉等

(4) 铸钢的牌号及用途

铸钢与铸铁相比,具有较高的综合机械性能,特别是塑性和韧性较好,使铸件在动载荷作用下安全可靠。铸钢一般应用作重要的、复杂的,而且要求具有较高强度、塑性与韧性以及特殊性能的结构件,如机车车辆、船舶、重型机械的齿轮、轴、轧辊、机座、缸体、外壳、阀体等。

我国铸钢的牌号根据 GB/T 5613—2014 规定,表示方法有三种。一是以力学性能表示牌号;二是以化学成分表示铸造碳钢牌号;三是以化学成分表示铸造合金钢牌号。如 ZG200—400,表示屈服强度为 200MPa,抗拉强度为 400MPa 的铸钢;ZG25,表示平均碳含量为 0.25% 的铸钢;ZG35SiMn,表示平均碳含量为 0.35%,Si、Mn 合金元素平均含量少于 1.5%(合金元素表示方法同合金钢)的铸钢。

1.2.2.2 铸铁

铸铁是含碳量大于 2.11%,主要组成元素为铁、碳、硅,并含有较多硫、磷、锰等杂质元素的铁碳合金。由于铸铁具有良好的铸造性、切削加工性、减振性、减磨性、缺口敏感性,且成本较低,因此在机械工业中得到了广泛的应用。

根据铸铁中石墨形态的不同,铸铁可分为灰口铸铁(片状石墨)、球墨铸铁(球状石墨)、蠕墨铸铁(蠕虫状石墨)、可锻铸铁(团絮状石墨)等。常用铸铁的牌号、性能及用途见表1-4。

表 1-4 常用铸铁的牌号、性能及用途

名称	牌号	牌号说明	性能及用途
灰口铸铁	HT100 HT150 HT200 HT350	HT:表示灰口铸铁 数字:表示最小抗拉强度(MPa)	灰口铸铁的抗拉强度、塑性、韧性较低,但抗压强度、硬度、耐磨性较好,并具有铸铁的其他优良性能。因此,广泛用于机床床身、手轮、箱体、底座等
球墨铸铁	QT400-18 QT600-3 QT900-2	QT:表示球墨铸铁 数字:分别表示最低抗拉强度和最小伸长率	球墨铸铁通过热处理强化后力学性能有较大提高。应用范围较广,可代替中碳钢制造汽车、拖拉机中的曲轴、连杆、齿轮等
蠕墨铸铁	RuT300 RuT340 RuT380	RuT:表示蠕墨铸铁 数字:表示最小抗拉强度(MPa)	蠕墨铸铁的强度、韧性、疲劳强度等均比灰口铸铁高,但比球墨铸铁低。由于其耐热性较好,主要用于制造柴油机气缸套、气缸盖、阀体等
可锻铸铁	KTH300-06 KTH370-12 KTZ650-02	KTH:黑心可锻铸铁 KTZ:珠光体可锻铸铁 数字:分别表示最低抗拉强度和最小伸长率	可锻铸铁力学性能优于灰口铸铁。因此,常用以制造管接头、农具及连杆类零件等

1.2.2.3 有色金属及其合金

与黑色金属相比,有色金属具有耐蚀性、耐磨性、导电性、导热性、韧性、高强度性、放射性、易延性、可塑性、易压性和易轧性等特殊性能。它是发展现代工业、现代国防和现代科学技术不可缺少的重要材料。

(1) 铝及铝合金

纯铝是银白色金属,主要的性能特点是密度小,导电性和导热性高,抗大气腐蚀性能好,塑性好,无铁磁性。因此适宜制造要求导电的电线、电缆,以及具有导热和耐大气腐蚀而对强度要求不高的制品。

在纯铝中加入铜、镁、硅等合金元素后所组成的铝合金，不仅基本保持了其优点，还可明显提高了其强度和硬度，使其应用领域显著扩大。目前，铝合金广泛应用于普通机械、电气设备、航空航天器、运输车辆和装饰装修等行业。铝合金分为形变铝合金及铸造铝合金两种。

形变铝合金按其主要性能特点可分为防锈铝（代号LF）、硬铝（代号LY）、超硬铝（代号LC）与锻铝（代号LD）等，它们常由冶金厂加工成各种规格的型材、板材、线材、管材等。防锈铝具有较好的塑性及耐蚀性，可用于制造油箱等耐蚀容器及管道、窗框、灯具等结构件。后三种形变铝合金经热处理后可获得较高的比强度，用于制造飞机大梁、起落架及汽轮机叶片等高强度构件。

铸造铝合金的力学性能不如形变铝合金，但其铸造性能好，适于铸造成形，生产形状复杂的零件。铸造铝合金按其化学成分可分为铝-硅系、铝-铜系、铝-镁系及铝-锌系四种。它的代号用"ZL＋三位数字"表示，如ZL102。

（2）铜及铜合金

铜及铜合金的应用范围仅次于钢铁，铜的强度不高，硬度较低，具有优良的导电性，导热性，耐蚀性以及很好的冷、热加工性能。铜及铜合金一般分为纯铜、黄铜、青铜和白铜等，广泛用于电力、电子、仪表、机械、化工、海洋工程、交通、建筑等各种工业技术行业。

纯铜呈玫瑰红色，表面氧化膜是紫色，故也称紫铜。纯铜的密度8.9g/cm³，熔点为1083℃，纯度为99.5％～99.95％，具有良好的导热性和导电性，其导电率仅次于银而位居第二位，广泛用于制作导电材料及配制铜合金的原料。根据铜中杂质含量及提炼方法不同，纯铜分为工业纯铜、无氧铜和磷脱氧铜。

黄铜是以锌为主要合金元素的铜锌合金。它具有良好的耐蚀性及加工工艺性。根据黄铜的加工方法不同，可将其分为加工黄铜和铸造黄铜两大类。

青铜是以除锌和镍以外的其他元素为主要合金元素的铜合金。根据加工方法不同，青铜也可分为加工青铜和铸造青铜两大类。

1.2.2.4 钢铁材料的现场鉴别方法

（1）火花鉴别

火花鉴别是钢号快速鉴别的基本方法，它是将钢铁材料轻轻压在旋转的砂轮上打磨，观察迸射出的火花形状和颜色，以判断钢铁成分范围的方法。

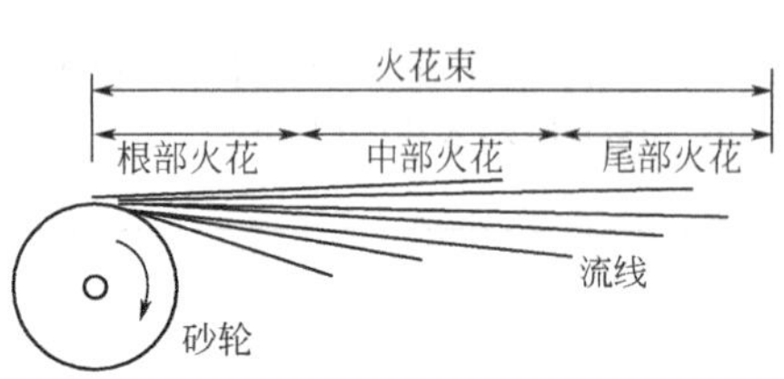

被测材料在砂轮上磨削时产生的全部火花称为火花束，常由根部、中部、尾部三部分组成，如图1-2所示。

图1-2 火花束

火花束中由灼热发光的粉末形成的线条状火花称为流线，每条流线都由节点、爆花和尾花组成，如图1-3所示。节点就是流线上火花爆裂的原点，呈明亮点。爆花就是节点处爆裂的火花，由许多小流线（芒线）及点状火花（花粉）组成，通常可分为一次花、二次花、三次花等，如图1-4所示。尾花就是流线尾部的火花。钢的化学成分不同，尾花的形状也不同，通常尾花可分为狐尾花（含钨）和枪尖尾花（含钼）等。

图 1-3 流线
1—节点；2—爆花；3—尾花

图 1-4 爆花的形式

碳素钢的含碳量越高，则流线越多，火花束变短，爆花增加，花粉也增多，火花亮度增加。表 1-5 为常见金属材料的火花及其特征。

表 1-5 常见金属材料的火花及其特征

金属材料	火花形状	火花特征
20钢		流线少，线条粗且较长，具有一次多分叉爆花；芒线稍粗，色泽较暗呈稻黄色，花量稍多，多根分叉爆裂，多为一次花，发光一般，无花粉
45钢		流线多线条稍细且长，尾部挺直，具有二次爆花及三次爆花，芒线较粗，能清楚地看到爆花间有少量花粉，火束较明亮，颜色为橙色
T12		流线多且细密，火束短而粗，有三次和多次爆花，芒线细而长，其中花粉较多，整个火花束根部较暗，中部、尾部明亮
HT20		火花束较粗，颜色多为橙红带橘红，流线较多，尾部较粗，下垂成弧形，花粉较多，火花试验时手感较软，一般为二次爆花

(2) 断口鉴别

材料或零部件因受某些物理、化学因素的影响而导致破断所形成的自然表面称为断口。生产现场常根据断口的自然形态来判定材料的韧脆性，亦可据此判定相同热处理状态的材料含碳量的高低。常用钢材的断口特征见表 1-6。

表 1-6 常用钢材的断口特征

钢材	断口特征
低碳钢	由于含碳量低，塑性好，并易敲弯而不易敲断，故一般应先锯开缺口后再进行敲击。低碳钢的断口呈银白色，断口处能看到均匀的颗粒，断口边缘有明显的塑性变形现象
中碳钢	比低碳钢易敲，其断口呈银白色，比较平整，颗粒较低碳钢细，没有塑性明显变形的现象
高碳钢	断口呈银白色，平整，没有塑性变形的现象，颗粒很细
灰口铸铁	敲击材料时，灰口铸铁容易折断，断口呈暗灰色，颗粒粗大
白口铸铁	材料敲击时比灰口铸铁更容易折断，断口白亮，结晶细，有时不易看到结晶颗粒

(3) 硬度鉴别

生产中，当几种钢材混淆在一起时，可以通过测试钢材硬度的方法进行鉴别。碳钢型钢的出厂供应方式通常为退火或热轧正火态，退火或正火态的碳钢含碳量越高，其硬度也越高。因此，若已知两种或两种以上不同含碳量的碳钢混淆在一起，可以截取其样品，用布氏硬度机测试样品的硬度，并根据其硬度值判定钢材的大致含碳量。

（4）色标鉴别

生产中为了表明金属材料的牌号、规格等，在材料上需要做一定的标记，常用的标记方法有涂色、打印、挂牌等。金属材料的涂色标记是将表示钢种、钢号的颜色，涂在材料一端的端面或端部，成捆交货的钢应涂在同一端的端面上，盘条则涂在卷的外侧。具体的涂色方法在有关标准中做了详细的规定，生产中可以根据材料的色标对钢铁材料进行鉴别。

（5）音响鉴别

生产现场有时也可采用敲击辨音来区分材料。例如，当原材料钢中混入了铸铁材料时，由于铸铁的减振性较好，敲击时声音较低沉，而钢铁敲击时则可发出较清脆的声音。所以可根据钢铁敲击时声音的不同，对其进行初步鉴别，但有时准确性不高。当钢材之间发生混淆时，因其敲击声音比较接近，常需采用其他鉴别方法进行判别。

若要准确地鉴别材料，在以上几种现场鉴别的基础上，还可采用化学分析、金相检验等实验室分析手段，对材料做进一步的鉴别。

1.2.3 钢的热处理

钢的热处理是将固态钢采用适当的方式加热、保温、冷却，以获得所需组织结构和性能的一种工艺（如图1-5所示）。热处理的主要目的是消除毛坯件的缺陷，改变钢的工艺性能和使用性能，保证零件质量，从而延长产品的使用寿命。因此，热处理在机械工业中得到了广泛的应用。据统计，机床、汽车、拖拉机70％左右的零件需要进行热处理，而刀具、量具、模具及滚动轴承则必须全部进行热处理。由于零件的成分、形状、大小、工艺性能及使用性能不同，热处理的方法及工艺参数也不同。常用的热处理方法有：普通热处理（退火、正火、淬火、回火）及表面热处理（表面淬火、化学热处理）等。各种热处理作为独立的工序，根据零件的加工工艺性及机械性能等要求，穿插于热加工和冷加工工序之间。

热处理分预先热处理和最终热处理两类。退火、正火通常作为预先热处理，目的是消除铸锻件的缺陷和内应力，改善切削加工性能，为最终热处理作组织准备；淬火加回火通常作为最终热处理，目的是改善零件的力学性能，从而延长零件的使用寿命。

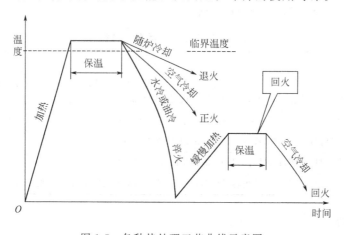

图1-5 各种热处理工艺曲线示意图

1.2.3.1 普通热处理

(1) 退火

将钢加热到适当温度，保温一定时间，然后随炉缓慢冷却，使钢获得平衡组织的热处理方法称为退火。退火后的材料硬度较低，一般用布氏硬度试验法测试。退火的目的是降低硬度，提高塑性，改善切削加工性能；消除残余应力，稳定工件尺寸并防止其发生变形与开裂，为最终热处理做准备；细化晶粒，改善组织，提高力学性能。按金属成分和性能要求的不同，退火可分为完全退火、球化退火及去应力退火。

(2) 正火

将钢加热到适当温度，保温一定时间后出炉，在空气中自然冷却的热处理方法称为正火。正火实质上是退火的一个特例。但由于正火的冷却速度较退火快，所获得的组织比退火更细，工件的强度和硬度有所提高，生产周期短，操作简便，因此，在可能的情况下，应尽量采用正火取代退火。生产中，正火常用来提高低碳钢的硬度，改善其切削加工性能。对于比较重要的零件，正火可以作为淬火前的预备热处理；对于一些使用性能要求不高的碳钢零件，正火也可作为最终热处理。

(3) 淬火

将钢加热到较高温度保温一定时间，然后在水或油中快速冷却的热处理方法称为淬火。淬火的主要目的是提高钢的硬度和耐磨性，但塑性、韧性下降，并产生内应力。因此，为了改善零件的性能，消除内应力，防止零件变形开裂，淬火后的零件必须及时回火。

(4) 回火

将淬火钢件加热到某一回火温度，保温一定时间再冷却的热处理方法称为回火。回火的目的是减少或消除工件在淬火时所产生的内应力，降低淬火钢的脆性，调整工件的力学性能，稳定工件尺寸。回火温度不同，回火后的零件性能也不同，因此，根据零件的使用条件和使用性能要求，可将回火分为低温回火、中温回火及高温回火三大类，见表1-7。在生产中常把淬火后随即进行高温回火这一联合热处理工艺称为调质处理，其目的是为了获得较好的综合力学性能。

表1-7 常用的回火方法及其应用

回火方法	回火温度/℃	力学性能	应用范围	硬度/HRC
低温回火	150~250	高的硬度、耐磨性	刃具、量具、冷冲模、滚动轴承等	58~64
中温回火	350~450	高的弹性、韧性	弹簧及热锻模具等	35~50
高温回火	500~650	良好综合力学性能	连杆、螺栓、齿轮及轴类	20~30

1.2.3.2 表面热处理

生产中，有些零件（如凸轮、齿轮、曲轴等）在工作时，既承受冲击，表面又受摩擦，因此，这种零件的表层必须强化，使其具有高的强度、硬度、耐磨性和疲劳强度，而心部应保持足够的塑性和韧性，以承受冲击载荷，即达到"表硬心韧"的使用性能。通常情况下可对零件进行表面热处理，即钢的表面淬火和钢的化学热处理。

(1) 表面淬火

表面淬火是将钢件的表面层淬透到一定的深度，而零件中心部分仍保持未淬火状态的一种局部淬火的方法。

表面淬火的目的在于获得高硬度、高耐磨性的表面，而零件中心部分仍然保持原有的良好韧性，常用于机床主轴、齿轮、发动机的曲轴等部件的表面处理。

根据加热方法的不同，表面淬火可分为感应加热表面淬火、火焰加热表面淬火、电解液加热表面淬火、激光加热表面淬火和电子束加热表面淬火等，目前生产中应用最为广泛的是感应加热表面淬火，主要用于零件的大批量生产，易于实现机械化和自动化操作。

（2）化学热处理

化学热处理是将钢件置于一定温度的活性介质中保温，使一种或几种元素渗入它的表层，以改变其化学成分、组织和性能的热处理工艺。其特点是表层不仅有组织改变也有化学成分的改变。化学热处理的主要作用：一是强化工件表面，提高工件表层的某些力学性能，如表层硬度、耐磨性、疲劳极限等；二是保护工件表面，提高工件表层的物理、化学性能，如耐高温及耐腐蚀等。

常用的化学热处理方法主要有渗碳、渗氮和碳氮共渗等。

渗碳是指使碳原子渗入到钢表面层的过程，会使低碳钢的工件具有高碳钢的表面层，再通过淬火和低温回火，使工件的表面层具有高硬度和耐磨性，而工件的中心部分仍然保持着低碳钢的韧性和塑性。渗碳工艺广泛用于飞机、汽车和拖拉机等的机械零件制造，如齿轮、轴、凸轮轴等。

渗氮（氮化）是指在一定温度下使活性氮原子渗入工件表面的化学热处理工艺，其目的是提高表面硬度和耐磨性，并提高疲劳强度和耐蚀性。目前常用的渗氮方法主要有气体渗氮和离子渗氮。

1.2.3.3 常用的热处理设备

任何一种热处理工艺，都需要通过热处理设备来实现。热处理设备种类繁多，其中热处理加热炉是最主要的设备。热处理加热炉按热能来源可分为电阻炉和燃料炉；按工作温度不同可分为低温炉（<650℃）、中温炉（650~1000℃）和高温炉（>1000℃）。

热处理电阻炉因其结构简单、体积小、操作方便、炉温分布均匀以及温度控制准确而得到广泛应用。

常用的热处理电阻炉有箱式电阻炉和井式电阻炉。

（1）箱式电阻炉

箱式电阻炉的结构如图1-6所示。其中炉膛由耐火砖砌成，侧面和底面布置有电热元件。通电后，电能转化为热能，通过热传导、热对流、热辐射对工件进行加热。箱式电阻炉常分为高温炉、中温炉和低温炉三种，其中以中温箱式电阻炉应用最广。

高温箱式电阻炉主要用于工具钢、模具钢和高合金钢的淬火加热，其最高工作温度可达1300℃。

中温箱式电阻炉主要用于碳钢、合金钢件的退火、淬火、正火和固体渗碳，最高工作温度为950℃，其缺点是升温慢、温差大、密封性差、装料、出料时劳动强度大。

低温箱式电阻炉多用于回火，也可用来进行有色金属的热处理。

（2）井式电阻炉

图1-7所示为井式电阻炉的结构示意图。其特点是炉身如井状置于地面以下，炉口向上，特别适合于长轴类零件的垂直悬挂加热，可以减少弯曲变形。另外，井式电阻炉可用吊车装卸工件，故应用较为广泛。

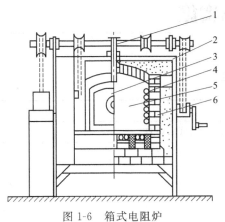
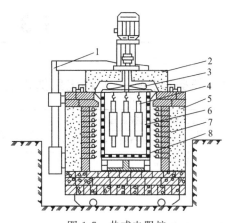

图 1-6 箱式电阻炉

1—热电偶；2—炉壳；3—炉门；4—电热元件；
5—炉膛；6—耐火砖

图 1-7 井式电阻炉

1—炉盖升降机构；2—炉盖；3—风扇；4—工件；
5—炉体；6—炉膛；7—电热元件；8—装料筐

井式电阻炉分为中温加热井式炉、低温加热井式炉和井式气体渗碳炉。炉膛断面有方形和圆形两种。

中温加热井式炉的最高工作温度为950℃，主要用于轴类等长形零件的退火、正火、淬火的加热。这类炉子的优点是细长工件在加热过程中可垂直悬挂于炉内，可防止弯曲变形，因炉口向上，可直接利用起重吊车，便于装卸料。缺点是炉温不易均匀，生产率低。

低温加热井式炉又称井式回火炉，炉子容量大、生产率高、装卸料方便。但工件不能分层布置，若小型零件堆积过密，易造成加热不均。

井式气体渗碳炉主要用于气体渗碳，也可用于渗氮、碳氮共渗以及重要零件的淬火、退火加热。

记一记

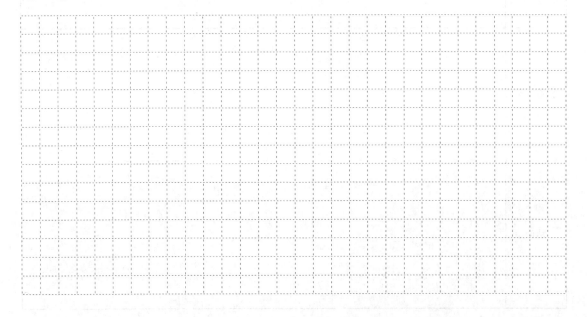

1.3 任务实施

1.3.1 任务报告——材料鉴别选择及热处理

任务一	为制作鸭嘴锤选择合适的材料	
材料准备	无标识金属材料棒一批,材质的牌号可能为 20、45、T10、W18Cr4V、HT200	
操作步骤	鉴别方法： 理由：	
结论	你为鸭嘴锤选择的材料： 理由：	
任务二	鸭嘴锤锤头的热处理	
材料准备		
操作步骤		
结论		

续表

任务三	热处理后鸭嘴锤锤头的硬度检测	
材料准备		
结论	检测得到的硬度值： 误差分析：	

1.3.2 任务考核评价表

项目		项目内容	配分	学生自评分	教师评分
任务完成质量 得分(50%)	1	认识金属材料的牌号	15		
	2	根据材料的性能为零件选择合适的材料	15		
	3	能正确使用箱式电阻炉	15		
	4	熟悉淬火工艺	20		
	5	熟悉回火工艺	20		
	6	检测硬度	15		
		合计	100		
任务过程得分 (40%)	1	准备工作	20		
	2	工位布置	10		
	3	工艺执行	20		
	4	清洁整理	10		
	5	清扫保养	10		
	6	工作态度是否端正	10		
	7	安全文明生产	20		
		合计	100		
任务反思得分 (10%)	1.每日一问：				
	2.错误项目原因分析：				
	3.自评与师评差别原因分析：				
任务总得分					
任务完成质量得分		任务过程得分	任务反思得分		总得分

1.4 巩固练习

(1) 选择题

① 45 钢属于（　　）。
　　A. 中碳钢　　　　　　B. 低碳钢　　　　　　C. 合金钢

② 用拉伸试验可测定材料的（　　）性能指标。
　　A. 强度　　　　　　　B. 硬度　　　　　　　C. 韧性

③ 正火是将钢加热到一定温度，保温一定的时间，然后采用的冷却方式是（　　）。
　　A. 随炉冷却　　　B. 在空气中冷却　　　C. 在油中冷却　　　D. 在水中冷却

④ HT200 是（　　）铸铁的牌号。
　　A. 灰口　　　　　B. 球墨　　　　　　C. 蠕墨　　　　　　D. 可锻

⑤ 调质处理的目的是（　　）。
　　A. 提高硬度　　　　　　　　　　　B. 降低硬度
　　C. 获得较好的综合力学性能　　　　D. 改善切削加工性

⑥ 某工件用中碳钢加工而成，下列哪种热处理方式可使工件的硬度变得最高（　　）。
　　A. 退火　　　　　B. 正火　　　　　C. 淬火　　　　　D. 调质

⑦ 从如下选项中选出属于表面热处理的选项（　　）。
　　A. 正火　　　　　B. 渗碳　　　　　C. 退火　　　　　D. 回火

⑧ HB 是材料的（　　）。
　　A. 布氏硬度　　　B. 洛氏硬度　　　C. 维氏硬度

⑨ 下列牌号中，属于优质碳素结构钢的有（　　）。
　　A. T8A　　　　　B. 08F　　　　　C. Q235A

⑩ 拉伸试验时，试样拉断前所能承受的最大应力称为材料的（　　）。
　　A. 屈服强度　　　B. 抗拉强度　　　C. 弹性极限

(2) 判断题

① 除含铁、碳外，还含有其他元素的钢就是合金钢。　　　　　　　　　　　　　　（　）
② 金属材料抵抗塑性变形和断裂的能力称为强度。　　　　　　　　　　　　　　　（　）
③ 选材时，只要满足工件使用的要求即可，并非各项性能指标越高越好。　　　　（　）
④ 布氏硬度试验简单、压痕小，主要用于成品工件的硬度测定。　　　　　　　　（　）
⑤ 钢的表面淬火，其目的是在不改变表层化学成分的基础上，使钢件表层获得较高的硬度，提高耐磨性。　　　　　　　　　　　　　　　　　　　　　　　　　　　　　（　）
⑥ 甲零件的硬度为 250HBS，乙零件的硬度为 52HRC，则甲比乙的硬度高。　　　（　）
⑦ 金属材料的各项力学性能都可以通过拉伸试验测定。　　　　　　　　　　　　（　）
⑧ 疲劳强度是在冲击载荷作用下而不致引起断裂的最大应力。　　　　　　　　　（　）

(3) 填空题

① 金属材料的性能，主要可分为_____和_____两个方面。
② 材料的抗拉强度以_____表示，单位_____。
③ 金属的塑性指标有_____和_____两种。
④ 调质处理就是将钢淬火后，再经_____的一种工艺方法。

⑤ 金属材料的工艺性包括_____、_____、_____、_____和热处理工艺性能。

⑥ 高碳钢、中碳钢、低碳钢是按含碳量的高低划分的，其含碳量_____为高碳钢，含碳量为_____为中碳钢，含碳量_____为低碳钢。

⑦ 热处理的工艺包括_____、_____、_____、_____和表面处理等。

⑧ 铸铁是含碳量_____的铁碳合金。

⑨ 常用的碳素工具钢牌号为 T7～T13，T8 表示平均碳含量为_____。

⑩ 热处理是指对固态金属或合金采用适当方式_____、_____和_____，以获得所需要的组织结构与性能的加工方法。

项目二 铸 造

【项目背景】 铸造是熔炼金属,制造铸型,并将熔融金属浇入铸型,凝固后获得一定形状和性能的铸件的成形方法。铸件一般是毛坯,经切削加工等工序后才成为零件。精度要求较低和表面粗糙度数值允许较大的零件,或经过特种铸造的铸件也可直接使用。

2.1 实习任务

2.1.1 任务描述

本任务需要为指定零件选择合适的铸造方法,并完成操作。

需解决问题
• 了解型砂的种类及造型材料的性能要求。
• 熟悉砂型铸造的工艺过程及其特点。
• 如何为零件选择合适的造型方法?
• 了解铸铁熔炼方法和所用设备。
• 如何判断常见的铸造缺陷?

2.1.2 实习目的

① 了解砂型铸造的生产方法、工艺过程及其特点。
② 熟悉造型工具名称及其使用方法。
③ 能够为不同零件选择合适的造型方法。
④ 能够完成简单铸件手工造型操作。
⑤ 能够识别常见铸件缺陷,并分析产生原因和防止方法。

2.1.3 安全注意事项

① 必须按规定穿戴好劳动保护用品。工作时穿好工作服,浇注时穿好劳保皮鞋,戴好手套、帽子、防护眼镜等。

② 所用的工具分类装入工具箱中。化学品须放入专用箱内并盖好。
③ 紧砂时不得将手放在砂箱上，造型时严禁用口吹分型砂。
④ 在造型场内行走时，要注意脚下，以免踏坏砂型或被铸件碰伤。
⑤ 在熔炉间及造型场观察开炉与浇注时，应站在一定距离外的安全位置，不要站在往返的通道上，如遇火星与铁水飞溅应保持镇静，同时要防止碰坏砂型和其他事故发生。
⑥ 不准用冷工具（如铁棒、木条等）在剩余铁水内敲打，以免爆溅。
⑦ 刚浇注的铸件，未经许可不得触动，以免损坏工件或烫伤人员。
⑧ 浇注完毕后应全面检查，清理场地并熄灭火源。

2.2 知识准备

2.2.1 概述

中国有辉煌的传统冶铸历史，在殷商时期就有青铜器铸造技术（图2-1）。如明代永乐（青铜）大钟，重达46.5t，钟高6.75m，钟唇厚18.5cm，口外径3.3m，钟体内外铸经文23万字，击钟时尾音长达2min，最远可传45km。外形和内腔如此复杂、重量如此巨大、质量要求如此高的青铜大钟，证明中国早已掌握冶炼和铸造技术。

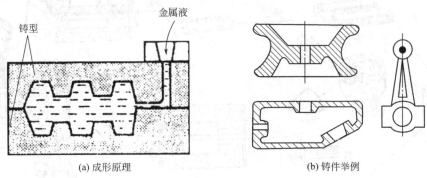

图2-1 铸造

2.2.1.1 铸造的分类

按生产方式不同，铸造可分为砂型铸造和特种铸造。

砂型铸造是用型砂紧实，制成铸型，生产铸件的铸造方法。钢、铁和大多数有色合金铸件都可用砂型铸造方法获得。由于砂型铸造所用的造型材料价廉易得，铸型制造简便，对铸件的单件生产、成批生产和大量生产均能适应，长期以来，一直是铸造生产中的基本工艺。

用砂型铸造生产的铸件，约占铸件总产量的80%以上。

特种铸造是指与砂型铸造不同的其他铸造方法。特种铸造包括金属型铸造、压力铸造、离心铸造、熔模铸造、低压铸造、陶瓷型铸造、连续铸造和挤压铸造等。

2.2.1.2 铸造的特点

① 可以制成外形和内腔十分复杂的毛坯，如各种箱体、床身、机架等。
② 适用范围广，可铸造不同尺寸、重量及各种形状的工件；也适用于不同材料，如铸铁、铸钢、非铁合金。铸件重量可以从几克到二百吨以上。

③ 原材料来源广泛，还可利用报废的机件或切屑；工艺设备费用小，成本低。

④ 所得铸件与零件尺寸较接近，可节省金属的消耗，减少切削加工工作量。

但铸件也有力学性能较差、生产工序多、质量不稳定、工人劳动条件差等缺点。随着铸造合金、铸造工艺技术的发展，特别是精密铸造的发展和新型铸造合金的成功应用，铸件的表面质量、力学性能都有显著提高，铸件的应用范围日益扩大。铸件广泛用于机床制造、动力、交通运输、轻纺机械、冶金机械等设备。铸件重量占机器总重量的 40%～85%。

2.2.2 砂型铸造

砂型铸造示意图如图 2-2 所示，图中基本术语如下。

铸型：用型砂、金属或其他耐火材料制成，是形成铸件形状的空腔、型芯和浇冒系统的组合整体。

铸件：用铸造方法制成的金属件，一般作毛坯用。

模样：由木材、金属或其他材料制成，用来形成铸型型腔的模具。

砂芯：为获得铸件的内孔或局部外形，用芯砂或其他材料制成的，安放在型腔内部的铸型组元。

芯盒：制造砂芯或其他耐火材料所用的装备。

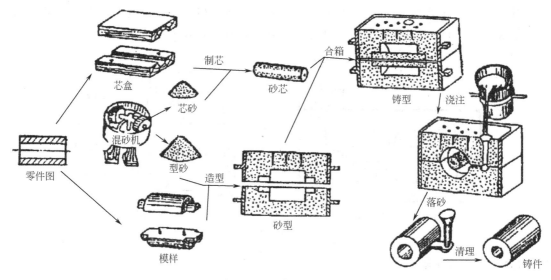

图 2-2 砂型铸造示意图

砂型铸造的生产过程如图 2-3 所示，其中造型和制芯两道工序对铸件的质量和铸造的生产率影响最大。

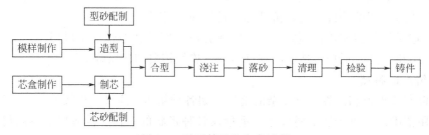

图 2-3 砂型铸造的生产过程

2.2.2.1 造型材料、造型工具及砂型组成

(1) 造型材料

制造铸型用的材料称为造型材料。造型材料主要包括型砂和芯砂。

用于制造砂型的材料习惯上称为型砂,用于制造砂芯的造型材料称为芯砂。由于砂芯的表面被高温金属所包围,受到的冲刷和烘烤较厉害,因此对芯砂的性能要求比型砂的性能要求高。通常型(芯)砂由原砂(山砂或河砂,主要成分是 SiO_2)、黏结剂(如黏土、膨润土、水玻璃、植物油、合脂油等)和水按一定比例混合而成。其中黏土约为 9%,水约为 6%,其余为原砂。有时还加入少量煤粉、植物油、木屑等附加物,以提高型砂和芯砂的性能。用黏土作为黏结剂的型砂称为黏土砂,用其他黏结剂的型砂则分别称为水玻璃砂、油砂、合脂砂等。紧实后的型砂结构如图 2-4 所示。

型砂和芯砂的质量直接影响铸件的质量,质量不好会使铸件产生气孔、砂眼、黏砂、夹砂等缺陷。型(芯)砂质量判断如图 2-5 所示。型砂湿度适当时可用手捏成砂团[图 2-5(a)];手放开后可看出清晰的手纹[图 2-5(b)];折断时断口没有碎裂状,同时有足够的强度[图 2-5(c)]。

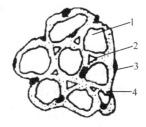

图 2-4 型砂结构示意图
1—砂粒;2—空隙;
3—附加物;4—黏土膜

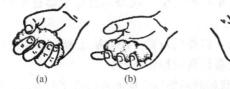

图 2-5 手捏法检验型砂

良好的型(芯)砂应具备下列性能。

透气性 高温金属液浇入铸型后,型内充满大量气体,这些气体必须从铸型内顺利排出,型(芯)砂这种能让气体透过的性能称为透气性。否则将会使铸件产生气孔、浇不足等缺陷。铸型的透气性受砂的粒度、黏土含量、水分含量及砂型紧实度等因素的影响。砂的粒度越小、黏土及水分含量越高、砂型紧实度越高,透气性则越差。

强度 型(芯)砂抵抗外力破坏的能力称为强度。型(芯)砂必须具备足够高的强度才能在造型、搬运、合箱过程中避免塌陷,浇注时也不会破坏铸型表面。强度也不宜过高,否则会因透气性、退让性的下降,使铸件产生缺陷。

耐火性 高温的金属液体浇进后,对铸型产生强烈的热作用,因此型(芯)砂要具有抵抗高温热作用的能力,即耐火性。如造型材料的耐火性差,铸件易产生黏砂,使铸件清理和切削加工困难。型(芯)砂中 SiO_2 含量越多,颗粒越大,耐火性越好。

可塑性 指型(芯)砂在外力作用下变形,去除外力后能完整地保持已有形状的能力。造型材料的可塑性好,造型操作方便,制成的砂型形状准确、轮廓清晰。

溃散性 型(芯)砂在浇注后发生溃散的性能称为溃散性。溃散性对清砂效率和劳动强度有显著影响。

退让性 铸件在冷凝时,体积发生收缩,型(芯)砂应具有一定的被压缩的能力,称为退让性。型(芯)砂的退让性不好,铸件易产生内应力或开裂。型(芯)砂越紧实,退让性越差。在型(芯)砂中加入木屑等可以提高退让性。

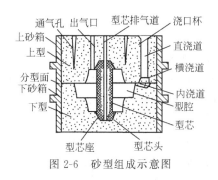

图 2-6 砂型组成示意图

型（芯）砂除了应具备上述主要性能之外，还有一些其他的性能要求，如耐用性、发气性、吸湿性等。

型（芯）砂的制备过程：烘干→筛分→混砂（先干混后湿混）→松砂→停放（闷砂）。

(2) 造型工具

制造铸型用的工具称为造型工具。

造型工具有：砂箱、底板、舂砂锤、通气针、起模针、皮老虎、镘刀、秋叶、提钩、半圆等。

(3) 砂型组成

如图 2-6 所示，从砂型中取出模样后形成的空腔称为型腔。上砂型与下砂型的分界面称为分型面。型芯上的延伸部分称为型芯头，用于安放和固定型芯。

2.2.2.2 造型方法

用型砂及模样等工艺装备制造砂型的过程，称为造型。造型方法通常分为手工造型和机器造型两大类。

(1) 手工造型

全部用手或手动工具完成的造型工序称为手工造型。它操作灵活，无论铸件结构复杂程度、尺寸大小如何，都能适应。因此对单件小批生产或是不宜用机器造型的重型复杂铸件，常采用手工造型。

手工造型劳动强度大、生产效率低，铸件的质量主要取决于操作人员的技术水平和熟练程度，不够稳定，故要求操作人员应具备较高的操作技能。

整模造型 是将模样做成与零件形状相同的整体结构而进行造型的方法，如图 2-7 所示。

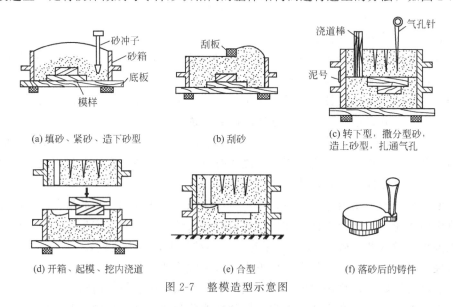

图 2-7 整模造型示意图

整模造型是铸造中最常用的一种造型方法，操作简便，不会产生错箱，分型面多为平面。适用于形状简单、横截面依次减小、最大截面在端部的铸件，如盘、盖类。

分模造型 模型分为两半，造型时模型分别在上砂箱和下砂箱内进行造型的方法，称为分模造型，如图 2-8 所示。

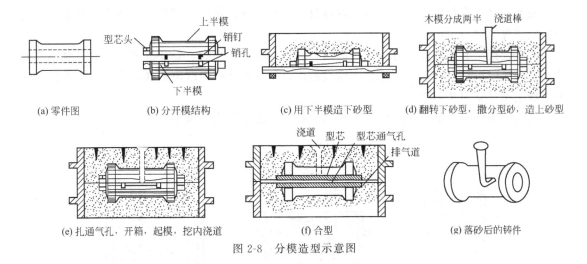

图 2-8 分模造型示意图

分模造型操作简便,应用广泛,适用于生产形状较复杂的铸件以及带孔的铸件,如套筒、阀体、管子、箱体等。

挖砂造型 模型虽是整体的,但铸件的分型面为曲面,为了能起出模型,造型时用手工挖去阻碍起模型砂的造型方法,称为挖砂造型,如图2-9所示。

挖砂造型适用于分型面不是平面的铸件的单件或小批量生产,生产率低,对操作人员的技术要求较高。

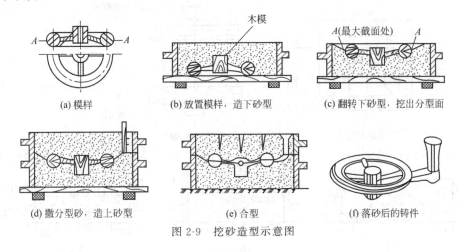

图 2-9 挖砂造型示意图

假箱造型 利用预先制备好的半个铸型简化造型操作的方法,称为假箱造型,如图2-10所示。

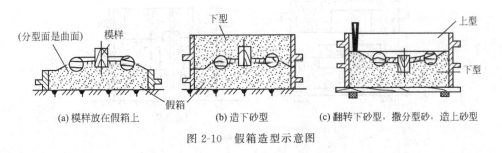

图 2-10 假箱造型示意图

项目二 铸造

假箱造型具有操作简便，不需要挖砂且分型面整齐的优点。假箱造型适用于分型面不是平面的铸件的批量生产。

活块造型　有些铸件上有一些小的凸台、筋条等，造型时，妨碍起模，这时可将模样的凸出部分作成活块，起模时，先将主体模起出，然后再从侧面取出活块，这种造型方法，称为活块造型，如图2-11所示。

活块造型适用于带有小凸台等不易起模的铸件的单件或小批量生产。

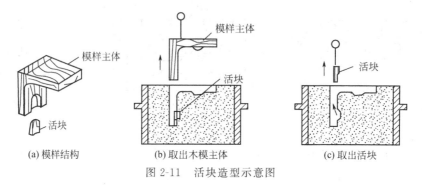

图2-11　活块造型示意图

三箱造型　当铸件的外形具有两端截面大、中间截面小的特征时，只用一个分型面取不出模型，此时需要从小截面处分开模型，采用两个分型面，三个砂箱进行造型，这种方法称为三箱造型，如图2-12所示。

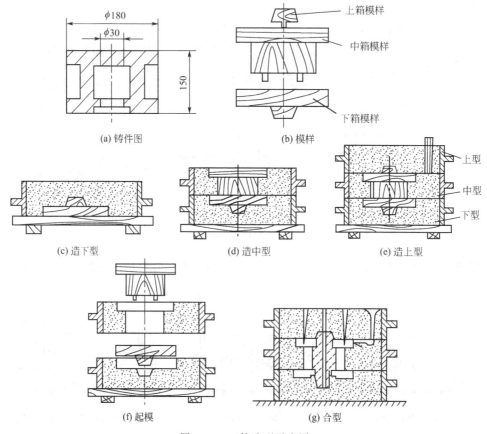

图2-12　三箱造型示意图

三箱造型操作比较烦琐，要求工人操作技术较高，适用于具有两分型面的铸件的单件或小批量生产。

刮板造型 不用模样而用与铸件截面形状相同的刮板代替实体模样的造型和制芯方法，称为刮板造型，如图2-13所示。

刮板造型适用于具有等截面的大、中型回转体铸件的单件小批生产，如皮带轮、飞轮、齿轮、弯管等。

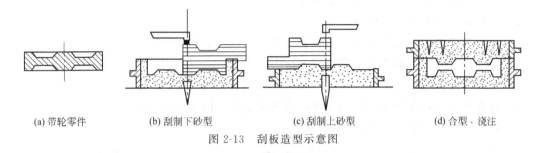

(a) 带轮零件　　(b) 刮制下砂型　　(c) 刮制上砂型　　(d) 合型、浇注

图2-13　刮板造型示意图

(2) 机器造型

用机器全部完成或至少完成紧砂操作的造型工序称为机器造型。机器造型铸件尺寸精确、表面质量好、加工余量小，但需要专用设备，投资较大，适合大批量生产。

机器造型常用的紧砂方法有：震实、压实、震压、抛砂、射压等几种形式。

机器造型常用的起模方法有：顶箱、漏模、翻转三种。

2.2.2.3　制芯

芯的主要作用是形成铸件的内腔或局部外形。单件、小批生产时采用手工制芯，大批生产时采用机器制芯。手工制芯常采用芯盒制芯。图2-14为对分式芯盒制芯，图2-15为刮板制芯。

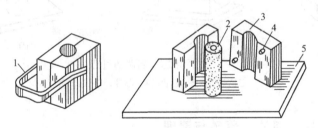

图2-14　对分式芯盒制芯

1—夹钳；2—砂芯；3—芯盒；4—定位销；5—烘芯平板

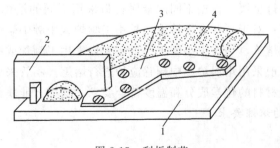

图2-15　刮板制芯

1—底板；2—刮板；3—导板；4—半芯

(1) 制芯的工艺要求

① 放芯骨：砂芯中放入芯骨，以提高强度。
② 开通气道：砂芯中必须做出贯通的通气道，以提高砂芯的透气性。
③ 刷涂料：大部分的砂芯表面要刷一层涂料，以提高耐高温性能，防止铸件黏砂。
④ 烘干：砂芯烘干后，强度和透气性均能提高。

(2) 芯盒制芯过程

图 2-16 为用芯盒制芯的过程，步骤如下：

① 检查芯盒是否配对［图 2-16(a)］；
② 夹紧两半芯盒，分次加入芯砂，分层捣紧［图 2-16(b)］；
③ 插入刷有泥浆水的芯骨，其位置要适中［图 2-16(c)］；
④ 继续填砂捣紧，刮平，用通气针孔扎出通气孔［图 2-16(d)］；
⑤ 松开夹子，轻敲芯盒，使砂芯从芯盒内壁松开［图 2-16(e)］；
⑥ 取出砂芯，上涂料［图 2-16(f)］。

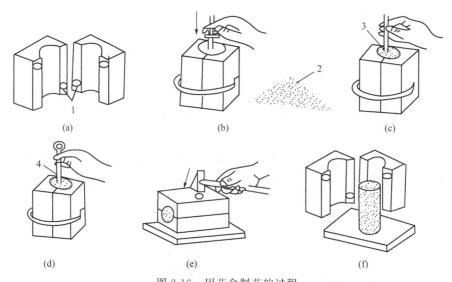

图 2-16 用芯盒制芯的过程
1—定位装置；2—芯砂；3—芯骨；4—通气针

2.2.3 铸铁的熔炼、浇注、落砂与清理

2.2.3.1 熔炼金属

在浇注之前需要熔炼金属。根据不同的金属材料采用不同的熔炼设备。对于铸铁而言，常采用冲天炉进行熔炼；对于一些合金铸铁，采用工频炉或中频炉熔炼。对于铸钢而言，一般采用三相电弧炉进行熔炼，一些中小型工厂近年来也采用工频炉或中频炉进行熔炼。对于铜、铝等有色金属，一般采用坩埚炉或中频感应炉进行熔炼。不管采用什么样的设备熔炼金属材料，都要保证金属材料的化学成分和温度符合要求，这样才能获得合格的铸件。

2.2.3.1.1 铸件的熔炼要求

① 铁水温度要高；
② 铁水化学成分要稳定在所要求的范围内；

③ 提高生产率，降低成本。

2.2.3.1.2 铸件的熔炼设备

冲天炉是铸铁常用的熔炼设备，构造如图 2-17 所示。炉身是用钢板弯成的圆筒形，内砌以耐火砖炉衬。炉身上部有加料口、烟囱、火花罩，中部有热风胆，下部有风带，风带通过风口与炉内相通。从鼓风机送来的空气，通过热风胆加热后经风带进入炉内，供燃烧用。风口以下为炉缸，熔化的铁液及炉渣从炉缸底部流入前炉。

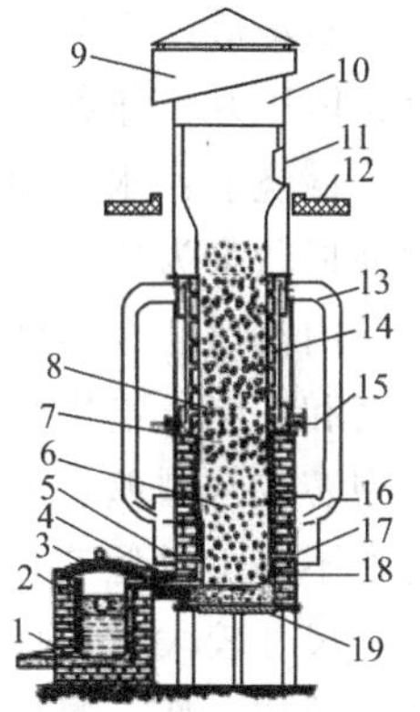

冲天炉的大小以每小时能熔炼出铁液的重量来表示，常用的为 1.5～10t/h。

（1）冲天炉炉料及其作用

金属料 包括生铁、回炉铁、废钢和铁合金等。生铁是铁矿石经高炉冶炼后的铁碳合金，是生产铸铁件的主要材料；回炉铁为浇口、冒口和废铸件等，利用回炉铁可节约生铁用量，降低铸件成本；废钢是机加工车间的钢料头及钢切屑等，加入废钢可降低铁液碳的含量，提高铸件的力学性能；铁合金为硅铁、锰铁、铬铁以及稀土合金等，用于调整铁液化学成分。

燃料 冲天炉熔炼多用焦炭作燃料。通常焦炭的加入量一般为金属料的 1/12～1/8，这一数值称为焦铁比。

熔剂 熔剂主要起稀释熔渣的作用。在炉料中加入石灰石（$CaCO_3$）和萤石（CaF_2）等矿石，会使熔渣与铁液容易分离，便于把熔渣清除。熔剂的加入量为焦炭的 25%～30%。

图 2-17 冲天炉的构造
1—出铁口；2—出渣口；3—前炉；4—过桥；5—风口；6—底焦；7—金属料；8—层焦；9—火花罩；10—烟囱；11—加料口；12—加料台；13—热风管；14—热风胆；15—进风口；16—热风；17—风带；18—炉缸；19—炉底门

（2）冲天炉的熔炼原理

在冲天炉熔炼过程中，炉料从加料口加入，自上而下运动，被上升的高温炉气预热，温度升高。鼓风机鼓入炉内的空气使底焦燃烧，产生大量的热。当炉料下落到底焦顶面时，开始熔化。铁水在下落过程中被高温炉气和灼热焦炭进一步加热（过热），过热的铁水温度可达 1600℃左右，然后经过过桥流入前炉。此后铁水温度稍有下降，最后出铁温度为 1380～1430℃。

冲天炉内铸铁熔炼的过程并不是金属炉料简单重熔的过程，而是包含一系列物理、化学变化的复杂过程。熔炼后的铁水成分与金属炉料相比较，含碳量有所增加；硅、锰等合金元素含量因烧损会降低；硫含量升高，这是焦炭中的硫进入铁水中所引起的。

2.2.3.2 浇注

在获得合格的金属液之后，就可以进行浇注了。将熔融金属从浇包浇入铸型的过程称为浇注。浇注是铸造生产中的一个重要环节。浇注工艺是否合理，不仅影响铸件质量，还涉及工人的安全。浇注的通道称为浇注系统。典型的浇注系统由外浇口、直浇道、横浇道和内浇道组成，如图 2-18 所示。

外浇口：它的作用是承接从浇包中倒出来的液态金属，减轻金属液流对铸型的冲击，使金属液平稳流入直浇道。其形状分漏斗形和池形两种。

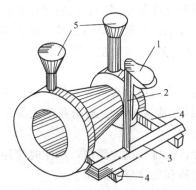

图 2-18 浇注系统及冒口
1—外浇口；2—直浇道；3—横浇道；4—内浇道；5—冒口

直浇道：垂直的通道，断面多为圆形，利用直浇道的高度产生一定的静压力，使金属液产生充填压力。直浇道越高，产生的充填力越大。一般直浇道要高出型腔最高处100～200mm。

横浇道：水平通道，可将液体金属导入内浇道。简单小铸件有时可省去不用。横浇道的截面形状多为梯形，其作用是分配金属流入内浇道，阻止熔渣进入型腔内。

内浇道：金属液直接流入型腔的通道，它与铸件直接相连，可以控制金属液流入型腔的速度和方向。它影响铸件内部的温度分布，对铸件质量有较大影响。为了利于挡渣和防止冲刷型芯或铸型壁，内浇道倾斜方向与横浇道中液体金属流动方向的夹角大于90°。另外，内浇道不要正对型芯，以免冲坏砂芯。

尺寸较大的铸件或体收缩率较大的金属还要加设冒口，为便于补缩，冒口一般设在铸件的厚部或上部。冒口还可起排气和集渣作用。

浇注系统的作用是：

① 引导液体金属平稳地充满型腔，避免冲坏型壁和型芯；

② 挡住熔渣进入型腔；

③ 调节铸件的凝固顺序。

图2-18中的冒口是为了保证铸件质量而增设的，其作用是排气、浮渣和补缩。对厚薄相差大的铸件，都要在厚大部分的上方适当开设冒口。

(1) 浇注工具

浇注常用工具有浇包（图2-19）、挡渣钩等。浇注前应根据铸件大小，批量选择合适的浇包，并对浇包和挡渣钩等工具进行烘干，以免降低金属液温度及引起液体金属的飞溅。

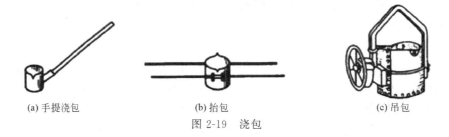

(a) 手提浇包　　　(b) 抬包　　　(c) 吊包

图2-19　浇包

(2) 浇注工艺

浇注温度　浇注温度过高，铁液在铸型中收缩量增大，易产生缩孔、裂纹及黏砂等缺陷；温度过低，则铁液流动性差，又容易出现浇不足、冷隔和气孔等缺陷。合适的浇注温度应根据合金种类和铸件的大小、形状及壁厚来确定。对形状复杂的薄壁灰口铸铁件，浇注温度为1400℃左右；对形状较简单的厚壁灰口铸铁件，浇注温度为1300℃左右即可；而铝合金的浇注温度一般在700℃左右。

浇注速度　浇注速度太慢，铁液冷却快，易产生浇不足、冷隔以及夹渣等缺陷；浇注速度太快，则会使铸型中的气体来不及排出而产生气孔，同时易造成冲砂、抬箱和跑火等缺陷。铝合金液浇注时勿断流，以防铝液氧化。

浇注的操作　浇注前应估算好每个铸型需要的金属液量，安排好浇注路线，浇注时应注意挡渣。浇注过程中应保持外浇口始终充满，这样可防止熔渣和气体进入铸型。

浇注结束后，应将浇包中剩余的金属液倾倒到指定地点。

浇注时应注意事项

ⅰ. 浇注是高温操作，必须注意安全，必须穿着白帆布工作服和工作皮鞋；

ⅱ. 浇注前，必须清理浇注时行走的通道，预防意外跌撞；
ⅲ. 必须烘干烘透浇包，检查砂型是否紧固；
ⅳ. 浇包中金属液不能盛装太满，吊包液面应低于包口 100mm 左右，抬包和端包液面应低于包口 60mm 左右。

2.2.3.3 落砂、清理、检验

浇注后经过一段时间的冷却，将铸件从砂箱中取出的过程称为落砂。从铸件上清除表面黏砂和多余的金属（包括浇冒口、飞边、毛刺、氧化皮等）的过程称为清理。

（1）浇冒口的去除

对于铸铁等脆性材料用敲击法；对于铝、铜铸件，常采用锯割来切除浇冒口；对于铸钢件，常采用氧气切割、电弧切割、等离子体切割切除浇冒口。

（2）型芯的清除

可采用手工清除，用风铲、钢凿等工具进行铲削，也可采用气动落芯机、水力清砂等方法清除。铸件表面可采用风铲、滚筒、抛光机等进行清理。

（3）检验

对清理好的铸件要进行检验，主要检验以下几个方面：
① 表面质量检验；
② 化学成分；
③ 力学性能；
④ 内部质量，采用超声波、磁粉探场、打压试验等方法检查。

2.2.4 铸件常见的缺陷分析

铸造工艺过程复杂，影响铸件质量的因素很多，常见的铸件缺陷名称、特征、产生原因和预防措施，如表 2-1 所示。

表 2-1 常见的铸件缺陷名称、特征、产生原因和预防措施

缺陷名称	特征	产生原因	预防措施
气孔	在铸件内部或表面有大小不等的光滑孔洞	① 炉料不干或含氧化物、杂质多 ② 浇注工具或炉前添加剂未烘干 ③ 型砂含水过多或起模和修型时刷水过多 ④ 型芯烘干不充分或型芯通气孔被堵塞 ⑤ 舂砂过紧，型砂透气性差 ⑥ 浇注温度过低或浇注速度太快等	① 降低熔炼时金属的吸气量，减少砂型在浇注过程中的发气量 ② 改进铸件结构，提高砂型和型芯的透气性，使砂型内气体能顺利排出
缩孔与缩松	缩孔多分布在铸件厚断面处，形状不规则，孔内粗糙	① 铸件结构设计不合理，如壁厚相差过大，厚壁处未放冒口或冷铁 ② 浇注系统和冒口的位置不对 ③ 浇注温度太高 ④ 合金化学成分不合格，收缩率过大，冒口太小或太少	① 壁厚小且均匀的铸件要采用同时凝固 ② 壁厚大且不均匀的铸件采用由薄向厚的顺序凝固 ③ 合理放置冒口的冷铁
砂眼	在铸件内部或表面有型砂充塞的孔眼	① 型砂强度太低或砂型和型芯的紧实度不够，故型砂被金属液冲入型腔 ② 合箱时砂型局部损坏 ③ 浇注系统不合理，内浇道方向不对，金属液冲坏了砂型 ④ 合箱时型腔或浇口内散砂未清理干净	① 严格控制型砂性能和造型操作 ② 合型前注意清扫型腔 ③ 改进浇注系统

项目二 铸造

续表

缺陷名称	特征	产生原因	预防措施
黏砂	铸件表面粗糙,黏有一层砂粒	① 原砂耐火度低或颗粒度太大 ② 型砂含泥量过高,耐火度下降 ③ 浇注温度太高 ④ 湿型铸造时型砂中煤粉含量太少 ⑤ 干型铸造时铸型未刷涂料或涂料太薄	① 适当降低金属的浇注温度 ② 提高型砂、芯砂的耐火度
夹砂	铸件表面产生金属片状突起物,在金属片状突起物与铸件之间夹有一层型砂	① 型砂热湿拉强度低,型腔表面受热烘烤而膨胀开裂 ② 砂型局部紧实度过高,水分过多,水分烘干后型腔表面开裂 ③ 浇注位置选择不当,型腔表面长时间受高温铁水烘烤而膨胀开裂 ④ 浇注温度过高,浇注速度太慢	① 严格控制型砂、芯砂性能 ② 改善浇注系统,使金属液流动平稳 ③ 大平面铸件要倾斜浇注 ④ 适当调整浇注温度和浇注速度
错型	铸件沿分型面有相对位置错移	① 模样的上半模和下半模未对准 ② 合箱时,上、下砂箱错位 ③ 上、下砂箱未夹紧或上箱未加足够压铁,浇注时产生错箱 ④ 砂箱或模板定位不准确,或定位销松动	① 定期检查砂箱、模板的定位销及销孔,并合理地安装 ② 定期对套箱整形,脱箱后的铸型在搬运时要小心
冷隔	铸件上有未完全熔合的缝隙或凹坑,其交接处是圆滑的	① 浇注温度太低,合金流动性差 ② 浇注速度太慢或浇注中有断流 ③ 浇注系统位置开设不当或内浇道横截面积太小 ④ 铸件壁太薄 ⑤ 直浇道(含浇口杯)高度不够 ⑥ 浇注时金属量不够,型腔未充满	① 提高浇注温度和浇注速度 ② 改善浇注系统 ③ 浇注时不断流
飞边	铸件分型面处或活动部分突出过多的金属薄片	① 砂型表面不光洁,分型面不平整 ② 合箱操作不准确 ③ 砂箱未紧固 ④ 芯头与芯座间有空隙 ⑤ 模具镶块、活块已磨损或损坏,锁紧原件失效 ⑥ 模具强度不够,发生变形 ⑦ 铸件投影面积过大,锁模力不够 ⑧ 型壳内有裂缝,涂料层太薄	① 检查合模力及增压情况 ② 检查模具的变形程度和锁紧零件 ③ 检查模具是否损坏 ④ 将分模面清理干净
热裂纹	铸件上有直的或曲折的分裂隙缝和裂口,裂纹处的断面被强烈氧化呈深灰色或黑色。多发生在铸件尖角处的内侧厚薄断面交接处及浇冒口与铸件连接的热节区	① 铸件的结构设计不合理,有尖角,连接处厚薄截面过渡圆弧过小或壁厚相差过大等,冷却不均匀 ② 铸型或砂芯退让性不好,披缝过大,芯骨、冷铁设置不当,阻碍收缩 ③ 合金中有促使形成裂纹的杂质或添加物,变质不好,或变质失效,使晶粒粗大,性质变脆	① 改变零件设计结构,消除尖角,将尖角改为圆角,厚截面均匀地过渡到薄截面 ② 尽可能使铸件顺序凝固或同时凝固,减少内应力产生。如在铸件上适当放大工艺余量,在铸件厚大部分设置冒口或冷铁。对冒口根部产生裂纹的铸件注入金属时应沿冒口壁注入或在冒口旁另开浇口 ③ 细化合金组织,严格控制促使晶粒粗大的合金元素和杂质,正确进行变质处理和炉前断口检查。组织粗大时重新进行变质处理,降低铸型和砂芯的强度,增加退让性,降低铸型的紧实度 ④ 减少铸件收缩时的外界阻力,降低铸型和砂芯的强度,增加退让性,降低铸型的紧实度 ⑤ 降低浇注温度,提高模温
冷裂纹	外观呈直线或不规则的曲线,断裂处的金属表面洁净,具有金属光泽裂纹处的金属表面被氧化或被轻微氧化	④ 浇注系统设置不当,内浇道附近或大冒口的根部严重过热 ⑤ 铸件浇注后开槽出型过早,铸件浇注温度过高,模温过低	

记一记

2.3 任务实施

2.3.1 任务报告——选择合适的铸造方法,并完成操作

任务一	零件图如下,请为其选择合适的造型方法
	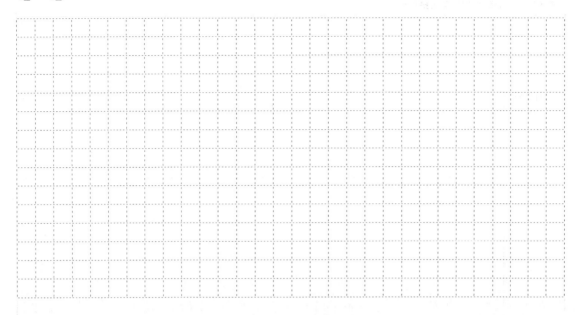
结论	选择了什么造型方法?请在图中用分型面符号表示出分型面位置。 说明分型面选择理由。

续表

任务二	进行造型操作,写出操作步骤
材料准备	
操作步骤	
结论	绘制出合型简图

2.3.2 任务考核评价表

项目		项目内容	配分	学生自评分	教师评分
任务完成质量得分(50%)	1	了解型砂的种类及造型材料的性能要求	15		
	2	熟悉砂型铸造的工艺过程及其特点	30		
	3	为零件选择合适的造型方法	20		
	4	了解铸铁熔炼方法和所用设备	20		
	5	能够判断常见铸造缺陷	15		
		合计	100		
任务过程得分(40%)	1	准备工作	20		
	2	工位布置	10		
	3	工艺执行	20		
	4	清洁整理	10		
	5	清扫保养	10		
	6	工作态度是否端正	10		
	7	安全文明生产	20		
		合计	100		
任务反思得分(10%)		1.每日一问:			
		2.错误项目原因分析:			
		3.自评与师评差别原因分析:			
任务总得分					
任务完成质量得分		任务过程得分	任务反思得分		总得分

2.4 巩固练习

(1) 选择题

① 刮板造型主要用于制造单件生产的（　　）铸件。
　　A. 球形体　　　　B. 圆锥形体　　　　C. 细长圆柱体　　　　D. 粗短圆柱体
② 在大型砂芯中放入焦炭的主要目的是（　　）。
　　A. 减轻砂芯质量　　B. 排气　　　　C. 增加砂芯强度　　　　D. 节约芯砂
③ 浇注有色合金件和重要的铸铁件时，经常采用带过滤网的横浇道，其目的是（　　）。
　　A. 减少金属液的冲刷力　　　　　　B. 调整金属液流速
　　C. 排气　　　　　　　　　　　　　D. 挡渣
④ 浇注温度过低，铸件容易产生（　　）缺陷。
　　A. 冷裂　　　　B. 冷隔　　　　C. 砂眼　　　　D. 变形
⑤ 适宜的落砂前保温时间应根据铸件的（　　）、复杂程度及合金种类来确定。
　　A. 型砂用量　　B. 型砂种类　　C. 大小　　　　D. 浇注温度
⑥ 冲天炉熔炼过程中，金属液中含碳量过高时常加入一定量的（　　）进行调整。

项目二　铸造

A. 新生铁　　　　B. 废钢　　　　C. 焦炭　　　　D. 回炉料
⑦ 型砂中水分过多，会使铸件产生（　　）。
　　A. 气孔　　　　　B. 缩孔　　　　C. 砂眼　　　　D. 裂纹
⑧ 铸件壁厚要适当，壁过厚的铸件易产生（　　）等缺陷。
　　A. 晶粒过大　　　B. 冷隔　　　　C. 气孔　　　　D. 缩孔

(2) 判断题

① 在湿型砂中加入适量煤粉，其作用是防止铸件产生黏砂。　　　　　　（　　）
② 型砂是制造砂型的主要材料。　　　　　　　　　　　　　　　　　（　　）
③ 砂型铸造是生产大型铸件的唯一方法。　　　　　　　　　　　　　（　　）
④ 为了改善砂型的透气性，应在砂型的上、下箱都扎通气孔。　　　　（　　）
⑤ 手工造型由于工艺装备简单，灵活多样，所以特别适用于重型复杂铸件的生产。
　　　　　　　　　　　　　　　　　　　　　　　　　　　　　　　（　　）
⑥ 生产最大截面在中部的铸件（例如圆形铸件）一般应采用分模两箱造型法。（　　）
⑦ 型砂中的煤粉与石墨粉涂料的作用相同，都可以防止铸件黏砂。　　（　　）
⑧ 锯木屑可改善型砂的透气性和热变形性，所以不管铸型是干型或湿型，其型砂中都应加入锯木屑。　　　　　　　　　　　　　　　　　　　　　　　　　（　　）
⑨ 手工造型时，上型与下型的紧实度应相同。　　　　　　　　　　　（　　）
⑩ 用黏土砂造型时，有时在砂型的某些部位扎钉子，其目的是提高铸件的冷却速度。
　　　　　　　　　　　　　　　　　　　　　　　　　　　　　　　（　　）
⑪ 气孔、砂眼、夹渣、裂纹，即"三孔一纹"或"三眼一裂"，是最常见的铸造缺陷，占铸件报废原因的50%以上。　　　　　　　　　　　　　　　　　　　（　　）
⑫ 当铸件生产批量较大时，都可用机器造型代替手工造型。　　　　　（　　）

(3) 填空题

① 制造铸型，熔炼金属，并将熔融金属浇入铸型，凝固后获得一定形状和性能的毛坯或零件的成形方法称为_____。
② 在铸造生产中，习惯上将铸造方法分为_____和_____两大类，其中_____应用较广。
③ 砂型铸造用的造型材料主要是用于制造砂型的_____和用于制造砂芯的_____。
④ 型砂、芯砂通常是由_____、_____、_____及_____混制而成。
⑤ 一般的砂芯，可用_____砂生产；形状复杂、强度要求较高的砂芯，多用合脂砂生产；少数薄壁、形状极复杂的砂芯需用_____砂生产；大批量生产的复杂砂芯宜用_____生产。
⑥ 整模造型铸件结构的特点是：外形轮廓顶端为_____截面的铸件，其余截面沿起模方向_____。
⑦ 活块造型是将阻碍起模的那部分砂型制成_____，以便于起模。活块不是砂芯，而是_____的一部分。

项目三 锻 压

【项目背景】 锻压是锻造和冲压的总称,是利用锻压机械的锤头、铁砧、冲头或通过模具对坯料施加压力,使之产生塑性变形,从而获得所需形状和尺寸的制件的成形加工方法。锻压是机械制造中重要的加工方法,锻压出的工件尺寸精确,有利于组织批量生产。

3.1 实习任务

3.1.1 任务描述

本任务需要手工锻造阶梯轴。

需解决问题
• 通过实训,熟悉锻压生产的工艺过程、特点及应用。
• 了解锻压设备的种类、结构、工作原理及工具。
• 熟悉自由锻的基本工序、操作方法和注意事项。
• 熟悉板料冲压基本工序,了解冲压设备的结构、工作原理及冲压模具的结构和类型。
• 熟悉锻压件质量控制与检验方法。

3.1.2 实习目的

① 了解锻压生产的工艺过程、特点和应用。
② 了解锻压生产常用设备(空气锤、压力机)和工具的构造、工作原理和使用方法。
③ 掌握自由锻基本工序并能够进行操作。
④ 了解冲压基本工序及简单冲模的结构。
⑤ 熟悉压力加工的安全生产技术知识。

3.1.3 安全注意事项

① 实习前穿戴好各种安全防护用品,不得穿拖鞋、背心、短裤、短袖上衣。
② 检查各种工具(如榔头、手锤等)的木柄是否牢固。空气锤上、下铁砧是否稳固,

铁砧上不许有油、水和氧化皮。

③ 严禁用铁器（如钳子、铁棒等）捅电气开关。

④ 坯料在炉内加热时，风门应逐渐加大，防止突然高温使煤屑和火焰喷出伤人。

⑤ 两人手工锤打时，必须高度协调。要根据加热坯料的形状选择好夹钳，夹持牢靠后方可锻打，以免坯料飞出伤人。钳子不要对准腹部，挥锤时严禁任何人站在后面 2.5m 以内。坯料切断时，打锤者必须站在被切断飞出方向的侧面，快切断时，大锤必须轻击。

⑥ 只有在指导人员直接指导下才能操作空气锤。空气锤严禁空击、锻打未加热的锻件、终锻温度极低的锻件以及过烧的锻件。

⑦ 锻锤工作时，严禁将手伸入工作区域内或在工作区域内放取各种工具、模具。

⑧ 设备一旦发生故障时应首先关机、切断电源。

⑨ 锻区内的锻件毛坯必须用钳子夹取，不能直接用手拿取，以防烫伤，要知"红铁不烫人而黑铁烫人"的常识。

⑩ 实习完毕应清理工、夹、量具，并清扫工作场地。

3.2 知识准备

3.2.1 概述

锻压是最古老的金属加工方法之一。目前其生产已广泛应用于机械、冶金、造船、航空、航天以及其他许多工业部门。人类在新石器时代末期，已开始以锤击天然红铜来制造装饰品和小用品。中国在公元前约 2000 年已应用冷锻工艺制造工具，如甘肃武威皇娘娘台齐家文化遗址出土的红铜器物，就有明显的锤击痕迹。最初，人们靠抡锤进行锻造，后来出现人拉绳索和滑车来提起重锤再自由落下的方法。14 世纪以后出现了畜力和水力落锤锻。

1842 年，英国的内史密斯制成第一台蒸汽锤，使锻造进入应用动力的时代。之后陆续出现锻造水压机、电机驱动的夹板锤、空气锻锤和机械压力机。夹板锤最早应用于美国南北战争期间，用以模锻武器的零件。随后在欧洲出现了蒸汽模锻锤，模锻工艺逐渐推广。到 19 世纪末，已形成近代锻压机械的基本门类。20 世纪初期，随着汽车开始大量生产，热模锻迅速发展，成为锻造的主要工艺。

锻压如今已成为一门综合性学科，它以塑性成形原理、金属学、摩擦学为理论基础，同时涉及传热学、物理化学、机械运动等相关学科，以锻造、冲压等为技术，与其他学科一起支撑机器制造业。

锻压的材料应具有良好的塑性，以便锻压时产生较大的塑性变形而不致被破坏。在常用的金属材料中，铸铁无论是在常温还是加热状态下，其塑性都很差，不能锻压。低碳钢、中碳钢、铝、铜等有良好的塑性，可以锻压。

3.2.1.1 锻压的特点

① 可以改善内部组织，消除零件或毛坯的内部缺陷，均匀成分，形成纤维组织，从而提高锻件的力学性能。

② 节约金属材料。采用精密模锻可以使锻件的尺寸、形状接近于成品零件，因而可以大大节约金属材料，减少切削加工工时，比如在热轧钻头、齿轮、齿圈及冷轧丝杠时节省了

切削加工设备和材料的消耗。

③ 有较高的生产率。模锻和冲压工具有较高的生产率和锻件成形精度。比如在生产六角螺钉时，采用模锻成形比切削加工效率约高50倍。

④ 锻压主要生产承受重载荷零件的毛坯，如机器中的主轴、齿轮等，但不能获得形状复杂的毛坯或零件。另外，锻压生产所需的重型机器设备对于厂房基础的要求较高。

在锻造中、小型锻件时，常以经过轧制的圆钢或方钢为原材料，用锯床、剪床或其他切割方法将原材料切成一定长度，送至加热炉中加热到一定温度后，用锻锤或压力机进行锻造。塑性好、尺寸小的锻件，锻后可堆放在干燥的地面冷却；塑性差、尺寸大的锻件，应在灰砂或一定温度的炉子中缓慢冷却，以防变形或裂缝。多数锻件锻后要进行退火或正火热处理，以消除锻件中的内应力和改善金属组织。热处理后的锻件，有的要进行清理，去除表面油垢及氧化皮，以便检查表面缺陷。锻件毛坯经质量检查合格后要进行机械加工。

冲压多以薄板金属材料为原材料，经下料冲压制成所需要的冲压件。冲压件具有强度高、刚性大、结构轻等优点，在汽车、拖拉机、航空、仪表以及日用品等工业的生产中占有极为重要的地位。冲压常用的金属材料有低碳钢板、铝板、铜板等，板料厚度在6mm以下，冲压也可用于皮革、胶木板、有机玻璃、硬橡胶等材料。

3.2.1.2 锻压的基本生产方式

锻压的基本生产方式如图3-1所示。

轧制 是使金属坯料在旋转轧辊的压力作用下，产生连续塑性变形，改变其性能，获得所要求的截面形状的加工方法。

挤压 是将金属坯料置于挤压筒中加压，使其从挤压模的模孔中挤出，横截面积减小，获得所需制品的加工方法。

拉拔 是坯料在牵引力作用下通过拉拔模的模孔拉出，产生塑性变形，得到截面细小、长度增加的制品的加工方法，拉拔一般是在冷态下进行。

自由锻 是用简单的通用性工具，或在锻造设备的上、下砧间，使坯料受冲击力作用而

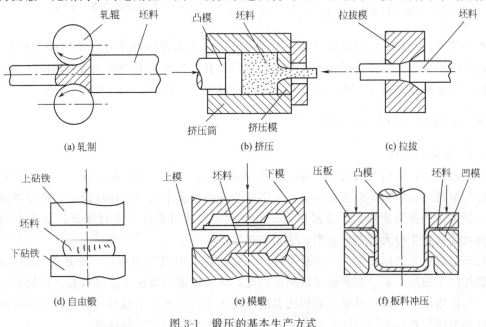

图3-1 锻压的基本生产方式

变形，获得所需形状的锻件的加工方法。

模锻 是利用模具使金属坯料在模腔内受冲击力或压力作用，产生塑性变形而获得锻件的加工方法。

板料冲压 是用冲模使板料经分离或成形得到制件的加工方法。

在上述的六种金属塑性加工方法中，轧制、挤压和拉拔主要用于生产型材、板材、线材、带材等；自由锻、模锻和板料冲压主要用于生产毛坯或零件。

3.2.2 锻造对零件力学性能的影响

经过锻造加工后的金属材料，其内部原有的缺陷（如裂纹、疏松等）在锻造力的作用下可被压合，且形成细小晶粒。因此锻件组织致密，力学性能（尤其是抗拉强度和冲击韧度）比同类材料的铸件更提高。机器上一些重要零件（特别是承受重载和冲击载荷）的毛坯，通常用锻造方法生产。使零件工作时的正应力与流线的方向一致，切应力的方向与流线方向垂直，如图 3-2 所示，用圆棒料直接以车削方法制造螺栓时，头部和杆部的纤维被切断而不能连贯，头部承受切应力时与金属流线方向一致，故质量不高；而采用局部镦粗法制造螺栓时，其纤维未被切断且具有较好的纤维方向，故质量较高。

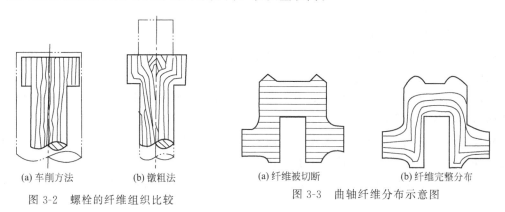

(a) 车削方法　　(b) 镦粗法　　　　　　(a) 纤维被切断　　(b) 纤维完整分布

图 3-2　螺栓的纤维组织比较　　　　图 3-3　曲轴纤维分布示意图

有些零件，为保证纤维方向和受力方向一致，应采用保持纤维方向连续性的变形工艺，使锻造流线的分布与零件外形轮廓相符合而不被切断，如吊钩用弯曲、钻头用扭转等。广泛采用的全纤维曲轴锻造法（图 3-3），可以显著提高其力学性能，延长使用寿命。

3.2.3　金属的加热与锻件的冷却

3.2.3.1　金属的加热

加热的目的是提高金属的塑性和降低其变形抗力，即提高金属的可锻性。除少数具有良好塑性的金属可在常温下锻造成形外，大多数金属在常温下的可锻性较低，锻造困难或不能锻造。但将这些金属加热到一定温度后，可以大大提高可锻性，并只需要施加较小的锻打力，便可使其发生较大的塑性变形，这就是热锻。

加热是锻造工艺过程中的一个重要环节，它直接影响锻件的质量。加热温度如果过高，会使锻件产生加热缺陷，甚至造成废品。因此，为了保证金属在变形时具有良好的塑性，又不致产生加热缺陷，锻造必须在合理的温度范围内进行。各种金属材料锻造时允许的最高加热温度称为该材料的始锻温度；终止锻造的温度称为该材料的终锻温度。

(1) 加热设备

根据金属坯料所采用的热源不同,锻造加热设备主要有手锻炉、重油炉、煤气炉、反射炉、电阻炉等。常用的有反射炉和电阻炉两类。

① 手锻炉。手锻炉以烟煤为燃料,结构如图3-4所示,由炉膛、炉罩、烟筒、风门和风管等组成。它结构简单,操作容易,但生产率低,加热质量不高,在小件生产和维修工作中应用较多。

手锻炉点燃步骤如下:先关闭风门然后合闸开动鼓风机,将炉膛内的碎木或油棉纱点燃;逐渐打开风门,向火苗四周加干煤;待烟煤点燃后覆以湿煤并加大风量,待煤烧旺后,即可放入坯料进行加热。

② 反射炉。反射炉是以煤、焦炭、煤气为燃料的火焰加热炉,结构如图3-5所示。燃烧室中产生的高温炉气越过火墙进入加热室(炉膛)加热坯料,废气经烟道排出,坯料从炉门装取。

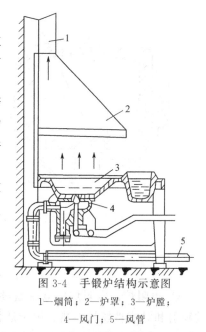

图3-4 手锻炉结构示意图
1—烟筒;2—炉罩;3—炉膛;
4—风门;5—风管

反射炉的点燃步骤如下:先小开风门,依次引燃木材、煤焦和新煤后,再加大风门。

反射炉的特点是:设备简单、燃料价格低廉、加热适应性强、炉膛温度均匀、费用低,但劳动条件差、加热速度慢、加热质量不易控制,因此,反射炉仅适用于中小批量的锻件。

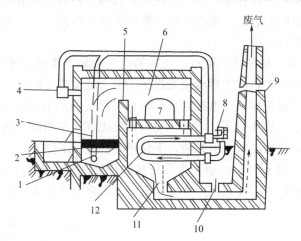

图3-5 反射炉结构示意图
1——次送风管道;2—水平炉箅;3—燃烧室;4—二次送风管道;5—火墙;6—加热室(炉膛);
7—炉门;8—鼓风机;9—烟囱;10—烟闸;11—烟道;12—换热器

③ 重油炉和煤气炉。此两种炉分别以重油和煤气为燃料,结构基本相同,仅喷嘴结构有异。重油炉和煤气炉的结构形式很多,有室式炉、开隙式炉、推杆式连续炉和转底炉等。图3-6为室式重油炉示意图,由炉膛、喷嘴、炉门和烟道组成。其燃烧室和加热室合为一体,即炉膛。坯料码放在炉底板上。喷嘴布置在炉膛两侧,燃油和压缩空气分别进入喷嘴。压缩空气由喷嘴喷出时,将燃油带出并喷成雾状,与空气均匀混合并燃烧以加热坯料。用调节喷油量及压缩空气的方法来控制炉温的变化。

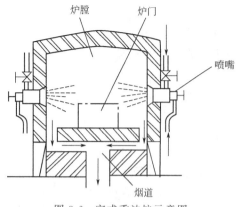

图 3-6 室式重油炉示意图

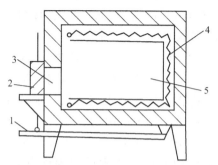

图 3-7 中温箱式电阻炉示意图
1—踏杆（控制炉门升降）；2—炉门；3—装料、
出料炉口；4—电阻丝；5—加热室

④ 电阻炉。电阻炉以电流通过布置在炉膛围壁上的电热元件产生的电阻热为热源，通过辐射和对流将坯料加热。炉子通常做成箱形，分为中温箱式电阻炉和高温箱式电阻炉。中温箱式电阻炉如图 3-7 所示，以电阻丝为电热元件，通常做成丝状或带状，放在炉内的砖槽中或搁板上，最高使用温度为 1000℃；高温电阻炉通常以硅碳棒为电热元件，最高使用温度为 1350℃。

箱式电阻炉结构简单，体积小，操作简便，炉温均匀并易于调节，且可通入保护性气体来防止或减少工件加热时的氧化，主要适用于精密锻造及高合金钢、有色金属的加热。小批量生产或科研实验中广泛采用。

⑤ 电接触加热装置。如图 3-8 所示，坯料的两端由触头夹持，施以一定的夹紧力，使触头紧紧贴合在坯料表面上，将工频电流通过触头引入被加热的坯料。由于坯料本身具有电阻，产生的电阻热将其自身加热。电接触加热是直接在被加热的坯料上将电能转换成热能，因而具有设备结构简单、热效率高（75%～85%）等优点，特别适于细长棒料加热和棒料局部加热。但它要求被加热的坯料表面光洁，下料规则，端面平整。

⑥ 感应加热设备。如图 3-9 所示，当感应线圈中通入交流电时，则线圈周围空间建立交变磁场，位于线圈中部的工件表面产生感应电流，密集于工件表面的交变电流使工件表面

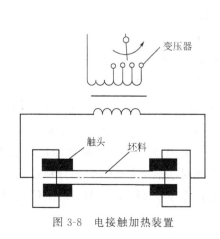

图 3-8 电接触加热装置

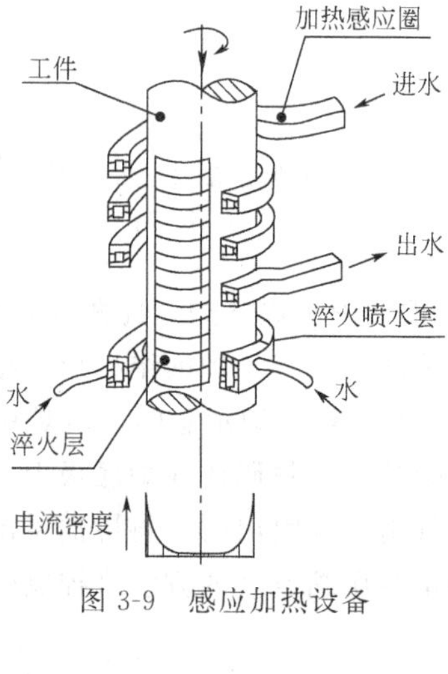

图 3-9 感应加热设备

被迅速加热至800~1000℃，而其心部温度只接近于室温。感应器中一般通入中频或高频交流电，线圈中交流电的频率越高，工件受热层越薄。工件在加热的同时旋转向下运动，此时可立即喷水冷却加热好的部位。该设备可加热、冷却连续进行，主要用于轴类零件表面的快速加热、冷却，以实现表面淬火的要求。感应加热设备复杂，但加热速度快，加热规范稳定，具有良好的重复性，适于大批量生产。

（2）锻造温度范围

坯料开始锻造的温度（始锻温度）和终止锻造的温度（终锻温度）之间的温度间隔，称为锻造温度范围，见表3-1。在保证不出现加热缺陷的前提下，始锻温度应取得高一些，以便有较充裕的时间锻造成形，减少加热次数。在保证坯料还有足够塑性的前提下，终锻温度应定得低一些，以便获得内部组织细密、力学性能较好的锻件，同时也可延长锻造时间，减少加热火次。但终锻温度过低会使金属难以继续变形，易出现锻裂现象，损伤锻造设备。

表3-1 常用钢材的锻造温度范围　　　　　　　　　　　　　　　　　℃

钢 类	始锻温度	终锻温度	钢 类	始锻温度	终锻温度
碳素结构钢	1200~1250	800	高速工具钢	1100~1150	900
合金结构钢	1150~1200	800~850	耐 热 钢	1100~1150	800~850
碳素工具钢	1050~1150	750~800	弹 簧 钢	1100~1150	800~850
合金工具钢	1050~1150	800~850	轴 承 钢	1080	800

（3）锻造温度的控制方法

① 温度计法。通过加热炉上的热电偶温度计，显示炉内温度，可知道锻件的温度；也可以使用光学高温计观测锻件温度。

② 目测法。实习中或单件小批生产的条件下，可根据坯料的颜色和明亮度不同来判别温度，即用火色鉴别法（表3-2）。

表3-2 碳钢温度与火色的关系

火色	黄白	淡黄	黄	淡红	樱红	暗红	赤褐
温度/℃	1300	1200	1100	900	800	700	600

（4）碳钢常见的加热缺陷

由于加热不当，碳钢在加热时可出现多种缺陷，碳钢常见的加热缺陷见表3-3。

表3-3 碳钢常见的加热缺陷

名称	实 质	危 害	防止(减少)措施
氧化	坯料表面铁元素氧化	烧损材料；降低锻件精度和表面质量；减少模具寿命	在高温区减少加热时间；采用控制炉气成分的无氧化加热或电加热等
脱碳	坯料表面碳分氧化	降低锻件表面硬度，表层易产生龟裂	
过热	加热温度过高，停留时间长，造成晶粒大	锻件力学性能降低，须再经过锻造或热处理才能改善	控制加热温度，减少高温加热时间
过烧	加热温度接近材料熔化温度，造成晶界面杂质氧化	坯料一锻即碎，只得报废	
裂纹	坯料内外温差太大，组织变化不匀造成材料内应力过大	坯料产生内部裂纹，报废	某些高碳或大型坯料，开始加热时应缓慢升温

3.2.3.2 锻件的冷却

锻件冷却是保证锻件质量的重要环节。通常，锻件中的碳及合金元素含量越多，锻件体积越大，形状越复杂，冷却速度越要缓慢，否则会造成表面过硬不易切削加工、变形甚至开裂等缺陷。常用的冷却方式有三种，如表3-4所示。

表3-4 锻件常用的冷却方式

方 式	特 点	适 用 场 合
空 冷	锻后置空气中散放,冷速快,晶粒细化	低碳、低合金中小件或锻后不直接切削加工件
坑冷（堆冷）	锻后的锻件在充填有石灰、砂子或炉灰的坑中冷却。这种方法冷却速度较慢，而碳素工具钢锻件应先空冷至650~700℃，然后再坑冷	合金工具钢锻件,锻后可直接切削
炉 冷	将锻后的锻件立即放入500~700℃的加热炉中，随炉冷却，冷速极慢	中碳钢及低合金钢的大型锻件和高合金钢的重要零件,锻后可切削

3.2.3.3 锻件的热处理

在机械加工前，锻件要进行热处理，目的是均匀组织，细化晶粒，减少锻造残余应力，调整硬度，改善机械加工性能，为最终热处理做准备。常用的热处理方法有正火、退火、球化退火等。要根据锻件材料的种类和化学成分来选择。

3.2.4 自由锻

自由锻造是利用冲击力或压力使金属在上、下砧面间各个方向自由变形，不受任何限制而获得所需形状及尺寸和一定机械性能的锻件的一种加工方法，简称自由锻。由于工件的尺寸和形状要靠操作技术来保证，所以自由锻要求工人有较高的技术水平。

自由锻分手工自由锻和机器自由锻两种。手工自由锻只能生产小型锻件，生产率也较低。机器自由锻是自由锻的主要方法。

3.2.4.1 自由锻的特点

① 应用设备和工具有很高的通用性，生产准备周期短，且工具简单，所以只能锻造形状简单的锻件，操作强度大，生产率低。

② 自由锻可以锻出质量从不到1kg到300t的锻件。对大型锻件，自由锻是唯一的加工方法，因此自由锻在重型机械制造中有特别重要的意义。例如水轮机主轴、多拐曲轴、大型连杆、重要的齿轮等零件在工作时都承受很大的载荷，要求具有较高的力学性能，常采用自由锻方法生产毛坯。

③ 自由锻依靠操作者控制其形状和尺寸，锻件精度低，表面质量差，金属消耗也较多，生产率低。

④ 自由锻主要用于品种多、产量不大的单件小批量生产，大型锻件的生产和新产品的试制，也可用于模锻前的制坯工序。

3.2.4.2 自由锻设备和工具

常用的机器自由锻设备有空气锤、蒸汽-空气锤和水压机，其中空气锤使用灵活，操作方便，是生产小型锻件最常用的自由锻设备。在极短的时间内（千分之几秒）把工作部分（落下部分）在行程中积蓄的能量施加到锻件上，使锻件产生塑性变形，以完成各种锻压工艺过程的机器称为锻锤。

(1) 空气锤

空气锤是生产小型锻件（<100kg）的常用设备。空气锤以及所有锻锤的主要规格参数是其落下部分的重量，又称锻锤的吨位，一般为50～1000kg。落下部分包括工作活塞、锤杆、锤头和上砧铁。

空气锤的型号用汉语拼音字母和数字表示为：

① 空气锤结构。空气锤的结构如图3-10所示。

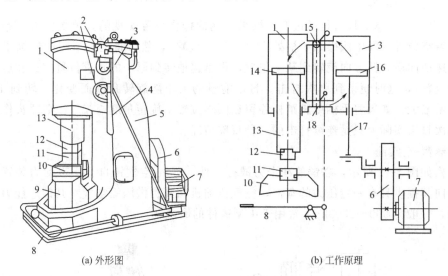

(a) 外形图　　　　　　　　(b) 工作原理

图3-10　空气锤

1—工作缸；2—旋阀；3—压缩缸；4—手柄；5—锤身；6—减速机构；
7—电动机；8—脚踏杆；9—砧座；10—砧垫；11—下砧铁；12—上砧铁；
13—锤杆；14—工作活塞；15—上旋阀；16—压缩活塞；17—连杆；18—下旋阀

② 工作原理。空气锤的工作原理如图3-10(b)所示，它有两个气缸，左方是工作缸，右方为压缩缸，两缸之间由两个控制阀连通。空气锤的工作介质是压缩空气，由电动机通过减速机构带动连杆，驱动压缩缸活塞上下往复运动，使被压缩的空气经控制阀进入工作缸的上腔或下腔，驱使工作缸活塞（连接锤头）作上下运动进行打击或回程。

③ 空气锤操作过程。接通电源，启动空气锤后通过手柄或脚踏杆操纵上、下旋阀，可使空气锤实现空转、锤头悬空、连续打击、压锤和单次打击等五种动作，以适应各种加工需要。

ⅰ.空转（空行程）。当上、下阀操纵手柄在垂直位置，同时中阀操纵手柄在"空程"位置时，压缩缸上、下腔直接与大气连通，压力一致，由于没有压缩空气进入工作缸，因此锤头不进行工作。

ⅱ.锤头悬空。当上、下阀操纵手柄在垂直位置，将中阀操纵手柄由"空程"位置转至

"工作"位置时，工作缸和压缩缸的上腔与大气相通。此时，压缩活塞上行，被压缩的空气进入大气；压缩活塞下行，被压缩的空气由空气室冲开止回阀进入工作缸的下腔，使锤头上升，置于悬空位置。

ⅲ．连续打击（轻打或重打）。中阀操纵手柄在"工作"位置时，驱动上、下阀操纵手柄（或脚踏杆）向逆时针方向旋转，使压缩缸上、下腔与工作缸上、下腔互相连通。当压缩活塞向下或向上运动时，压缩缸下腔或上腔的压缩空气相应地进入工作缸的下腔或上腔，将锤头提升或落下。如此循环，锤头产生连续打击。打击能量的大小取决于上、下阀旋转角度的大小，旋转角度越大，打击能量越大。

ⅳ．压锤（压紧锻件）。当中阀操纵手柄在"工作"位置时，将上、下阀操纵手柄由垂直位置向顺时针方向旋转45°，此时工作缸的下腔及压缩缸的上腔和大气相连通。当压缩活塞下行时，压缩缸下腔的压缩空气由下阀进入空气室，并冲开止回阀经侧旁气道进入工作缸的上腔，使锤头压紧锻件。

ⅴ．单次打击。单次打击是通过变换操纵手柄的操作位置实现的。单次打击开始前，锤处于锤头悬空位置（即中阀操纵手柄处于"工作"位置），然后将上、下阀的操纵手柄由垂直位置迅速地向逆时针方向旋转到某一位置，再迅速地转到原来的垂直位置（或相应地改变脚踏杆的位置），这时便得到单次打击。打击能量的大小随旋转角度而变化，转到45°时单次打击能量最大。如果将手柄或脚踏杆停留在倾斜位置（旋转角度≤45°），则锤头作连续打击。故单次打击实际上只是连续打击的一种特殊情况。

(2) 蒸汽-空气锤

其结构如图3-11所示，靠锤的冲击力锻打工件。蒸汽-空气锤自身不带动力装置，另需蒸汽锅炉向其提供具有一定压力的蒸汽，空气压缩机向其提供压缩空气。其锻造能力明显大于空气锤，一般为500~5000kg，常用于中型锻件的锻造。

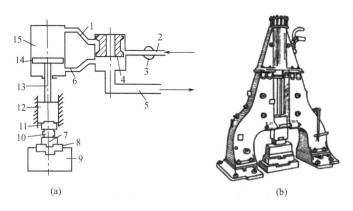

图3-11 蒸汽-空气锤

1—上气道；2—进气道；3—节气阀；4—滑阀；5—排气管；6—下气道；7—下砧；8—砧垫；9—砧座；10—坯料；11—上砧；12—锤头；13—锤杆；14—活塞；15—工作缸

(3) 水压机

大型锻件需要在液压机上锻造，水压机是最常用的一种，结构如图3-12所示。水压机是以水基液体为介质传递压强以产生巨大工作力的锻压机器，一般由本体（主机）、操作系统及泵站三大部分组成。水压机不依靠冲击力，而是靠静压力使坯料变形，作用在坯料上静压力时间比锻锤作用在坯料上的冲击力时间长，锻件变形速度低，变形均匀，使整个截面呈细晶粒组织，从而改善和提高了锻件的力学性能。水压机工作行程大，并能在行程的任何位置进行锻压，能有效地锻透大断面锻件，工作平稳，因此工作时振动较小，没有巨大的冲击和噪声，劳动条件较好，环境污染较小。水压机特别适用于锻压大型和难变形的工件（1～300t）。但由于水压机主体庞大，并需配备供水和操作系统，故造价较高。水压机的压力大，常见水压机的规格为500～12500t。

水压机根据用途可分为：自由锻造水压机、模锻水压机、冲压水压机和挤压水压机等。

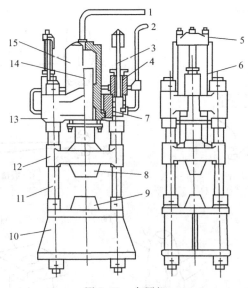

图 3-12 水压机

1,2—管道；3—回程柱塞；4—回程缸；5—回程横梁；6—拉杆；7—密封圈；8—上砧；9—下砧；10—下横梁；11—立柱；12—活动横梁；13—上横梁；14—工作柱塞；15—工作缸

（4）机器自由锻的常用工具

机器自由锻的常用工具（图 3-13）一般分为以下几类：

① 夹持工具：圆钳、方钳、槽钳、抱钳、尖嘴钳、专用型钳等。

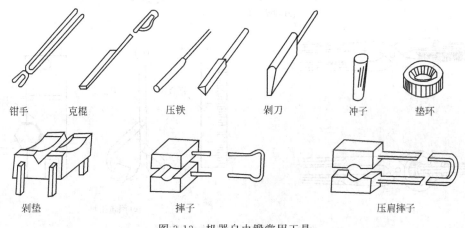

图 3-13 机器自由锻常用工具

② 切割工具：剁刀、剁垫、克棍等。
③ 变形工具：压铁、摔子、压肩摔子、冲子、垫环等。
④ 测量工具：钢直尺、内外卡钳等。
⑤ 吊运工具：吊钳、叉子等。

(5) 手工自由锻的常用工具

利用简单的手工工具，使坯料产生变形而获得锻件的方法，称手工自由锻。手工自由锻的常用工具（图3-14）有以下几类：

① 支持工具：铁砧等。
② 锻打工具：各种锻锤。

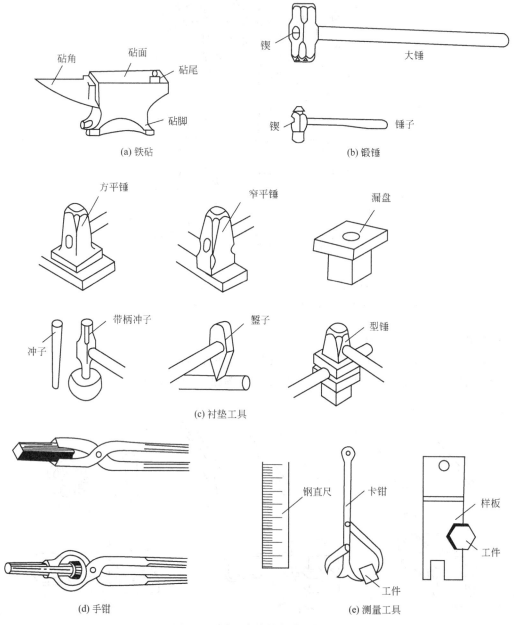

图 3-14 手工自由锻的常用工具

③ 成形工具：各种型锤、冲子等。
④ 夹持工具：各种形状的钳子。
⑤ 切割工具：各种錾子及切刀。
⑥ 测量工具：钢直尺、内外卡钳等。

3.2.4.3 自由锻的基本工序

各种锻件的自由锻成形过程都由一个或几个工序组成。根据变形性质和程度的不同，自由锻工序可分为基本工序、辅助工序和精整工序三类。变形量较大的，改变坯料形状和尺寸，实现锻件基本成形的工序称为基本工序，包括镦粗、拔长、冲孔、扩孔、错移、切割、弯曲、扭转、锻接等，其中镦粗、拔长、冲孔三个工序应用得最多。为便于实施基本工序而预先使坯料产生少量变形的工序称为辅助工序（图 3-15），如切肩、压印等。为修整锻件的尺寸和形状，消除表面不平，校正弯曲和歪曲等而实施的工序称为精整工序（图 3-16），如滚圆、摔圆、平整、整形、校直等。

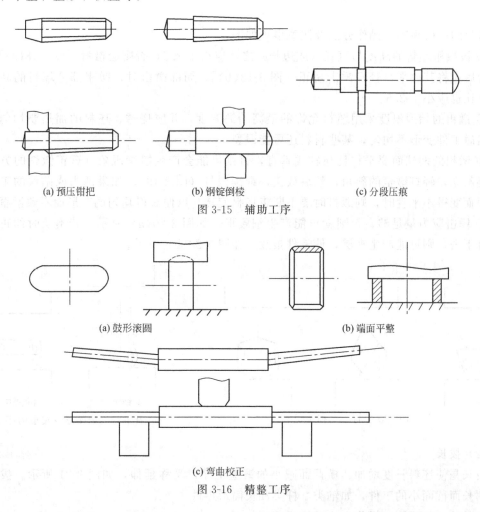

(a) 预压钳把   (b) 钢锭倒棱   (c) 分段压痕

图 3-15　辅助工序

(a) 鼓形滚圆   (b) 端面平整

(c) 弯曲校正

图 3-16　精整工序

任何一个自由锻锻件的成形过程中，上述三类工序中的各工序可以单独使用或穿插组合使用。自由锻件在基本工序的变形中，均属敞开式局部变形或局部连续变形。

(1) 镦粗

镦粗是使坯料的截面增大、高度减小的锻造工序。镦粗有完全镦粗、局部镦粗（图 3-17）

和垫环镦粗等三种方式。局部镦粗按其镦粗的位置不同又可分为端部镦粗和中间镦粗两种。镦粗主要用来锻造圆盘类（如齿轮坯）及法兰等锻件，在锻造空心锻件时，可作为冲孔前的预备工序。镦粗也可作为提高锻造比的预备工序。

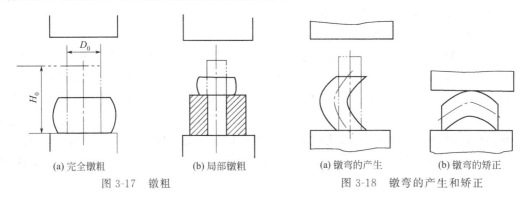

(a) 完全镦粗　　(b) 局部镦粗

图 3-17　镦粗

(a) 镦弯的产生　　(b) 镦弯的矫正

图 3-18　镦弯的产生和矫正

镦粗的一般规则、操作方法及注意事项如下：

① 被镦粗坯料的高度与直径（或边长）之比应小于 2.5，否则会镦弯［图 3-18(a)］。工件镦弯后应将其放平，轻轻锤击矫正［图 3-18(b)］。局部镦粗时，镦粗部分坯料的高度与直径之比也应小于 2.5。

② 镦粗的始锻温度采用坯料允许的最高始锻温度，并应烧透。坯料的加热要均匀，否则镦粗时工件变形不均匀，某些材料还可能锻裂。

③ 镦粗的两端面要平整且与轴线垂直，否则可能会产生镦歪现象。矫正镦歪的方法是将坯料斜立，轻打镦歪的斜角，然后放正，继续锻打（图 3-19）。如果锤头或砧铁的工作面因磨损而变得不平直时，则锻打时要不断将坯料旋转，以便获得均匀的变形而不致镦歪。

④ 锤击应力量足够，否则就可能产生细腰形，如图 3-20(a) 所示。若不及时纠正，继续锻打下去，则可能产生夹层，使工件报废，如图 3-20(b) 所示。

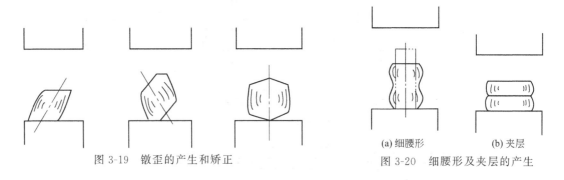

图 3-19　镦歪的产生和矫正

(a) 细腰形　　(b) 夹层

图 3-20　细腰形及夹层的产生

(2) 拔长

拔长是使坯料长度增加、横截面减小的锻造工序，又称延伸，如图 3-21 所示。拔长用于锻制长而截面小的工件，如轴类、杆类和长筒形零件。

拔长的一般规则、操作方法及注意事项如下：

① 拔长过程中要将毛坯料不断反复地翻转 90°，并沿轴向送进操作，如图 3-22(a) 所示的反复翻转拔长。螺旋式翻转拔长如图 3-22(b) 所示，是将毛坯沿一个方向作 90°翻转，并沿轴向送进的操作，单面顺序拔长如图 3-22(c) 所示，是将毛坯沿整个长度方向锻打一遍

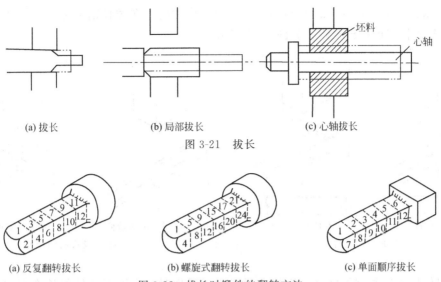

(a) 拔长　　　　　(b) 局部拔长　　　　　(c) 心轴拔长

图 3-21　拔长

(a) 反复翻转拔长　　　(b) 螺旋式翻转拔长　　　(c) 单面顺序拔长

图 3-22　拔长时锻件的翻转方法

后，再翻转 90°，同样依次沿轴向送进操作，用这种方法拔长时，应注意工件的宽度和厚度之比不要超过 2.5，否则再次翻转继续拔长时容易产生折叠。

② 拔长时，坯料应沿砧铁的宽度方向送进，每次的送进量应为砧铁宽度的 0.3～0.7 倍 [图 3-23(a)]。送进量太大，金属主要向宽度方向流动，反而降低延伸效率 [图 3-23(b)]。送进量太小，又容易产生夹层 [图 3-23(c)]。另外，每次压下量也不要太大，压下量应等于或小于送进量，否则也容易产生夹层。

(a) 送进量合适　　　(b) 送进量太大　　　(c) 送进量太小

图 3-23　拔长时的送进方向和进给量

③ 由大直径的坯料拔长到小直径的锻件时，应把坯料先锻成正方形，在正方形的截面下拔长，到接近锻件的直径时，再倒棱，滚打成圆形，这样锻造效率高，质量好，过程如图 3-24 所示。

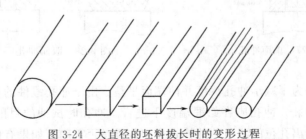

图 3-24　大直径的坯料拔长时的变形过程

④ 锻制台阶轴或带台阶的方形、矩形截面的锻件时，在拔长前应先压肩。压肩后对一端进行局部拔长即可锻出台阶，如图 3-25 所示。

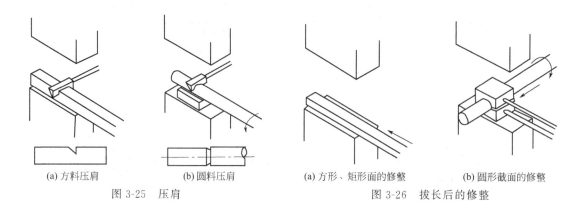

图 3-25　压肩　　　　　　　　　　　　　图 3-26　拔长后的修整

⑤ 锻件拔长后须进行修整，修整方形或矩形锻件时，应沿下砧铁的长度方向送进，如图 3-26(a) 所示，以增加工件与砧铁的接触长度。拔长过程中若产生翘曲，应及时翻转 180°轻打校平。圆形截面的锻件用型锤或摔子修整，如图 3-26(b) 所示。

（3）冲孔

冲孔是用冲子在坯料冲出透孔或不透孔的锻造工序。

一般规定：锤的落下部分重量在 0.15～5t 之间，最小冲孔直径相应为 $\phi 30$～$\phi 100$mm；孔径小于 100mm，而孔深大于 300mm 的孔可不冲出；孔径小于 150mm，而孔深大于 500mm 的孔也不冲出。

根据冲孔所用的冲子的形状不同，冲孔分实心冲子冲孔和空心冲子冲孔。实心冲子冲孔分单面冲孔和双面冲孔。

① 单面冲孔：对于较薄工件，即工件高度与冲孔孔径之比小于 0.125 时，可采用单面冲孔（图 3-27）。冲孔时，将工件放在漏盘上，冲子大头朝下，漏盘的孔径和冲子的直径应有一定的间隙，冲孔时应仔细校正，冲孔后稍加平整。

② 双面冲孔（图 3-28）：其操作过程为镦粗；试冲（找正中心冲孔痕）；撒煤粉；冲孔，即冲孔到锻件厚度的 2/3～3/4；翻转 180°找正中心；冲除连皮；修整内孔；修整外圆。

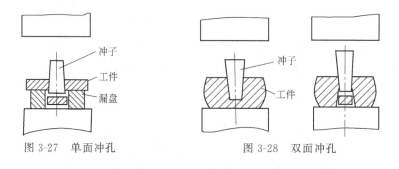

图 3-27　单面冲孔　　　　　　　图 3-28　双面冲孔

冲孔前的镦粗是为了减小冲孔深度并使端面平整。由于冲孔锻件的局部变形量很大，为了提高塑性，防止冲裂，冲孔应在始锻温度下进行。冲孔时试冲的目的是保证孔的位置正确，即先用冲子轻冲出孔位的凹痕，并检查孔的位置是否正确，如果有偏差，可将冲子放在正确的位置上再试冲一次，加以纠正。孔位检查或修正无误后，向凹痕内撒放少许煤粉或焦炭粒，其作用是便于拔出冲子，可利用煤粉受热后产生的气体膨胀力将冲子顶出，但要特别注意安全，防止冲子和气体冲出伤人。对大型锻件，不用放煤粉，而是冲子冲入坯料后，立即带着冲子滚外圆，直到冲子松动脱出。冲子拔出后可继续冲深，此时应注意保持冲子与砧面垂直，防止冲歪。当冲到一定深度时，取出冲子，翻转锻件，然后从反面将孔冲透。

③ 空心冲子冲孔：当冲孔直径超过400mm时，多采用空心冲子冲孔。对于重要的锻件，将其有缺陷的中心部分冲掉，有利于改善锻件的机械性能。

（4）扩孔

扩孔是使空心坯料壁厚减薄而内径和外径增加的锻造工序。其实质是沿圆周方向的变相拔长。扩孔的方法有冲头扩孔、马杠扩孔和劈缝扩孔等三种。扩孔适用于锻造空心圈和空心环锻件。

（5）错移

错移是将毛坯的一部分相对另一部分上、下错开，但仍保持这两部分轴线平行的锻造工序，常用来锻造曲轴。错移前，毛坯须先进行压肩等辅助工序，如图3-29所示。

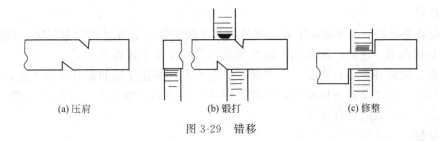

(a) 压肩　　　(b) 锻打　　　(c) 修整

图 3-29　错移

（6）切割

切割是使坯料分开的工序，如切去料头、下料、切割成一定形状等。手工切割小毛坯时，把工件放在砧面上，錾子垂直于工件轴线，边錾边旋转工件，当快切断时，应将切口稍移至砧边处，轻轻将工件切断。大截面毛坯是在锻锤或压力机上切断的，方形截面的切割是先将剁刀垂直切入锻件，至快断开时，将工件翻转180°，再用剁刀或克棍把工件截断，如图3-30(a) 所示。切割圆形截面锻件时，要将锻件放在带有圆凹槽的剁垫上，边切边旋转锻件，如图3-30(b) 所示。

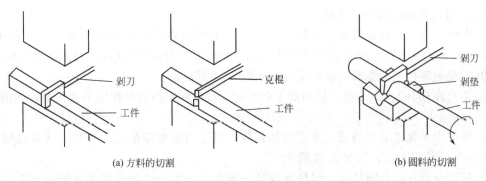

(a) 方料的切割　　　(b) 圆料的切割

图 3-30　切割

(7) 弯曲

使坯料弯成一定角度或形状的锻造工序称为弯曲。弯曲用于锻造吊钩、链环、弯板等锻件。弯曲时锻件的加热部分最好只限于被弯曲的一段，加热必须均匀。在空气锤上进行弯曲时，将坯料夹在上、下砧铁间，使欲弯曲的部分露出，用手锤或大锤将坯料打弯〔图 3-31(a)〕，或借助于成形垫铁、成形压铁等辅助工具使其产生成形弯曲〔图 3-31(b)〕。

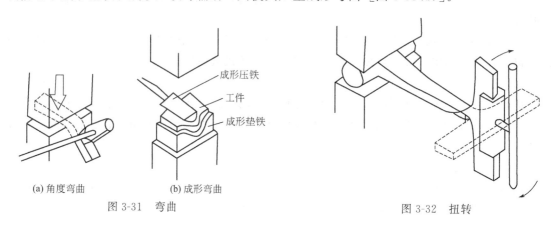

(a) 角度弯曲　　(b) 成形弯曲

图 3-31　弯曲　　　　　　　　　图 3-32　扭转

(8) 扭转

扭转是将毛坯的一部分相对于另一部分绕其轴线旋转一定角度的锻造工序，如图 3-32 所示。锻造多拐曲轴、连杆、麻花钻等锻件和校直锻件时常用这种工序。

扭转前，应将整个坯料先在一个平面内锻造成形，并使受扭曲部分表面光滑，然后进行扭转。扭转时，由于金属变形剧烈，要求受扭部分加热到始锻温度，且均匀热透。扭转后，要注意缓慢冷却，以防出现扭裂。

(9) 锻接

锻接是将两段或几段坯料加热后，用锻造的方法连接成牢固整体的一种锻造工序，又称锻焊。锻接主要用于小锻件生产或修理工作，如锚链的锻焊、刃具的夹钢和贴钢（它是将两种成分不同的钢料锻焊在一起）。

典型的锻接方法有搭接法、咬接法和对接法。搭接法是最常用的，也易于保证锻件质量。交错搭接法操作较困难，用于扁坯料。咬接法的缺点是锻接时接头中氧化熔渣不易挤出。对接法的锻接质量最差，只在被锻接的坯料很短时采用。

锻接的质量不仅和锻接方法有关，还与钢料的化学成分和加热温度有关，低碳钢易于锻接，而中、高碳钢则锻接困难，合金钢更难以保证锻接质量。

3.2.4.4　自由锻锻件结构工艺性

① 零件结构应尽可能简单、对称、平直。要求锻件外形尽可能由平面和圆柱面组成。一些难以锻出的形状，小的孔和凹槽可用添加余块的办法简化锻件形状，如图 3-33 所示。

② 应避免零件上的锥形、楔形结构，如图 3-34 所示。

③ 不允许有小凸台。为便于切削加工和装配而设计的小凸台可用沉头孔代替，如图 3-35 所示。

④ 零件上不允许有加强筋。为了增加强度，可适当增加薄壁筒的外径，或待薄壁筒锻好后再将加强筋焊上去，如图 3-36 所示。

⑤ 应避免圆柱面与圆柱面、圆柱面与棱柱面相交。复杂的相贯线无法锻出，改为圆柱体端面与棱柱体的平面相交，便于锻制，或将各圆柱体锻出后再焊成整体，如图 3-37 所示。

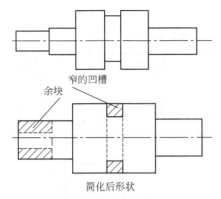
图 3-33 零件结构尽可能简单、对称、平直

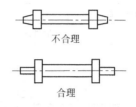
图 3-34 避免零件上的锥形、楔形结构

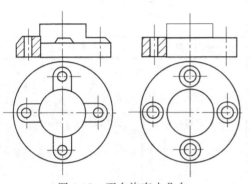
图 3-35 不允许有小凸台

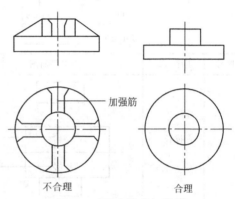
图 3-36 不允许有加强筋

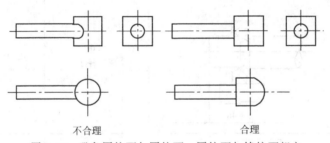
图 3-37 避免圆柱面与圆柱面、圆柱面与棱柱面相交

⑥ 对横截面尺寸相差很大或形状复杂的零件,应尽可能分别对其进行锻造,然后用螺纹连接,如图 3-38 所示。

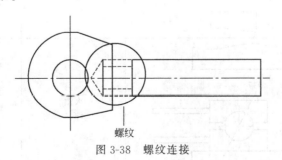
图 3-38 螺纹连接

项目三 锻压 53

3.2.4.5 自由锻工艺示例（表3-5）

表3-5 台阶轴的锻造工艺过程

锻件名称	齿轮轴坯	工艺类别	自由锻
材料	40Cr	设备	150kg空气锤
加热火次	2	锻造温度范围	850～1180℃
锻件图		坯料图	

序号	工序名称	工序简图	使用工具	操作要点
1	拔长		火钳	整体拔长至 $\phi49\pm2$
2	压肩		火钳 压肩摔子	边轻打边旋转锻件
3	拔长		火钳	将压肩一端拔长至 $\phi38$
4	摔圆		火钳 摔子	将拔长部分摔圆至 $\phi37\pm2$

续表

序号	工序名称	工序简图	使用工具	操作要点
5	压肩	(压肩图，尺寸42)	火钳 压肩摔子	截出中段长度42mm后，将另一端压肩
6	拔长	(略)	火钳	将压肩一端拔长至 $\phi 33$
7	摔圆	(略)	火钳 摔子	将拔长部分摔圆至 $\phi 32\pm 2$
8	修整	(略)	火钳 钢直尺	检查及修整轴向弯曲

3.2.5 模型锻造

将加热后的坯料放到锻模的模膛内，经过锻造，使其在模膛所限制的空间内产生塑性变形，从而获得锻件的锻造方法叫作模型锻造，简称模锻。在变形过程中，由于模膛对金属坯料流动的限制，因而锻造终了时可获得与模膛形状相符的模锻件，如图3-39所示。

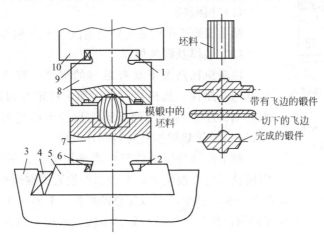

图3-39 模锻工作示意图

1—上模用键；2—下模用键；3—砧座；4—模座用楔；5—模座；6—下模用楔；
7—下模；8—上模；9—上模用楔；10—锤头

与自由锻相比，模锻具有如下优点：

① 生产效率较高。模锻时，金属的变形在模膛内进行，故能较快获得所需形状。
② 能锻造形状复杂的锻件，并可使金属流线分布更为合理，提高零件的使用寿命。
③ 模锻件的尺寸较精确，表面质量较好，加工余量较小。
④ 节省金属材料，减少切削加工工作量。在批量足够的条件下，能降低零件成本。
⑤ 模锻操作简单，劳动强度低。

但模锻生产受模锻设备吨位限制,模锻件的质量一般在150kg以下。模锻设备投资较大,模具费用较昂贵,工艺灵活性较差,生产准备周期较长。因此,模锻适合于小型锻件的大批量生产,不适合单件小批量生产以及中、大型锻件的生产。

根据模具类型,模锻可分为开式模锻(有飞边模锻)、闭式模锻(无飞边模锻)和多向模锻等;根据设备类型,模锻可分为锤上模锻、胎模锻、压力机上模锻等。

3.2.5.1 锤上模锻

锤上模锻是将上模固定在锤头上,下模紧固在模垫上,通过随锤头作上下往复运动的上模,对置于下模中的金属坯料施以直接锻击,来获取锻件的锻造方法。锤上模锻工艺适应性较强,且模锻锤的价格低于其他模锻设备,故其是目前应用最广泛的模锻工艺。

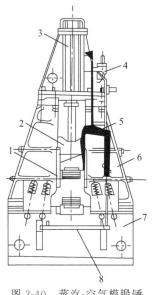

图3-40 蒸汽-空气模锻锤
1—导轨;2—锤头;3—气缸;
4—配气机构;5—操纵杆;
6—锤身;7—砧座;
8—踏板

锤上模锻的工艺特点是:

① 在模膛中的金属是在一定速度下,经过多次连续锤击而逐步成形的。

② 锤头的行程、打击速度均可调节,能实现轻重、缓急不同的打击,因而可进行制坯工作。

③ 由于惯性作用,金属在上模模膛中具有更好的充填效果。

④ 锤上模锻的适应性广,可生产多种类型的锻件,可以单膛模锻,也可以多膛模锻。

由于锤上模锻打击速度较快,对变形速度较敏感的低塑性材料(如镁合金等),锤上模锻不如在压力机上模锻的效果好。

(1) 模锻锤

锤上模锻所用设备主要是蒸汽-空气模锻锤,如图3-40所示。

(2) 锻模及锻模模膛

模具应在高温下具有足够的强度、韧性、硬度和耐磨性,良好的导热性、抗热疲劳性、回火稳定性和抗氧化性。尺寸较大的模具还应具有高的淬透性和较小的变形。常用5CrNiMo、5CrMnMo等热锻模具材料制作锻模。

锤上模锻使用的锻模由带燕尾的上、下模组成,下模用紧固楔铁固定在模座上,上模靠楔铁紧固在锤头上,随锤头一起,作上下往复运动。上、下模合在一起,其中部形成完整的模膛。具有一个模膛的锻模称为单模膛锻模,具有两个以上模膛的锻模称为多模膛锻模。单模膛锻模如图3-41所示。

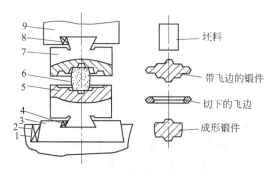

图3-41 单模膛锻模及锻件成形过程
1—砧座;2,4,8—楔铁;3—模座;5—下模;6—坯料;7—上模;9—锤头

模膛内与分模面垂直的面都有5°～10°的斜度，其有利于锻件出模。面与面之间的交角都是圆角，以利于金属充满模膛以及防止应力集中使模膛开裂。

锻制形状简单的锻件时，锻模上只开一个模膛，称为终锻模膛。终锻模膛四周设有飞边槽，它的作用是在保证金属充满模膛的基础上容纳多余的金属，防止金属溢出模膛。由于存在飞边槽，因而锻件沿分模面周围形成一圈飞边（图3-41）。飞边可用切边压力机切去。

同样，带孔的锻件不可能将孔直接锻出，而是留有一定厚度的冲孔连皮，锻后再将连皮冲掉。

复杂锻件则需要在开设有多个模膛的锻模中完成。多个模膛分制坯模膛、预锻模膛和终锻模膛。如图3-42所示的延伸模膛、滚压模膛、弯曲模膛均属制坯模膛，坯料依次在这三个模膛内锻打，使其逐步接近锻件的基本形状，然后再放入预锻模膛和终锻模膛内进行预锻和终锻，最后切除毛边，得到所需形状和尺寸的锻件。

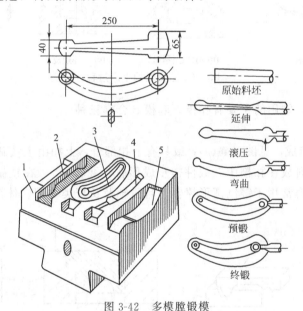

图3-42　多模膛锻模

1—延伸模膛；2—滚压模膛；3—终锻模膛；4—预锻模膛；5—弯曲模膛

（3）模锻零件的结构工艺性

① 模锻件应具有合理的分模面、模锻斜度和圆角半径。

② 非配合表面一律设计成非加工表面。

③ 零件的外形应力求简单、平直和对称。

④ 应避免窄沟、深槽、深孔及多孔结构。

⑤ 形状复杂的锻件应采用锻-焊或锻-机械加工连接的方法，减少余块以简化模锻工艺。

3.2.5.2 胎模锻

胎模锻是在自由锻设备上使用简单的模具（称为胎模）生产锻件的方法。胎模锻一般先用自由锻制坯，再在胎模中最后成形。

与自由锻相比，胎模锻锻件质量好，生产率和锻件尺寸精度高、表面粗糙度值小、节省金属材料、锻件成本低，且能锻造形状较复杂的锻件，在中小批生产中应用广泛。但其劳动强度大，只适于小型锻件。

与模锻相比,胎模制造简单,成本低,使用方便,不需昂贵的模锻设备,通用性大。但所需锻锤规格大,生产效率低,精度比模锻差,胎模寿命短,工人劳动强度大,无模锻设备的小型工厂应用较多。胎模不固定在锤头和砧座上,按加工过程需要,可随时放在上、下砧铁上进行锻造。锻造时,先把下模放在下砧铁上,再把加热的坯料放在模膛内,然后合上上模,用锻锤锻打上模背部。待上、下模接触,坯料便在模膛内锻成锻件。胎模锻时,锻件上的孔也不能冲通,留有冲孔连皮,锻件的周围亦有一薄层金属,称为毛边。因此,胎模锻后也要进行冲孔和切边,以去除连皮和毛边,其过程如图 3-43 所示。

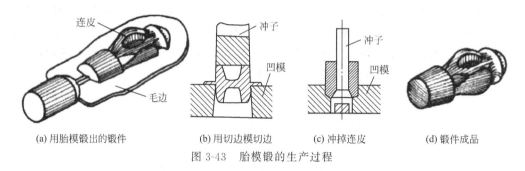

图 3-43　胎模锻的生产过程

胎模的种类很多,常用的主要有扣模、套模、合模三种。

(1) 扣模

扣模由上、下扣组成,见图 3-44(a);或只有下扣部分,上扣由上铁砧代替,如图 3-44(b) 所示。在锻打时,坯料放在扣模中,锻件初步成形后,翻转 90°,在铁砧上平整侧面,然后放入扣模中修正。扣模常用于锻制圆形棒轴、台阶轴及长杆类非回转体锻件等。

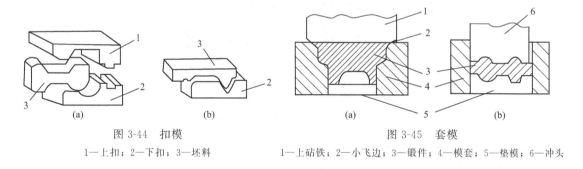

图 3-44　扣模
1—上扣;2—下扣;3—坯料

图 3-45　套模
1—上砧铁;2—小飞边;3—锻件;4—模套;5—垫模;6—冲头

(2) 套模

套模分为开式套模和闭式套模两种形式,如图 3-45 所示。开式套模的上模为上铁砧,主要用于锻造齿轮、法兰盘等回转体盘类零件。闭式套模由冲头和垫模组成,主要用于锻造端面有凸台或凹坑的锻件。

(3) 合模

由上、下模及导向装置组成,如图 3-46 所示。由于上模受下模限制,因此在锻打时不易错移。主要用于各类锻件的最终成形,特别是形状复杂的非回转体锻件,如

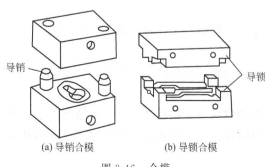

图 3-46　合模

连杆、叉形锻件等。

3.2.6 板料冲压

板料冲压通常在室温下进行,简称冲压。冲压加工是金属压力加工方法之一,它建立在金属塑性变形的基础上,在常温下利用冲模和冲压设备对材料施加压力,使其产生塑性变形或分离,从而获得一定形状、尺寸和性能的工件。这种方法通常是在冷态下进行的,所以又称为冷冲压。所用板料厚度一般不超过6mm。

用于冲压加工的材料应具有较高的塑性。常用的有低碳钢、铜、铝及其合金,此外非金属板料也常用于冲压加工,如胶木、云母、石棉板和皮革等。

3.2.6.1 冲压的特点

① 冲压加工是少切屑、无切屑加工方法之一,是一种低能、低耗、高效的加工方法,因而制品的成本较低。

② 冲压件的尺寸公差由模具保证,具有"一模一样"的特征,所以产品质量稳定。

③ 冲压加工可以加工壁薄、重量轻、形状复杂、表面质量好、刚性好的工件,例如汽车外壳、仪表外壳等。

④ 冲压靠压力机和模具完成加工过程,生产率高,操作简便,易于实现机械化与自动化。用普通压力机进行冲压加工,每分钟可达几十件,用高速压力机生产,每分钟可达数百、上千件。

由于冲压加工具有上述突出的优点,因此在批量生产中得到了广泛的应用,在汽车、拖拉机、电机、仪表、航空和日用品的生产中,已占据十分重要的地位。据统计,在电子产品中,冲压件(包括钣金件)的数量约占工件总数的85%以上。在飞机、各种枪弹与炮弹的生产中,冲压件所占的比例也是相当大的。

其缺点是冲压模具结构复杂,精度、技术要求高。冲压只有在大批量生产条件下,才能充分显示其优越性。

3.2.6.2 冲压实训安全操作规程

① 实验前检查压床运动部分(如导轨、轴承等)是否加注了润滑油,然后启动压床,检查离合器、制动器是否正常。

② 先关闭电门,待压床部分停止运转后,方可开始安装并调整模具。

③ 安装调整完后,用手搬动飞轮试冲两次。经老师检查合格,才可开动压床。

④ 开动压床前,其他人离开压床工作区,拿走工作台上的杂物,才可启动电门。

⑤ 压床开动后,由一人进行送料及冲压操作,其他人不得按动电钮或踩踏开关板,并且不能将手放入压床工作区或用手触动压床的运动部分。

⑥ 工作时,禁止冲裁重叠板料,随时从工作台上清除废料,清除时要用工具,绝对禁止用手,如遇工件卡住时,立即停止电动机并及时清除障碍。

⑦ 工作时,禁止将手伸入冲模,离合器接通后,不得再去变动冲模上的毛坯位置。

⑧ 作浅拉深时,注意材料清洁,并加润滑油。

⑨ 不要将脚经常搁置于脚踏板上,以防不慎踏下踏板,发生事故。

⑩ 发现压床有异常声音或机构失灵,应立即关闭电源开关,进行检查。

⑪ 操作时要思想集中,严禁边谈边做,并且要互相配合,确保安全操作。

⑫ 爱护压床、冲模、工具、量具和仪器。

⑬ 实验完毕后,脱开离合器,关闭电源,将模具和压床擦拭干净,整理就绪。

3.2.6.3 冲压设备

（1）剪板机

剪板机（剪床）一般由机身、传动系统、刀架、压料器、前挡料架、后挡料架、托料装置、刀片间隙调整装置、灯光对线装置、润滑装置、电气控制装置等部件组成，其传动结构和剪切示意图如图 3-47 所示。

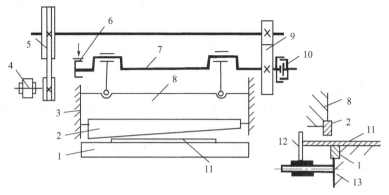

图 3-47 剪床传动结构及剪切示意图

1—下刀刃；2—上刀刃；3—导轨；4—电动机；5—带轮；6—制动器；7—曲轴；
8—滑块；9—齿轮；10—离合器；11—板料；12—挡铁；13—工作台

（2）通用压力机

通用压力机（冲床）是采用曲柄滑块机构的锻压机械，因此也称为通用曲柄压力机。下面以两种典型的通用压力机来说明它的工作原理和结构组成。

① JB23-63 型通用压力机。图 3-48 是其外形图，图 3-49 是其运动原理图。

JB23-63 型压力机的工作原理为：电动机 1 通过 V 带把运动传给大带轮 3，再经小齿轮 4、大齿轮 5 传给曲轴 7。连杆 9 上端装在曲柄上，下端与滑块 10 连接，把曲柄的旋转运动

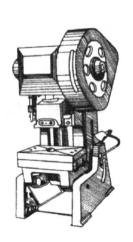

图 3-48 JB23-63 型通用
压力机的外形图

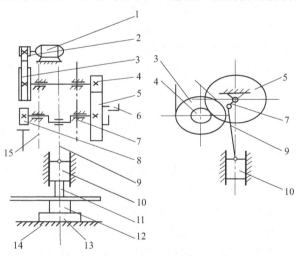

图 3-49 JB23-63 型通用压力机运动原理图

1—电动机；2—小带轮；3—大带轮；4—小齿轮；5—大齿轮；
6—离合器；7—曲轴；8—制动器；9—连杆；10—滑块；
11—上模；12—下模；13—垫板；14—工作台；15—机身

变为滑块的直线往复运动,滑块运动的最高位置称为上止点位置,而最低位置称为下止点位置。冲压模具的上模 11 装在滑块上,下模 12 装在垫板上。因此,当板料放在上、下模之间时,即能进行冲裁或其他冲压加工。曲轴 7 上装有离合器 6 和制动器 8,只有当离合器 6 和大齿轮 5 啮合时,曲轴 7 才开始转动。可通过离合器与齿轮脱开和制动器制动,当制动器制动时,曲轴停止转动,但大齿轮仍在曲轴上自由旋转。压力机在一个工作周期内有负荷的工作时间很短,大部分时间为无负荷的空程时间。为了使电动机的负荷均匀,有效地利用能量,装有用来储存能量的飞轮。大带轮 3 即起飞轮作用。

② J31-315 型曲柄压力机。图 3-50 是其外形图,图 3-51 是其运动原理图。J31-315 型压力机的工作原理与 JB23-63 型压力机相同。只是它的工作机构采用了偏心轮驱动的曲柄连杆机构,即在最末一级齿轮上铸有一个偏心轮,构成偏心齿轮,如图 3-51 所示,偏心齿轮 9 由小齿轮 8 带动,在心轴 10 上旋转,带动套在偏心齿轮上的连杆 12 摆动,连杆带动滑块 13 上下运动,实现冲压加工。此外,这种压力机上还装有液压气垫 18,在拉深工序中起压边作用或在冲裁卸料时顶出制件。

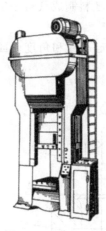

图 3-50　J31-315 型曲柄压力机外形图

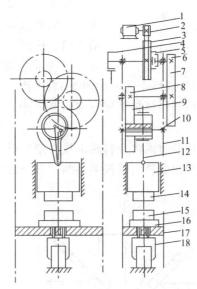

图 3-51　J31-315 型曲柄压力机运动原理图
1—电动机；2—小带轮；3—大带轮；4—制动器；5—离合器；
6,8—小齿轮；7—大齿轮；9—偏心齿轮；10—心轴；
11—机身；12—连杆；13—滑块；14—上模；15—下模；
16—垫板；17—工作台；18—液压气垫

3.2.6.4　冲压工序

板料冲压的冲压方法可分为分离工序及变形工序两大类。常见的冷冲压可分为五个基本工序：冲裁、弯曲、拉深、成形和立体压制（体积冲压）。

(1) 分离工序

分离工序是将冲压件或毛坯沿一定的轮廓相互分离的工序,主要包括冲孔、落料、切断、切口、切边、剖切、整修等。

① 冲孔与落料。冲孔和落料一般称为冲裁,是使坯料沿封闭轮廓分离的工序。冲孔工序就是用冲孔模沿封闭轮廓冲裁工件或毛坯,冲下部分为废料,图 3-52 中 4 为冲孔制件。落料工序就是用落料模沿封闭轮廓冲裁板料或条料,冲下部分为制件,图 3-52 中 5 为落料制件。

② 切断。切断是用剪刃或模具切断板料或条料的部分周边，并使其分离。通常在剪板机上将大板料或带料切断成适合生产的小板料、条料。

③ 切口。切口就是用切口模将部分材料切开，但并不使它完全分离，切开部分材料发生弯曲。

④ 切边。切边就是用切边模将坯件边缘的多余材料冲切下来。

⑤ 剖切。剖切就是用剖切模将坯件（弯曲件或拉深件）剖成两部分或多部分。

⑥ 整修。整修就是用整修模去掉坯件外缘或内孔的余量，以得到光滑的断面和精确的尺寸。

（2）变形工序

变形工序是在材料不产生破坏的前提下使毛坯发生塑性变形，从而获得一定形状、尺寸和精度要求的零件，主要包括弯曲、拉深、成形、冷挤压。

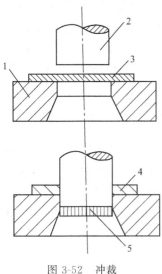

图 3-52 冲裁
1—凹模；2—凸模；3—板料；
4—冲孔制件；5—落料制件

① 弯曲。弯曲是指把平面毛坯料制成具有一定角度和尺寸要求的一种塑性成形工艺，如图 3-53 所示。

ⅰ．压弯：用弯曲模将平板（或丝料、杆件）毛坯压弯成一定尺寸和角度，或将已弯件做进一步弯曲。

ⅱ．卷边：用卷边模将条料端部按一定半径卷成圆形。

ⅲ．扭弯：用扭曲模将平板毛坯的一部分相对另一部分扭转成一定的角度。

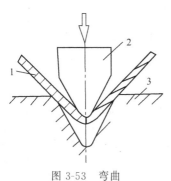

图 3-53 弯曲
1—板料；2—弯曲模冲头；3—凹模

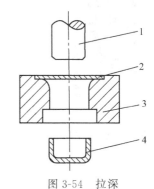

图 3-54 拉深
1—冲头；2—毛坯；3—凹模；4—工件

② 拉深。拉深是指将一定形状的平板毛坯通过拉深模冲压成各种形状的开口空心件，或以开口空心件为毛坯通过拉深进一步使空心件改变形状和尺寸的冷冲压加工方法，如图 3-54 所示。

变薄拉深是用变薄拉深模减小空心件毛坯的直径与壁厚，以得到底厚大于壁厚的空心件。

③ 成形。成形是指通过板料的局部变形来改变毛坯的形状和尺寸的工序的总称。

ⅰ．胀形：指从空心件内部施加径向压力，迫使局部材料厚度减薄和表面积增大，从而获得所需形状和尺寸的冷冲压工艺方法。

ⅱ．起伏成形：指平板毛坯或制件在模具的作用下，产生局部凸起（或凹下）的冲压方法。

ⅲ. 翻边：指利用模具将工件上的孔边缘或外缘边缘翻成竖立的直边的冲压工序。

ⅳ. 缩口：指将预先拉深好的圆筒或管状坯料，通过模具将其口部缩小的冲压工序。

ⅴ. 整形：指利用模具使弯曲或拉深件局部或整体产生不大的塑性变形的冲压工序。

ⅵ. 校平：指利用模具将有拱弯、翘曲的平板制件压平的冲压工序。

④ 冷挤压。其使金属沿凸、凹模间隙或凹模模口流动，从而形成薄壁空心件或成形零件。

3.2.6.5 冲压模具

冲压模具是实现坯料分离或变形的工艺装备，工作时必须保证冲出合格的制件，同时能适应生产规模的需要，还应制造及维修方便，操作简单、安全可靠。

(1) 冲压模具结构组成

一副冷冲压模具，由于使用情况不同，其结构复杂程度也不同，有的模具结构非常简单，只由几个或几十个零件组成；也有的模具是由上百个零件组成的。但无论其复杂程度如何，基本上是由几个主要零件组成的。

① 工作零件。工作零件的作用是完成材料的分离，使之加工成形。

② 定位零件。定位零件主要包括挡料销、定位销、侧刃等，其作用是确定条料在冲模中的正确位置。

③ 压料、卸料与顶料零件。压料、卸料与顶料零件包括冲裁模的卸料板、顶出器，拉深模的压边圈等。工件从条料冲制分离后，由于材料有弹性回跳现象，工件会在凹模内难以取下，使条料卡在凸模上，只有设法把工件或条料卸下来才能保证冲压正常进行，卸料板与顶出器就是起这种作用的，而拉深模中的压边圈主要是用来防止失稳起皱的。

④ 导向零件。导向零件包括导柱、导套、导板等，导向零件的作用是能保证上、下模正确运动，不至于使上、下模位置产生偏移。

⑤ 支持零件。支持零件包括上、下模板和凸、凹模固定板等，这类零件主要起连接、固定作用。

⑥ 紧固零件。紧固零件包括内六角螺钉、卸料螺钉等，其作用是连接、紧固各类零件。

⑦ 缓冲零件。缓冲零件包括卸料弹簧及橡皮等，在冲模中主要是利用其弹力来起卸、退料作用。

上述冲模零件，一般可把工作零件、定位零件、卸料零件统称为工艺零件；把导向零件、支持零件及紧固零件等称为辅助零件。掌握了上述各部分冲模零件的特点和应用，才能很快地掌握冲模结构和作用原理，从而更熟练地使用模具。

(2) 典型冲压模具结构

① 简单冲模。在冲床滑块一次行程中只完成一道工序的冲模称为简单冲模，其结构如图3-55所示。冲模分上模（凸模）和下模（凹模）两部分，上模借助模柄固定在冲床滑块上，随滑块上下移动；下模通过下模板由凹模压板和螺栓安装紧固在冲床工作台上。

凸模亦称冲头，与凹模配合，使坯料产生分离式变形，是冲模的主要工作部分。

导套和导柱分别固定在上、下模座上，保证冲头与凹模对准。导料板控制坯料的进给方向，定位销控制坯料的进给长度。当冲头回程时，卸料板使冲头从工件或坯料中脱出，实现卸料。

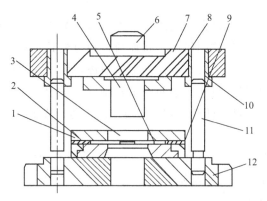

图 3-55 简单冲模

1—固定卸料板；2—导料板；3—挡料销；4—凸模；5—凹模；6—模柄；7—上模座；8—凸模固定板；
9—凹模固定板；10—导套；11—导柱；12—下模座

② 连续冲模。在滑块一次行程中，能够同时在模具的不同部位上完成数道冲压工序的冲模称为连续冲模，其结构如图 3-56 所示。这种冲模生产效率高，但冲压件精度不够高。

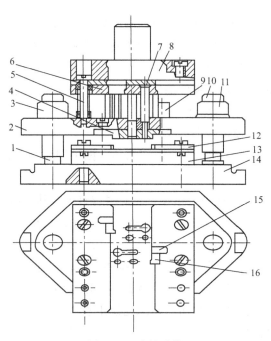

图 3-56 连续冲模

1,10—导柱；2—弹压导板；3,11—导套；4—导板镶块；5—卸料螺钉；6—凸模固定板；7—凸模；
8—上模座；9—限位柱；12—导料板；13—凹模；14—下模座；15—侧刃挡块；16—侧刃

③ 复合冲模。在滑块一次行程中，可在模具的同一部位同时完成若干冲压工序的冲模称为复合冲模，其结构如图 3-57 所示。复合冲模冲制的零件精度高、平整、生产率高，但复合冲模的结构复杂，成本高，只适于大批量生产精度要求高的冲压件。

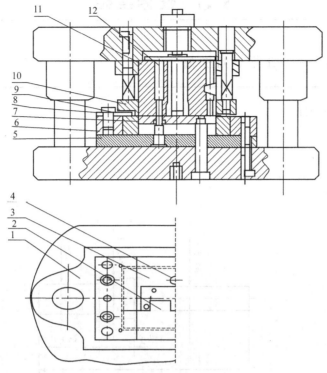

图 3-57 复合冲模

1—下模座；2,3—凹模拼块；4—挡料销；5—凸模固定板；6—凹模框；7—顶件板；
8—凸模；9—导料板；10—弹压卸料板；11—凸凹模；12—推杆

记一记

3.3 任务实施

3.3.1 任务报告——手工锻造阶梯轴

任务	锻件名称:齿轮轴坯 工艺类别:自由锻 材料:45钢 设备:150kg空气锤 锻造温度范围:850~1180℃ 锻件图如下: 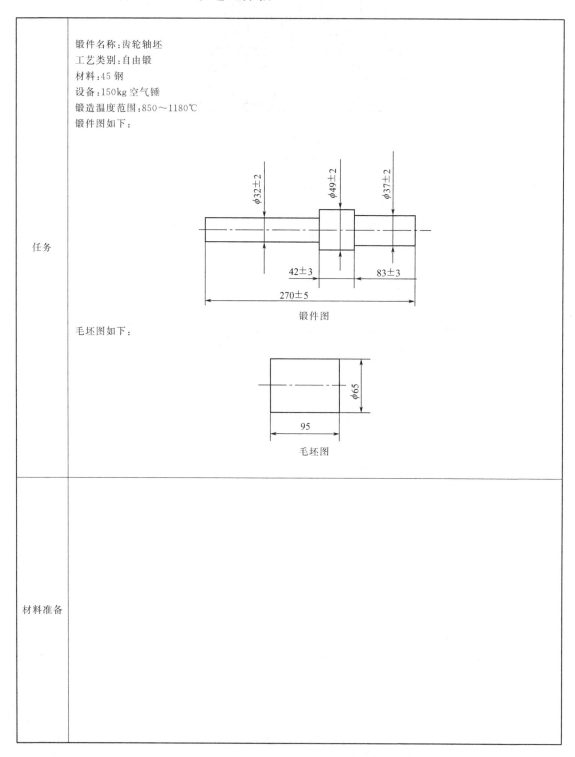 锻件图 毛坯图如下: 毛坯图
材料准备	

续表

操作步骤	
结论	

3.3.2 任务考核评价表

项目		项目内容	配分	学生自评分	教师评分
任务完成质量得分(50%)	1	熟悉锻压生产的工艺过程、特点及应用	15		
	2	了解锻压设备种类、结构、工作原理及工具	20		
	3	熟悉自由锻的基本工序、操作方法和注意事项	35		
	4	熟悉板料冲压基本工序,了解冲压设备的结构、工作原理及冲压模具的结构和类型	15		
	5	熟悉锻压件质量控制与检验方法	15		
		合计	100		
任务过程得分(40%)	1	准备工作	20		
	2	工位布置	10		
	3	工艺执行	20		
	4	清洁整理	10		
	5	清扫保养	10		
	6	工作态度是否端正	10		
	7	安全文明生产	20		
		合计	100		
任务反思得分(10%)	1.每日一问: 2.错误项目原因分析: 3.自评与师评差别原因分析:				
任务总得分					
任务完成质量得分		任务过程得分	任务反思得分		总得分

3.4 巩固练习

(1) 选择题

① 锻件在加热过程中,若出现了( )缺陷,则只能报废。
  A.氧化   B.脱碳   C.过热   D.过烧

② 长坯料拔长时,应从( ),这样可使坯料保持平衡。
  A.两端向中间拔长   B.一端向另一端拔长
  C.中间向两端拔长

③ 在坯料短的情况下,为了避免拔长端部时出现凹心和裂纹,应先将坯料端部( ),再切肩拔长。
  A.拔成扁形   B.镦成圆形   C.拔成锥形

④ 筒形锻件的锻造工序为镦粗(拔长及镦粗)、冲孔及( )。

A. 马杠扩孔　　　　B. 冲头扩孔　　　　C. 在芯轴上拔长

(2) 判断题

① 塑性很好的软钢丝，只要反复弯曲几次就会因冷变形强化而发生脆性断裂。（　）

② 坯料加热的目的是提高金属的塑性，降低其变形抗力。（　）

③ 加热温度越高，越容易锻造成形，故锻件质量也越好。（　）

④ 钢材和中小钢坯加热时，一般都是高温装炉而且加热速度尽可能快。（　）

⑤ 坯料由方截面通过拔长工序变为圆截面时，成圆前方截面边长应约等于圆截面直径；由圆截面拔长为方截面时，成方前圆截面直径应约等于方截面边长。（　）

⑥ 从圆截面直接拔长成圆截面轴类锻件时，应避免在平砧上进行，最好是在上、下 V 形砧上进行，这样，金属的塑性可明显提高，内部缺陷也能很好锻合。（　）

⑦ 无论在哪种设备上模锻，终锻模膛都必须沿分模面设置飞边槽。（　）

(3) 填空题

① 锻压是锻造和冲压的合称，是利用锻压机械的锤头、砧铁、冲头或通过模具对金属坯料施加一定的_____，使之产生_____，从而获得所需_____的毛坯、型材或零件的成形加工方法。

② 常用锻压加工方法包括_____等。

③ 自由锻工序可分为_____、_____和_____三大类。

④ 钢的锻造温度范围是指_____与_____之间的温度区间。

⑤ 锻件常用的冷却方法有_____、_____和_____三种。一般中小型的中低碳钢锻件常采用_____，塑性较差的大型、重要锻件和形状复杂的锻件，则采用_____。

⑥ 利用安装于压力机上的模具（冲模），对板料加压，使其产生_____，从而获得具有一定形状、尺寸和性能要求的零件或毛坯的压力加工方法称为_____冲压，简称为_____。

⑦ 根据材料的变形特点可将冷冲压工序分为_____工序和_____工序两类。

项目四 焊 接

【项目背景】 焊接是指通过适当的物理化学过程,如加热、加压或二者并用等方法,使两个或两个以上分离的物体产生原子(分子)间的结合力而连接成一体的连接方法,是金属加工的一种重要工艺。焊接广泛应用于机械制造、造船、石油化工、汽车制造、桥梁、锅炉、航空航天、电子电力、建筑等领域。

4.1 实习任务

4.1.1 任务描述

本任务需要完成低碳钢对接平焊和 CO_2 气体保护焊的操作。

需解决问题
• 常见的焊接方法和焊接材料有哪些?
• 使用焊接设备的步骤是什么?
• 焊接的安全操作知识有哪些?
• 手工电弧焊、气焊的基本操作有哪些?
• 焊件常见缺陷及产生的主要原因有哪些?

4.1.2 实习目的

① 了解焊接的工艺特点、分类及应用。
② 了解焊条、焊剂、焊丝等焊接材料的使用。
③ 了解常见的焊接接头形式、坡口形式、焊接位置。
④ 掌握焊条电弧焊所用的设备、工具的结构及使用方法。
⑤ 初步学会焊条电弧焊、气焊、气割的基本操作方法。
⑥ 了解焊接件的常见缺陷形式、产生原因、预防和矫正方法。
⑦ 了解焊接车间生产安全技术。

4.1.3 安全注意事项

4.1.3.1 电弧焊安全操作规程

① 保证设备安全。工作前应检查线路各连接点及焊机外壳接地是否良好,防止因接触不良发热而损坏设备。

② 操作时做好防护措施。必须穿好绝缘鞋,戴好面罩、手套等防护用品。

③ 没有带防护面罩时,不要看电弧光,否则会伤害眼睛(14m 内)及烧灼皮肤(7m 内)。

④ 启动直流电焊机以前,启动手柄须停在零位上;启动时,手柄先推向前面位置略停一下,等电机的转数升足后再扳到后面位置。

⑤ 正在进行焊接时,绝对禁止调节电焊机的电流或拉开配电盘的闸刀,以免烧毁电焊机或闸刀。

⑥ 无论在工作或休息时,都禁止将焊钳搁置在工作台上,以免造成短路烧毁焊机。一旦发生故障,应立即切断电源并及时进行检修。

⑦ 焊接时,不可将工件拿在手中或用手扶着工件进行焊接;不准用手接触焊过的焊件,清渣时要注意清渣方向,防止伤害他人和自己。

⑧ 防止焊接烟尘危害人体呼吸器官。在空间狭小或密闭的容器里进行焊接作业,必须采取强制通风措施,降低作业空间有害气体及烟尘的浓度;采用低尘、低毒焊条,减少作业空间中有害烟尘含量。焊接时,焊工及周围其他人员应佩戴防尘毒口罩,防止烟尘吸入体内。

⑨ 用铁榔头敲打或用钢丝刷刷熔渣时,要防止熔渣飞进眼睛里。

⑩ 如发生故障或事故,不要慌乱,首先要镇静地将电源闸刀拉开,然后报告工程训练指导人员。

⑪ 不准用气焊眼镜来代替电焊面罩。

⑫ 在下雨、下雪时,不得露天施焊。

4.1.3.2 气焊、气割安全操作规程

① 焊前应检查焊炬、割炬的射吸力,焊嘴、割嘴是否堵塞,胶管是否漏气等。

② 氧气瓶与乙炔瓶要分开,摆放稳定,确保安全。严禁油污,不得随意搬动。

③ 严格按操作顺序点火,先开乙炔,后开氧气,再点火。

④ 严禁在氧气阀和乙炔阀同时开启时,用手或其他物体堵塞焊炬、割炬;严禁把已燃焊炬放在工件上或对准他人、胶管等物件。

⑤ 不得用手接触被焊工件和焊丝的焊接端,以免烫伤。

⑥ 熄灭焊炬、割炬时,应先关乙炔后关氧气,以免回火。发现回火,应立即关闭氧气。

4.2 知识准备

4.2.1 概述

目前工业生产中广泛应用的焊接方法是 19 世纪末 20 世纪初现代科学技术发展的产物。特别是冶金学、金属学以及电工学的发展,奠定了焊接工艺及设备的理论基础;而冶金工

业、电力工业和电子工业的进步，则为焊接技术的长远发展提供了有利的物质和技术条件。电子束焊、激光焊等 20 余种基本方法和成百种派生方法的相继发明及应用，体现了焊接技术在现代工业中的重要地位。焊接技术的发展水平是衡量一个国家科学技术先进程度的重要标志之一，没有焊接技术的发展，就不会有现代工业和科学技术的今天。

4.2.1.1 焊接的分类

目前在工业生产中应用的焊接方法已达百余种。根据焊接过程和特点可将其分为熔焊、压焊、钎焊三大类，每大类可按不同的方法分为若干小类，如图 4-1 所示。

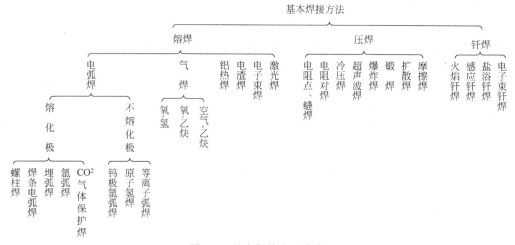

图 4-1 基本焊接方法分类

熔焊是通过将需连接的两构件的接合面加热熔化成液体，然后冷却结晶连成一体的焊接方法。

压焊是在焊接过程中，对焊件施加一定的压力，同时采取加热或不加热的方式，完成零件连接的焊接方法。

钎焊是利用熔点低于被焊金属的钎料，将零件和钎料加热到钎料熔化，利用钎料润湿母材，填充接头间隙并与母材相互溶解、扩散，形成分子间的结合而实现连接的方法。

三大类焊接方法的特点截然不同，应结合生产需要和客观条件选择合适的焊接方法。近年来，气体保护焊尤其 CO_2 气体保护焊在某些领域生产中有着广阔的发展前景。除此之外，由于计算机的广泛应用，焊接机器人应运而生，也促进了焊接生产更大的发展。但手工电弧焊仍是应用最普遍的焊接方法，也是其他焊接方法的基础。

4.2.1.2 焊接的特点

① 节省材料和工时。采用焊接方法制造金属结构，可比铆接节省材料 10%~20%，且缩短生产周期。

② 简化工艺。在制造大型、复杂的结构和零件时，可以用型材或板材先制成部件，然后再装焊成大构件，从而简化了制造工艺。

③ 连接性能好。焊缝具有良好的力学性能，能耐高温高压，且有良好的密封性；能够满足特殊连接要求，可实现不同材料间的连接成形，如将硬质合金刀片和碳钢刀杆焊接在一起，用不锈钢和碳钢复合板焊接成耐腐蚀容器等。

同时，焊接也有不足之处，如焊接容易引起工件变形和产生内应力，某些焊接方法会产生强光、有害气体及烟尘等，使其应用受到了一定限制。

4.2.2 焊条电弧焊

焊条电弧焊是用手工操纵焊条进行焊接的一种焊接方法，也称手工电弧焊（手弧焊）。焊接时，利用焊条与焊件间产生的高温电弧作为热源，使焊件接头处的金属和焊条端部迅速熔化，形成液态金属熔池。而原先的熔池迅速冷却凝固形成焊缝，最终使两分离的焊件连接成一个整件。

焊条电弧焊所需设备简单，操作灵活方便，适应性强，可达性好，不受场地和焊接位置的限制，在焊条能到达的地方一般都能施焊；可焊接金属材料范围广，除难熔或极易被氧化的金属外，可以焊接板厚从0.1毫米以下到数百毫米的几乎所有金属结构件；对接头的装配质量要求较低。焊接过程中，电弧由焊工手工控制，可通过及时调整电弧位置和运条速度等修改焊接工艺参数，降低了对接头装配的质量要求。

与其他电弧焊方法相比，手弧焊具有如下的缺点：

① 焊接生产率低、劳动强度大。与其他电弧焊接方法相比，焊接电流小，每焊完一根焊条后必须更换焊条，焊后还需清渣，生产效率低，劳动强度大；且弧光强，烟尘大。

② 焊缝质量对人依赖性强。由于采用手工操作焊条进行焊接，所以对焊工的操作技能、工作态度及现场发挥等都有要求，焊接质量在很大程度上取决于焊工的操作水平。

4.2.2.1 焊条电弧焊的原理

焊条电弧焊过程如图4-2所示，焊接电源两输出端通过电缆、焊钳和地线夹头分别与焊条和被焊零件相连。焊接过程中，产生在焊条和零件之间的电弧将焊条和零件局部熔化，受电弧力作用，焊条端部熔化后的熔滴过渡到母材，和熔化的母材熔合一起形成熔池，随着焊工操纵电弧向前移动，熔池金属液逐渐冷却结晶，形成焊缝。

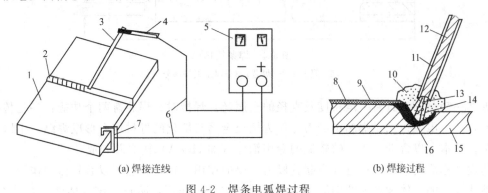

图4-2 焊条电弧焊过程

1—零件；2,9—焊缝；3—焊条；4—焊钳；5—焊接电源；6—电缆；7—地线夹头；
8—熔渣；10—保护气体；11—药皮；12—焊芯；13—熔滴；14—电弧；15—母材；16—熔池

4.2.2.2 焊接电弧

电弧是电弧焊接的热源，电弧燃烧的稳定性对焊接质量有重要影响。

焊接电弧是一种强烈持久的气体放电现象，如图4-3所示。在这种气体放电过程中产生大量的热能和强烈的光辉。通常，气体是不导电的，但是在一定的电场和温度条件下，可以使气体离解而导电。焊接电弧在一定的电场作用下，将电弧空间的气体介质电离，使中性分子或原子离解为带正电荷的正离子和带负电荷的电子（或负离子），这两种带电质点分别向着电场的两极方向运动，使局部气体空间导电，而形成电弧。焊接电弧的结构分为阳极区、

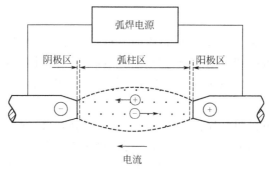

图 4-3　焊接电弧示意图

阴极区和弧柱区。其中弧柱区的温度最高，可达 6000℃ 以上。

焊接电弧具有以下特点：

① 温度高，电弧弧柱温度范围为 5000～30000K。

② 电弧电压低，范围为 10～80V。

③ 电弧电流大，范围为 10～1000A。

④ 弧光强度高。

4.2.2.3　焊条

焊条电弧焊所用的焊接材料是焊条，焊条结构如图 4-4 所示。

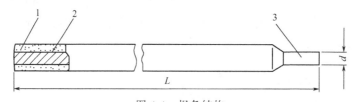

图 4-4　焊条结构
1—药皮；2—焊芯；3—焊条夹持部分

焊芯一般是一个具有一定长度及直径的金属丝。焊接时，焊芯有两个功能：一是传导焊接电流，产生电弧；二是焊芯本身熔化作为填充金属与熔化的母材熔合形成焊缝。中国生产的焊条，基本上以含碳、硫、磷较低的专用钢丝（如 H08A）作焊芯制成。

药皮又称涂料，在焊接过程中起着极为重要的作用。首先，它可以起到保护作用，利用药皮熔化放出的气体和形成的熔渣，起机械隔离空气的作用，防止有害气体侵入熔化金属；其次，可以通过熔渣与熔化金属发生冶金反应，去除有害杂质，添加有益的合金元素，起到冶金处理作用，使焊缝获得合乎要求的力学性能；最后，还可以改善焊接工艺性能，使电弧稳定、飞溅小、焊缝成形好、易脱渣和熔敷效率高等。

药皮的组成主要有稳弧剂、造气剂、造渣剂、脱氧剂、合金剂、黏结剂和增塑剂等，其主要成分有矿物类、铁合金、有机物和化工产品。

（1）焊条的分类

① 按照焊条的用途，可以将电焊条分为：结构钢焊条、耐热钢焊条、不锈钢焊条、堆焊焊条、低温钢焊条、铸铁焊条、镍及镍合金焊条、铜及铜合金焊条、铝及铝合金焊条以及特殊用途焊条。

② 按照焊条药皮的主要化学成分来分类，可以将电焊条分为：氧化钛型焊条、氧化钛钙型焊条、钛铁矿型焊条、氧化铁型焊条、纤维素型焊条、低氢型焊条、石墨型焊条及盐基型焊条。

③ 按照焊条药皮熔化后，熔渣的特性来分类，可将电焊条分为酸性焊条和碱性焊条。酸性焊条药皮的主要成分为酸性氧化物，如二氧化硅、二氧化钛、三氧化二铁等。碱性焊条药皮的主要成分为碱性氧化物，如大理石、萤石等。酸性焊条电弧稳定，焊缝成形美观，焊条的工艺性能好，可用交流或直流电源施焊，但焊接接头的冲击韧度较低，可用于普通碳钢和低合金钢的焊接；碱性焊条多为低氢型焊条，所得焊缝冲击韧度高，力学性能好，但电弧稳定性比酸性焊条差，要采用直流电源施焊，反极性接法，多用于重要的结构钢、合金钢的焊接。

（2）焊条的选用

必须在确保焊接结构安全、可行使用的前提下，根据被焊材料的化学成分、力学性能、板厚及接头形式、焊接结构特点、受力状态、结构使用条件对焊缝性能的要求、焊接施工条件和技术经济效益等，有针对性地选用焊条，必要时还需进行焊接性试验。选择焊条时，主要遵循以下基本原则：

① 等强度原则。焊接低碳钢和低合金钢时，一般使焊缝金属与母材等强度，即选用焊条时，应使熔敷金属的强度等于或接近于母材的强度。

② 等成分原则。焊接耐热钢、不锈钢等特殊性能钢时，应使焊缝金属的化学成分与母材的化学成分相同或相近，即应按母材的化学成分选用相应成分的焊条。

③ 抗裂纹原则。焊接形状复杂、刚度大或承受动载荷的焊接结构时，应选用抗裂性好的碱性焊条，以免接头在焊接和使用过程中产生裂纹。

④ 抗气孔原则。因受焊接工艺条件的限制，若对焊件接头部位的油污、铁锈、潮气等清理不便时，应选用抗气孔能力强的酸性焊条，以免焊接过程中气体残存于焊缝中，形成气孔。

⑤ 低成本原则。在满足使用要求的前提下，应优先选用比较经济的酸性焊条。

（3）焊条的检验

① 外观检验：焊条药皮表面应细腻光滑，无气孔和机械损伤，药皮无偏心，焊芯无锈蚀，牌号清晰。

② 药皮强度检验：将焊条平举至1m处，松开手让焊条自由落下，如无药皮脱落则焊条合格。

③ 工艺性检验：电弧燃烧稳定，飞溅小药皮熔化均匀，焊缝成形好，脱渣容易。

④ 理化检验：做金相试验、化学分析及力学性能试验，所有项目都合格时，焊条才合格。

（4）焊条的保管

① 分类、分牌号、分批次、分规格。

② 焊条必须存放在通风、干燥的库房。

③ 焊条存放在架子上，架子离地面必须300mm以上，离墙面必须300mm以上。

④ 焊条在供给使用单位以后，至少在六个月之内能保证继续使用。

⑤ 特种焊条的存储与保管制度，应比一般焊条严格。

⑥ 一般焊条一次出库量不能超过两天的用量。

4.2.2.4 焊条电弧焊设备

（1）焊接对手工电弧焊电源设备的要求

手工电弧焊的电源设备简称电焊机。为了使焊接顺利进行，对电焊机有两个基本要求。

① 具有陡降的特性。一般用电设备都要求电源电压不随负载变化而变化，具有近似水平的特性。但是焊接用的电源电压则要求随负载增大而迅速降低，这样才能满足下列的焊接要求。

ⅰ. 具有一定的空载电压以满足引弧要求，一般为 50～80V。

ⅱ. 限制适当的短路电流（一般不超过焊接电流的 1.5 倍）。

ⅲ. 应有保证电弧稳定的电弧电压（电弧稳定燃烧时的电压降），一般情况下，电弧电压在 16～35V 范围内。

② 焊接电流具有调节特性。因为电弧的热量与焊接电流成正比，焊接的厚度不同，所需的焊接电流大小也不同，所以电焊机应能在一定范围内调节焊接电流的大小。

（2）焊条电弧焊常用设备

焊条电弧焊所用焊机实质上是一种弧焊电源，按供应的弧焊电源性质可分为交流弧焊电源和直流弧焊电源。交流弧焊电源（交流弧焊机）就是弧焊变压器，直流弧焊电源有直流弧焊发电机和弧焊整流器两种。

① 交流弧焊机。如图 4-5 所示，交流弧焊机是一种特殊的降压变压器，其可将工业用电压（220V 或 380V）降到空载电压及工作电压（20～35V），同时能提供较大的焊接电流，并且可调节。

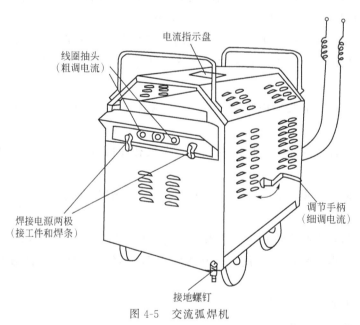

图 4-5　交流弧焊机

电流调节一般分为两级，一级为粗调，通过改变线圈抽头的接法来实现电流的大范围调节；另一级为细调，通过旋转调节手柄改变电焊机内可动铁芯或可动线圈的位置，将电流调至所需数值。

特点：结构简单，制造方便，价格便宜，使用可靠，维修容易，工作噪声小，但电弧稳定性差。

② 直流弧焊发电机。如图4-6所示，直流弧焊发电机机输出端有固定的正负之分。但其电流方向不随时间的变化而变化，因此电弧燃烧稳定，运行使用可靠，有利于掌握和提高焊接质量。但其结构复杂，制造成本高，耗能大，维修较困难，噪声大，现已很少生产和使用。

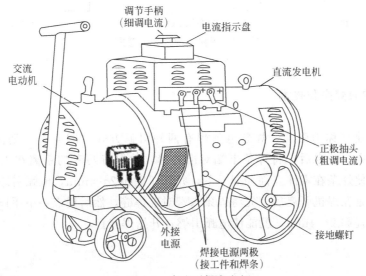

图4-6　直流弧焊发电机

③ 弧焊整流器。如图4-7所示，弧焊整流器是一种将交流电降压后，经过整流而获得直流电的一种直流弧焊电源，主要品种有硅整流式、晶闸管整流式和逆变电源式。采用硅二极管整流元件的称为硅整流弧焊整流器；采用晶闸管作为整流元件的称为晶闸管弧焊整流器。逆变电源具有体积小、质量轻、高效节能、工艺性能优良等优点，目前发展最快。

采用直流电流焊接时，弧焊电源正负输出端与零件和焊枪的连接方式，称为极性。当零件接电源输出正极，焊枪接电源输出负极时，称直流正接或正极性；反之，零件、焊枪分别与电源负、正输出端相连时，则称为直流反接或反极性。交流焊接无电源极性问题，如图4-8所示。

(3) 焊接电源的选择

根据焊条药皮类型决定焊接电源的种类：

① 酸性焊条用交流电源焊接。

② 低氢钾型焊条，可以用交流电源进行焊接，也可以用直流电源反接进行焊接。

③ 酸性焊条用直流焊接电源焊接时，厚板宜采用直流正接焊接，薄板采用直流反接焊接。

④ 当使用低氢钠型焊条焊接时，必须使用直流焊接电源反接焊接。

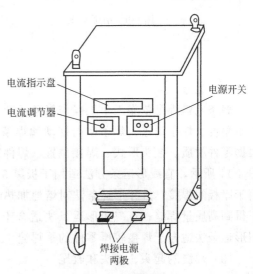

图4-7　弧焊整流器

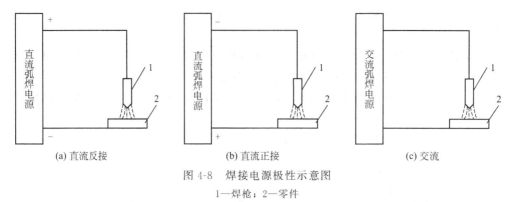

图 4-8 焊接电源极性示意图
1—焊枪；2—零件

4.2.2.5 焊条电弧焊操作技术

(1) 引弧

焊接电弧的建立称为引弧，焊条电弧焊有两种引弧方式（图 4-9）：划擦法和直击法。划擦法操作是在电源开启后，将焊条末端对准焊缝，并保持两者的距离在 15mm 以内，依靠手腕的转动，使焊条在零件表面轻划一下，并立即提起 2~4mm，电弧引燃，然后开始正常焊接。直击法是在焊机开启后，先将焊条末端对准焊缝，然后稍点一下手腕，使焊条轻轻撞击零件，随即提起 2~4mm，就能使电弧引燃，开始焊接。

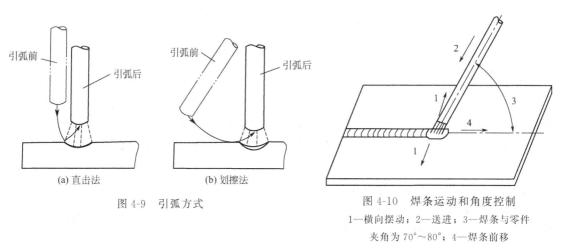

图 4-9 引弧方式

图 4-10 焊条运动和角度控制
1—横向摆动；2—送进；3—焊条与零件夹角为 70°~80°；4—焊条前移

(2) 运条

焊条电弧焊是依靠人手工操作焊条运动实现焊接的，此种操作也称运条。运条包括控制焊条角度、焊条送进、焊条横向摆动和焊条前移，如图 4-10 所示。运条技术的具体运用应根据零件材质、接头形式、焊接位置、焊件厚度等因素决定。常见的焊条电弧焊运条方法如图 4-11 所示，直线形运条方法适用于板厚 3~5mm 的不开坡口对接平焊；锯齿形运条法多用于厚板的焊接；月牙形运条法对熔池加热时间长，容易使熔池中的气体和熔渣浮出，有利于得到高质量焊缝；正三角形运条法适合于不开坡口的对接接头和 T 形接头的立焊；正圆圈形运条法适合于焊接较厚零件的平焊缝。

(3) 焊缝的起头、接头和收尾

焊缝的起头是指焊缝起焊时的操作，由于此时零件温度低、电弧稳定性差，焊缝容易出

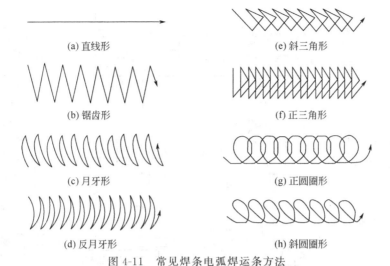

图 4-11 常见焊条电弧焊运条方法

现气孔、未焊透等缺陷,为避免此现象,应该在引弧后将电弧稍微拉长,对零件起焊部位进行适当预热,并且多次往复运条,达到所需要的熔深和熔宽后再调到正常的弧长进行焊接。在完成一条长焊缝焊接时,往往要消耗多根焊条,这里就有前后焊条更换时焊缝接头的问题。为不影响焊缝成形,保证接头处焊接质量,更换焊条的动作越快越好,并在接头弧坑前约 15mm 处起弧,然后移到原来弧坑位置进行焊接。

焊缝的收尾是指焊缝结束时的操作。焊条电弧焊一般熄弧时都会留下弧坑,过深的弧坑会导致焊缝收尾处缩孔、产生弧坑应力裂纹。焊缝收尾操作时,应保持正常的熔池温度,做无直线运动的横摆点焊动作,逐渐填满熔池后再将电弧拉向一侧熄灭。此外还有三种焊缝收尾的操作方法,即划圈收尾法、反复断弧收尾法和回焊收尾法,也在实践中常用。

(4) 焊前清理与点固

焊前应将工件表面清理干净,防止铁锈、油污和水分进入焊缝而出现气孔等缺陷。为保证焊件在焊接过程中或装配后相对位置不变,焊前还应沿焊缝长度将焊件点固。各点固焊点之间的距离视工件厚度而定,工件越薄,要求焊点越密。

(5) 焊后清理

焊后用钢刷等工具把熔渣和飞溅物等清理干净。

4.2.2.6 焊条电弧焊工艺及其参数

焊条电弧焊工艺是根据焊接接头形式、零件材料、板材厚度、焊缝焊接位置等具体情况制定的,包括焊条牌号、焊条直径、电源种类和极性、焊接电流、焊接电压、焊接速度、焊接坡口形式和焊接层数等内容。选择合适的焊接工艺参数是获得优良焊缝的前提,并直接影响劳动生产率。

(1) 焊接接头形式

焊接接头是指用焊接的方法连接的接头,它由焊缝、熔合区、热影响区及其邻近的母材组成。根据接头的构造形式不同,可分为对接接头、T形接头、搭接接头、角接接头、卷边接头等 5 种类型。前 4 类如图 4-12 所示,其中(a)~(d)为对接接头,(e)~(h)为角接接头,(i)、(j)为 T 形接头,(k)、(l)为搭接接头。卷边接头用于薄板焊接。

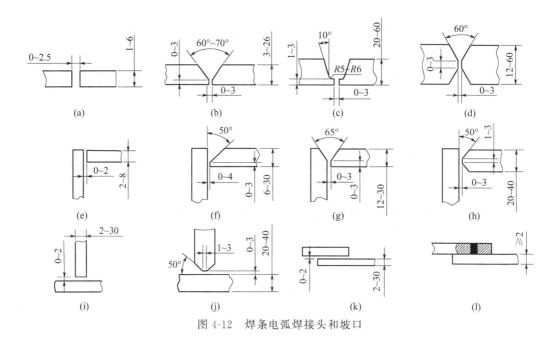

图 4-12 焊条电弧焊接头和坡口

(2) 坡口形式

熔焊接头焊前应加工坡口,其目的在于使焊接容易进行,电弧能沿板厚熔敷一定的深度,保证接头根部焊透,并获得良好的焊缝形状。焊接坡口形式有 I 形坡口、V 形坡口、U 形坡口、双 V 形坡口、J 形坡口等多种。常见焊条电弧焊接头的坡口形状和尺寸如图 4-12 所示,其中 (a)、(e)、(i) 是为 I 形坡口,(b)、(g) 为 V 形坡口,(d) 为双 V 形坡口,(c) 是带钝边 U 形坡口,(f) 为带钝边单边 V 形坡口,(h)、(j) 为带钝边双单边 V 形坡口。

对焊件厚度小于 6mm 的焊缝,可以不开坡口或开 I 形坡口;中厚度和大厚度板对接焊,为保证熔透,必须开坡口。V 形坡口便于加工,但零件焊后易发生变形;X 形坡口可以避免 V 形坡口的一些缺点,同时可减少填充材料;U 形及双 U 形坡口,其焊缝填充金属量更小,焊后变形也小,但坡口加工困难,一般用于重要焊接结构。

(3) 焊接位置

在实际生产中,由于焊接结构和零件移动的限制,焊缝在空间的位置除平焊外,还有立焊、横焊、仰焊,如图 4-13 所示。平焊操作方便,焊缝成形条件好,容易获得优质焊缝并具有高的生产率,是最合适的位置。其他三种又称空间位置焊,焊工操作较平焊困难,受熔

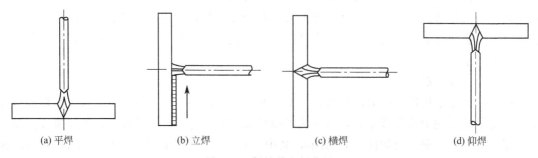

图 4-13 焊缝的空间位置

池液态金属重力的影响,需要对焊接规范控制并采取一定的操作方法才能保证焊缝成形,其中焊接条件仰焊位置最差,立焊、横焊次之。

4.2.3 CO_2 气体保护焊

CO_2 气体保护焊是焊接方法中的一种,是以 CO_2 为保护气体,进行焊接的方法。该焊接法操作简单,适合自动焊和全方位焊接。在焊接时不能有风,适合室内作业。其工作原理如图 4-14 所示,弧焊电源采用直流电源,电极的一端与零件相连,另一端通过导电嘴将电馈送给焊丝,这样焊丝端部与零件熔池之间建立电弧,焊丝在送丝机滚轮驱动下不断送进,零件和焊丝在电弧热作用下熔化并最后形成焊缝。

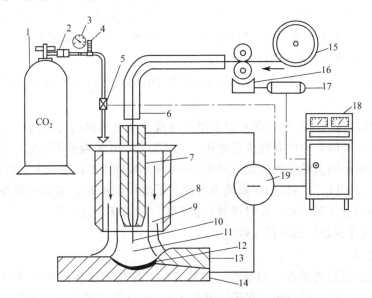

图 4-14 CO_2 气体保护焊工作原理示意图

1—CO_2 气瓶;2—干燥预热器;3—压力表;4—流量计;5—电磁气阀;6—软管;7—导电嘴;8—喷嘴;
9—CO_2 保护气体;10—焊丝;11—电弧;12—熔池;13—焊缝;14—零件;15—焊丝盘;
16—送丝机构;17—送丝电动机;18—控制箱;19—直流电源

4.2.3.1 CO_2 气体保护焊的特点

① 焊接成本低。CO_2 气体来源广、价格低,而且消耗的电能少,因而 CO_2 气体保护焊的成本低,是焊条电弧焊和埋弧焊的 40%~50%。

② 生产率高。CO_2 气体保护焊的焊接密度大,使焊缝有效厚度增大,焊丝的熔化率提高,熔化速度加快。另外焊后没有焊渣,特别是多层焊接时,节省了清渣时间,所以生产率比焊条电弧焊高 1~4 倍。

③ 焊接质量高。CO_2 气体保护焊对铁锈敏感性不大,因此焊缝中不易产生气孔,而且焊缝氢量低,抗裂性能好。

④ 焊接变形小。由于电弧热量集中,焊件加热面积小,同时 CO_2 气流具有较强的冷却作用,因此,焊接热影响区和焊接变形小,特别适于薄板焊接。

⑤ 操作性能好。因为是明弧焊,可以看清电弧和熔池情况,便于掌握与调整,有利于实现焊接,主要用于磨损零件的修补堆焊。

同时，CO_2 气体保护焊也存在一些缺点，如使用大电流焊接时，焊缝表面成形较差，飞溅较多；不能焊接容易氧化的有色金属材料；很难用交流电源及在有风的地方施焊。目前人们正通过改善电源动特性或采用药芯焊丝的方法来解决此问题。

CO_2 气体保护焊主要用于低碳钢及低合金高强钢，也可以用于耐热钢和不锈钢，可进行自动焊及半自动焊。目前广泛用于汽车制造、轨道客车制造、船舶制造、航空航天、石油化工机械等诸多领域。

4.2.3.2 CO_2 气体保护焊的分类

① 按操作方法，可分为自动焊及半自动焊两种。对于较长的直线焊缝和规则的曲线焊缝，可采用自动焊；对于不规则的或较短的焊缝，则采用半自动焊，生产上应用最多的是半自动焊。

② CO_2 气体保护焊按照焊丝直径可分为细丝焊和粗丝焊两种。细丝焊直径小于 1.6mm，工艺上比较成熟，适用于薄板焊接；粗丝焊直径大于或等于 1.6mm，适用于中厚板的焊接。

4.2.3.3 CO_2 气体保护焊的熔滴过渡

在常用的焊接工艺参数中，CO_2 气体保护焊的熔滴过渡形式有两种，即细颗粒过渡和短路过渡。

① 细颗粒状过渡。CO_2 气体保护焊采用大电流、高电压进行焊接时，熔滴呈颗粒状过渡。当颗粒尺寸增加时，会使焊缝成形恶化，飞溅加大，并使电弧不稳定。因此常用的是细颗粒状过渡，此时熔滴直径约比焊丝直径小 2~3 倍。其特点是：电流大、直流反接。

② 短路过渡。CO_2 气体保护焊采用小电流、低电压焊接时，熔滴呈短路过渡。短路过渡时，熔滴细小而过渡频率高，此时焊缝形状美观，适宜于焊接薄件。

4.2.3.4 CO_2 气体保护焊的焊接参数

(1) 焊丝直径

焊丝直径应根据焊件厚度、焊缝空间位置及生产率的要求等条件来选择。焊接薄板或中、厚板的立焊、横焊、仰焊时，多采用直径 1.6mm 以下的焊丝；在平焊位置焊接中、厚板可以采用直径大于 1.6mm 的焊丝。

(2) 焊接电流

焊接电流与工件的厚度、焊丝直径、施焊位置以及熔滴过渡形式有关。通常用直径为 0.8~1.6mm 的焊丝，在短路过渡时，焊接电流在 50~230A 范围内选择；粗滴过渡时，焊接电流可在 250~500A 内选择。

(3) 电弧电压

电弧电压一般根据焊丝直径、焊接电流等来选择，随着焊接电流的增加，电弧电压也相应加大，一般来说，短路过渡时，电压为 16~24V；粗滴过渡时，电压为 25~40V。

(4) 焊接速度

它和焊接电流、电弧电压同是焊接热输入的三大要素，对熔深和焊道形状影响很大。一般半自动 CO_2 气体保护焊焊接速度在 15~40m/h 范围内，自动 CO_2 气体保护焊焊接时不超过 90m/h。

(5) 焊丝伸出长度

通常焊丝伸出长度取决于焊丝直径，约以焊丝直径的 10 倍为宜，且不超过 15mm。

(6) CO_2 气体流量

其大小应根据焊接电流、电弧电压、焊接速度等因素来选择。通常细丝 CO_2 气体保护焊时气体流量约为5～15L/min；粗丝CO_2气体保护焊时约为15～25L/min。

（7）其他

如电源极性，CO_2气体保护焊时必须用直流电源，且多采用直流反接。

4.2.3.5 CO_2气体保护焊设备

随着CO_2气体保护焊技术的应用范围日益扩大，CO_2气体保护焊焊机的发展也很迅速。目前，已定型生产的各种半自动和自动CO_2气体保护焊焊机中，常见的是NBC系列半自动CO_2气体保护焊焊机，可用于薄板、中厚板的低碳钢和低合金钢等材料的焊接，也可进行各种位置的焊接。如，NBC—200，其中N表示熔化极气体保护焊机，B表示半自动焊，C表示CO_2气体保护焊，200表示额定电流为200A。

根据焊接方法和生产自动化水平，电弧焊机可以由以下一个或几个部分组成。

（1）焊接电源

CO_2气体保护螺柱焊均使用平硬式缓降外特性的直流电源，并要求具有良好的动特性。

（2）焊枪及送丝系统

焊枪按送丝方式可分为推丝式焊枪、拉丝式焊枪和推拉丝式焊枪；按焊枪结构形状可分为手枪式和鹅颈式。在熔化极自动焊和半自动焊中提供焊丝自动送进的装置。为满足大范围的均匀调速和送丝速度的快速响应，一般采用直流伺服电动机驱动。送丝方式有下列三种：

① 推丝式[图4-15（a）]：焊枪与送丝机构分开，焊丝由送丝机构推送，通过软管进入焊枪。该结构简单、轻便，但送丝阻力大，软管长度受限制，一般为2～5m。

② 拉丝式[图4-15（b）]：送丝机构和焊丝盘装在焊枪上。拉丝式的送丝速度均匀稳定，但是焊枪比较重，仅适用于直径为0.5～0.8mm的细焊丝。

③ 推拉丝式：焊丝盘与焊枪分开，送丝时以推为主、拉为辅。此种方式送丝速度稳定，软管可延长至15m左右，但结构复杂。

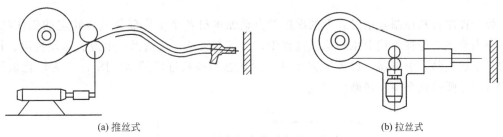

(a) 推丝式　　　　　　　　　　　　(b) 拉丝式

图4-15　熔化极半自动焊送丝方式

（3）行走机构

行走机构是使焊接机头和零件之间产生一定速度的相对运动，以完成自动焊接过程的机械装置。若行走机构是为焊接某些特定的焊缝或结构件而设计，则其焊机称为专用焊接机，如埋弧堆焊机、管板专用钨极氩弧焊机等。通用的自动焊机可广泛用于各种结构的对接、角接、环焊缝和圆筒纵缝的焊接，在埋弧焊方法中最为常见，其行走机构有小车式、门架式、悬臂式三类，如图4-16所示。

（4）控制系统

控制系统是实现熔化极自动电弧焊焊接参数自动调节和焊接程序自动控制的电气装置。为了实现稳定的焊接过程，需要合理选择焊接规范参数，如电流、电压及焊接速度等，

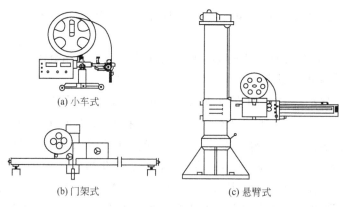

图 4-16 常见行走机构形式

并且保证参数在焊接过程中稳定。在实际生产中往往产生零件与焊枪之间距离波动、送丝阻力变化等干扰，引起弧长的变化，造成焊接参数不稳定。焊条电弧焊是利用焊工眼睛、脑、手配合适时调整弧长，电弧焊自动调节系统则应用闭环控制系统进行调节，如图 4-17 所示。目前常用的自控系统有电弧电压反馈调节器和焊接电流反馈调节器。

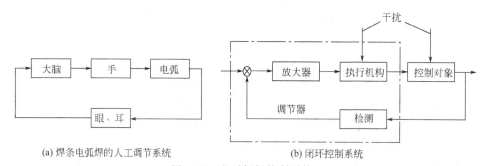

图 4-17 电弧焊焊控制系统

焊接程序自动控制是指以合理的次序使自动弧焊机各个工作部件进入特定的工作状态。其工作内容主要是在焊接引弧和熄弧过程中，对控制对象（包括弧焊电源、送丝机构、行走机构、电磁气阀、引弧器、焊接工装夹具）的状态和参数进行控制。图 4-18 为熔化极气体保护自动电弧焊的典型程序循环图。

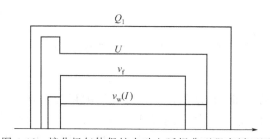

图 4-18 熔化极气体保护自动电弧焊典型程序循环图

Q_1—保护气体流量；U—电弧电压；I—焊接电流；v_f—送丝速度；v_w—焊接速度

(5) 送气系统

送气系统一般包括储气瓶、减压表、流量计、电磁气阀、软管。气体保护焊常用气体为氩气和 CO_2。氩气瓶内装高压氩气，满瓶压力为 15.2MPa；CO_2 气瓶灌入的是液态 CO_2，在室温下，瓶内剩余空间被汽化的CO_2充满，饱和压力达到5MPa以上。

减压表用以减压和调节保护气体压力，流量计用以标定和调节保护气体流量，两者联合使用，使最终焊枪输出的气体符合焊接规范要求。电磁气阀是控制保护气体通断的元件，有交流驱动和直流驱动两种。气体从气瓶减压输出后，流过电磁气阀，通过橡胶或塑料制软管，进入焊枪，最后由喷嘴输出，把电弧区域的空气机械排开，起到防止污染的作用。

4.2.4 气焊与气割

4.2.4.1 气焊

气焊是利用气体燃烧所产生的高温火焰来进行焊接的，火焰一方面把工件接头的表层金属熔化，同时把金属焊丝熔入接头的空隙中，形成金属熔池。当焊炬向前移动时，熔池金属随即凝固成为焊缝，使工件的两部分牢固地连接成为一体，如图4-19所示。

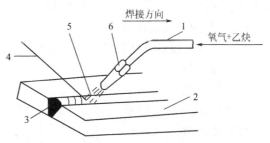

图4-19 气焊过程示意图
1—混合气管；2—焊件；3—焊缝；4—焊丝；
5—气焊火焰；6—焊嘴

与电弧焊相比，其优点如下：

① 气焊不需要电源，设备简单。

② 气体火焰温度比较低，熔池容易控制，易实现单面焊双面成形，并可以焊接很薄的零件。

③ 在焊接铸铁、铝及铝合金、铜及铜合金时，焊缝质量好。

气焊也存在热量分散，接头变形大，不易自动化，生产效率低，焊缝组织粗大，性能较差等缺陷。气焊常用于低碳钢、低合金钢、不锈钢薄板的对接、端接，在熔点较低的铜、铝及其合金的焊接中仍有应用，焊接需要预热和缓冷的工具钢、铸铁时也比较适合。

4.2.4.2 气割

利用可燃气体与氧气混合燃烧的火焰热能将工件切割处预热到一定温度后，喷出高速切割氧流，使金属剧烈氧化并放出热量，利用切割氧流把熔化状态的金属氧化物吹掉，工件就被切出了整齐的缺口，这就是气割。只要把割炬向前移动，就能把工件连续切开，如图4-20所示。金属的气割过程实质是铁在纯氧中的燃烧过程，而不是熔化过程。可燃气体与氧气的混合及切割氧的喷射是利用割炬来完成的，气割所用的可燃气体主要是乙炔、液化石油气和氢气。

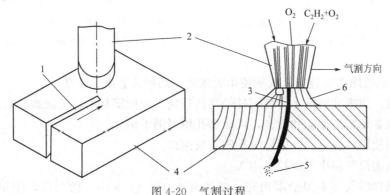

图4-20 气割过程
1—割缝；2—割嘴；3—氧气流；4—工件；5—氧化物；6—预热火焰

气割过程是预热—燃烧—吹渣,但并不是所有金属都能满足这个过程的要求,只有符合下列条件的金属才能进行气割:

① 金属在氧气中的燃烧点应低于其熔点;
② 气割时金属氧化物的熔点应低于金属的熔点;
③ 金属在切割氧流中的燃烧应是放热反应;
④ 金属的导热性不应太高;
⑤ 金属中阻碍气割过程和提高钢的可淬性的杂质要少。

符合上述条件的金属有纯铁、低碳钢、中碳钢、低合金钢以及钛等。其他常用的金属材料如:铸铁、不锈钢、铝和铜等,必须采用特殊的气割方法(例如等离子切割等)。目前气割工艺在工业生产中得到了广泛的应用。

4.2.4.3 气焊、气割设备

气焊、气割设备除所用的焊炬、割炬不同外,其他均相同,主要有氧气瓶、乙炔瓶、减压器以及胶管等。

(1) 氧气瓶

氧气瓶如图 4-21 所示。

(2) 乙炔瓶

最常用的乙炔瓶(图 4-22)的容积为 40L,工作压力为 1.5MPa。

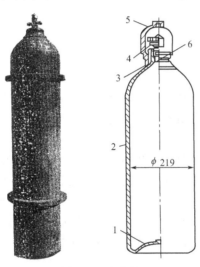

图 4-21 氧气瓶

1—瓶底;2—瓶体;3—瓶箍;4—氧气瓶阀;
5—瓶帽;6—瓶头

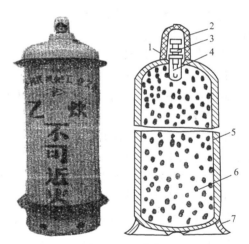

图 4-22 乙炔瓶

1—瓶口;2—瓶帽;3—瓶阀;4—石棉;
5—瓶体;6—多孔填料;7—瓶底

使用乙炔瓶时除必须遵守氧气瓶使用要求外,还得注意以下事项:

① 使用时,用方套筒扳手旋转阀杆带动活门向上或向下移动,使瓶阀开启或关闭。
② 乙炔瓶避免剧烈振动和撞击,以防多孔填料的下沉。
③ 乙炔瓶使用时应直立,以防丙酮随乙炔流出。
④ 乙炔瓶表面的温度不得超过 40℃。
⑤ 乙炔瓶内的气体不得全部用完,要留有 0.01~0.03MPa 的余压,使用压力不得超过 0.15MPa。

⑥ 乙炔瓶各部分连接要可靠，严防漏气。

⑦ 乙炔瓶要定期进行检查。

(3) 减压器

减压器是用来把气瓶内的高压气体减压到所需要的压力，并在使用过程中保持压力稳定的设备，其使用要求如下：

① 使用前，要检查其有无漏气、压力表工作是否正常。

② 安装前，先把气瓶阀门的污物吹掉，开气时阀门不得对着人。

③ 打开气瓶阀门和调节压力时要缓缓用力。

④ 减压器上不得黏上油脂。

⑤ 减压器若有冻结，要用热水或蒸汽解冻。

⑥ 停止工作时，要把减压器内的气体放掉。

⑦ 压力表要定期检验校验，氧气表和乙炔表不能互换。

⑧ 减压器在使用时遇有漏气，应查明漏气部位，更换相应的零部件。

⑨ 若压力表指示失常，应先查明原因，清除污物或更换零部件。

(4) 焊炬

焊炬又称焊枪，它将可燃气体和氧气按一定比例均匀混合，并以一定的速度从焊嘴喷出，形成一定能率、一定成分、适合焊接要求并燃烧稳定的火焰。焊炬分为等压式、射吸式两种。目前使用的主要是射吸式，常用型号有 H01-6、H01-12、H01-20、H02-1 四种。H01-6 型焊炬示意图见图 4-23。

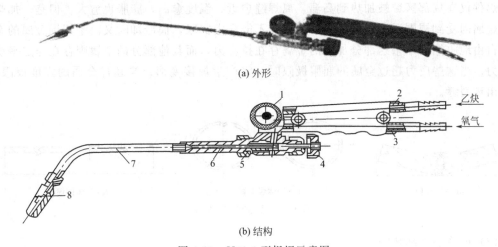

(a) 外形

(b) 结构

图 4-23 H01-6 型焊炬示意图

1—乙炔阀；2—乙炔导管；3—氧气导管；4—氧气阀；5—喷嘴；6—射吸管；7—混合气管；8—焊嘴

(5) 割炬

割炬是气体切割的主要工具，主要作用是使可燃气体和氧气在割炬内混合后，形成具有一定热能和形状的预热火焰，并且在预热火焰的中心，喷射出高压的氧气流来进行气割工作，见图 4-24。

4.2.5 焊接检验

迅速发展的现代焊接技术，已能在很大程度上保证其产品的质量，但由于焊接接头为一

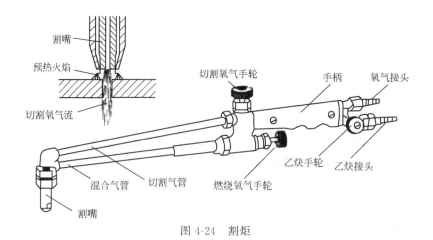

图 4-24 割炬

性能不均匀体,应力分布又复杂,制造过程中亦做不到绝对不产生焊接缺陷,更不能排除产品在役运行中出现新缺陷,因而为获得可靠的焊接结构(件)还必须走第二条途径,即采用和发展合理而先进的焊接检验技术。

4.2.5.1 常见焊接缺陷

(1) 焊接变形

工件焊后一般都会产生变形,如果变形量超过允许值,就会影响使用。焊接变形的几个例子如图 4-25 所示。焊接变形产生的主要原因是焊件不均匀地局部加热和冷却。因为焊接时,焊件仅在局部区域被加热到高温,离焊缝愈近,温度愈高,膨胀也愈大。但是,加热区域的金属因受到周围温度较低的金属阻止,不能自由膨胀,而冷却时又由于周围金属的牵制不能自由地收缩。结果这部分加热的金属存在拉应力,而其他部分的金属则存在与之平衡的压应力。当这些应力超过金属的屈服极限时,将产生焊接变形;当超过金属的强度极限时,则会出现裂缝。

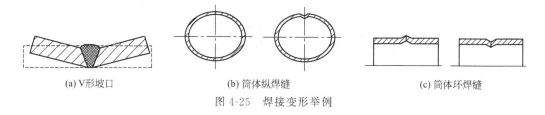

(a) V形坡口　　(b) 筒体纵焊缝　　(c) 筒体环焊缝

图 4-25 焊接变形举例

(2) 焊缝的外部缺陷

① 焊缝增强过高 [图 4-26(a)]。当焊接坡口的角度开得太小或焊接电流过小时,均会出现这种现象。焊件焊缝的危险平面已从 $M—M$ 平面过渡到熔合区的 $N—N$ 平面,由于应力集中易发生破坏,因此,为提高压力容器的疲劳寿命,要求将焊缝的增强高铲平。

② 焊缝过凹 [图 4-26(b)]。因焊缝工作截面的减小而使接头处的强度降低。

③ 焊缝咬边。在工件上沿焊缝边缘所形成的凹陷叫咬边,如图 4-26(c) 所示。它不仅减少了接头工作截面,而且在咬边处造成严重的应力集中。

④ 焊瘤 [图 4-26(d)]。熔化金属流到熔池边缘未熔化的工件上,堆积形成焊瘤,它与工件没有熔合,焊瘤对静载强度无影响,但会引起应力集中,使动载强度降低。

⑤ 烧穿 [图 4-26(e)]。烧穿是指部分熔化金属从焊缝反面漏出,甚至烧穿成洞,它使

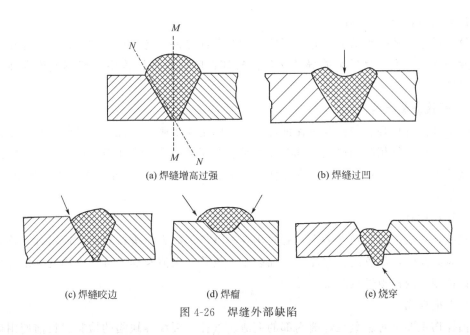

(a) 焊缝增高过强　　(b) 焊缝过凹

(c) 焊缝咬边　　(d) 焊瘤　　(e) 烧穿

图 4-26　焊缝外部缺陷

接头强度下降。

以上五种缺陷存在于焊缝的外表，肉眼就能发现，并可及时补焊。如果操作熟练，一般是可以避免的。

(3) 焊缝的内部缺陷

① 未焊透。未焊透是指工件与焊缝金属或焊缝层间局部未熔合的一种缺陷。未焊透减弱了焊缝工作截面，造成严重的应力集中，大大降低接头强度，它往往成为焊缝开裂的根源。

② 夹渣。焊缝中夹有非金属熔渣，即称夹渣。夹渣减少了焊缝工作截面，造成应力集中，会降低焊缝强度和冲击韧性。

③ 气孔。焊缝金属在高温时，吸收了过多的气体（如 H_2）或由于熔池内部存在冶金反应产生了气体（如 CO），在熔池冷却凝固时来不及排出，在焊缝内部或表面形成孔穴，即为气孔。气孔的存在减少了焊缝有效工作截面，降低接头的机械强度。若有穿透性或连续性气孔存在，会严重影响焊件的密封性。

④ 裂纹。焊接过程中或焊接以后，在焊接接头区域内所出现的金属局部破裂叫裂纹。裂纹可能产生在焊缝上，也可能产生在焊缝两侧的热影响区。有时产生在金属表面，有时产生在金属内部。通常按照裂纹产生的机理不同，可分为热裂纹和冷裂纹两类。

ⅰ. 热裂纹是在焊缝金属由液态到固态的结晶过程中产生的，大多产生在焊缝金属中。其产生原因主要是焊缝中存在低熔点物质（如 FeS，熔点 1193℃），它削弱了晶粒间的联系，当受到较大的焊接应力作用时，就容易在晶粒之间引起破裂。焊件及焊条内 S、Cu 等杂质多时，就容易产生热裂纹。热裂纹有沿晶界分布的特征。当裂纹贯穿表面与外界相通时，则具有明显的氢化倾向。

ⅱ. 冷裂纹是在焊后冷却过程中产生的，大多产生在基体金属或基体金属与焊缝交界的熔合线上。其产生的主要原因是热影响区或焊缝内形成了淬火组织，在高应力作用下，引起晶粒内部的破裂，焊接含碳量较高或合金元素较多的易淬火钢材时，最易产生冷裂纹。焊缝中熔入过多的氢，也会引起冷裂纹。

裂纹是最危险的一种缺陷，它除了减少承载截面之外，还会产生严重的应力集中，在使用中裂纹会逐渐扩大，最后可能导致构件的破坏。所以焊接结构中一般不允许存在这种缺陷，一经发现须铲去重焊。

4.2.5.2 焊接质量检验

对焊接接头进行必要的检验是保证焊接质量的重要措施。因此，工件焊完后应根据产品技术要求对焊缝进行相应的检验，凡存在不符合技术要求所允许缺陷的，须及时进行返修。焊接质量的检验包括外观检查、无损探伤和机械性能试验三个方面。这三者是互相补充的，以无损探伤为主。

（1）外观检查

外观检查一般以肉眼观察为主，有时用 5~20 倍的放大镜进行观察。通过外观检查，可发现焊缝表面缺陷，如咬边、焊瘤、表面裂纹、气孔、夹渣及焊穿等。焊缝的外形尺寸还可采用焊口检测器或样板进行测量。

（2）无损探伤

无损探伤主要是对隐藏在焊缝内部的夹渣、气孔、裂纹等缺陷的检验。目前使用最普遍的是 X 射线检验、超声波探伤和磁力探伤。X 射线检验利用 X 射线对焊缝照相，根据底片影像来判断内部有无缺陷、缺陷多少和类型，再根据产品技术要求评定焊缝是否合格。

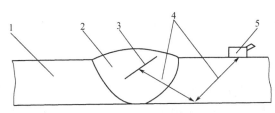

图 4-27 超声波探伤原理示意图
1—工件；2—焊缝；3—缺陷；4—超声波束；5—探头

超声波探伤的基本原理如图 4-27 所示。超声波束由探头发出，传到金属中，当超声波束传到金属与空气界面时，会折射而通过焊缝。如果焊缝中有缺陷，超声波束就反射到探头而被接受，这时荧光屏上就出现了反射波。根据这些反射波与正常波的比较、鉴别，就可以确定缺陷的大小及位置。超声波探伤比 X 光照相简便得多，因而得到广泛应用。但超声波探伤往往只能凭操作经验作出判断，而且不能留下检验根据。

对于离焊缝表面不深的内部缺陷和表面极微小的裂纹，还可采用磁力探伤。

（3）焊接试板的机械性能试验

无损探伤可以发现焊缝内在的缺陷，但不能说明焊缝热影响区金属的机械性能如何，因此有时需对焊接接头进行拉力、冲击、弯曲等试验，这些试验由试验板完成。所用试验板最好与圆筒纵缝一起焊成，以保证施工条件一致，然后对试板进行机械性能试验。实际生产中，一般只对新钢种的焊接接头进行这方面的试验。

此外，对于要求密封性的受压容器，须进行水压试验和（或）气压试验，以检查焊缝的密封性和承压能力。其方法是向容器内注入 1.25~1.5 倍工作压力的清水或等于工作压力的气体（多数用空气），停留一定的时间，然后观察容器内的压力下降情况，并在外部观察有无渗漏现象，根据这些可评定焊缝是否合格。

记一记

4.3 任务实施

4.3.1 任务报告——焊接基本操作

任务	手弧焊操作 材料:Q235 工件尺寸:150mm×40mm×6mm 两块钢板 焊接位置:焊一条 150mm 的对接平焊缝 要求正确选择焊接电流、焊条直径
材料准备	

项目四 焊接 91

续表

操作步骤	
结论	

4.3.2 任务考核评价表

项目		项目内容	配分	学生自评分	教师评分
任务完成质量得分(50%)	1	能够选用正确的焊接方法和焊接材料	15		
	2	能够正确使用焊接设备	20		
	3	了解焊接的安全操作知识	15		
	4	能够完成手工电弧焊的基本操作	35		
	5	能够分析焊件常见缺陷及产生的主要原因	15		
		合计	100		
任务过程得分(40%)	1	准备工作	20		
	2	工位布置	10		
	3	工艺执行	20		
	4	清洁整理	10		
	5	清扫保养	10		
	6	工作态度是否端正	10		
	7	安全文明生产	20		
		合计	100		
任务反思得分(10%)	1.每日一问： 2.错误项目原因分析： 3.自评与师评差别原因分析：				
任务总得分					
任务完成质量得分		任务过程得分	任务反思得分		总得分

4.4 巩固练习

(1) 选择题

① 在焊接前为了装配和固定焊件接头位置而焊接的短焊缝称为（　　）。
　　A. 联系焊缝　　　　B. 定位焊缝　　　　C. 塞焊缝
② 焊条电弧焊的焊接电弧中（　　）区的温度最高。
　　A. 阴极　　　　　　B. 阳极　　　　　　C. 弧柱
③ 使用酸性焊条焊接薄板时，为防止烧穿可采用（　　）。
　　A. 交流电源　　　　B. 直流正接　　　　C. 直流反接
④ 碱性焊条焊接一般应采用（　　）。
　　A. 交流电源　　　　B. 直流正接　　　　C. 直流反接
⑤ 焊接时安全电压为（　　）V。
　　A. 12　　　　　　　B. 24　　　　　　　C. 36
⑥ 当板厚相同时，立焊电流应（　　）平焊电流。
　　A. 小于　　　　　　B. 等于　　　　　　C. 大于

⑦ 当焊条直径及焊接位置相同时，碱性焊条的焊接电流（　　）酸性焊条的焊接电流。
　　A. 小于　　　　　　B. 等于　　　　　　C. 大于
⑧ 焊条电弧焊合理的弧长应为焊条直径的（　　）倍。
　　A. 0.2～0.5　　　　B. 0.5～1.0　　　　C. 1.0～2.0
⑨ 增大（　　）可显著提高焊接生产率。
　　A. 电弧电压　　　　B. 焊接电流　　　　C. 焊接层数
⑩ 焊后立即对焊件进行消氢处理的目的是（　　）。
　　A. 防止氢气孔　　　　　　　　　　B. 防止热裂纹
　　C. 防止冷裂纹　　　　　　　　　　D. 防止消除应力裂纹（再热裂纹）

（2）判断题

① 交流弧焊电源电弧比直流弧焊电源电弧的稳定性高。（　　）
② T形接头和搭接接头因不存在全焊透问题，所以应选用直径较大的焊条。（　　）
③ 焊缝尺寸符号一般无须标注。（　　）
④ 焊接电流的选择只与焊条直径有关，焊条直径越大，要求焊接电流也越大。（　　）
⑤ 焊前预热可减小焊接应力。（　　）
⑥ 焊缝辅助符号是指表示焊缝表面形状的符号。（　　）
⑦ 直线形运条法适用于宽度较大的对接平焊缝及立焊缝的表面焊缝的焊接。（　　）
⑧ 焊后立即热处理的焊件可不做消氢处理。（　　）
⑨ 酸性焊条和碱性焊条在焊接前都必须进行烘干。（　　）
⑩ 药皮焊条与光焊条相比，较容易产生焊缝夹渣。（　　）
⑪ 铝及铝合金焊条电弧焊时，电源一律采用直流反接。（　　）
⑫ 气焊时如发生回火，首先应立即关掉乙炔阀门；然后再关闭氧气阀门。（　　）
⑬ 因为气焊的火焰温度比电弧焊低，故焊接变形小。（　　）

（3）填空题

① 熔焊是指将接头处加热至＿＿＿＿状态，不加＿＿＿＿完成焊接的方法。
② 焊接的种类很多，按其工艺过程的特点分为＿＿＿＿、＿＿＿＿和＿＿＿＿三大类。
③ 焊接电弧由＿＿＿＿、＿＿＿＿和＿＿＿＿三部分组成，其中＿＿＿＿温度最高。
④ 熔化焊时，焊缝所处的空间位置，称为焊接位置，有＿＿＿＿＿＿＿＿＿＿位置。
⑤ 焊条是涂有药皮的供焊条电弧焊用的熔化电极，由＿＿＿＿＿＿＿＿＿＿组成。
⑥ 焊接质量的检验包括＿＿＿＿、＿＿＿＿和＿＿＿＿三个方面。
⑦ 直流电焊时，焊较薄的工件应采用＿＿＿＿接法，焊较厚的工件应采用＿＿＿＿接法。
⑧ 按熔渣性质可分为＿＿＿＿焊条和＿＿＿＿焊条两大类。
⑨ 焊接接头形式有＿＿＿＿＿＿＿＿＿＿＿＿＿＿＿＿＿＿＿＿＿＿＿＿＿＿＿＿＿等。
⑩ 坡口的形式很多，基本形式有＿＿＿＿形坡口、＿＿＿＿形坡口、＿＿＿＿形坡口和＿＿＿＿形坡口。
⑪ 气焊是利用可燃气体与助燃气体混合燃烧形成的火焰作为＿＿＿＿，熔化焊件和焊接材料使之达到＿＿＿＿间结合的一种焊接方法。
⑫ 气焊应用的设备包括＿＿＿＿＿＿＿＿＿＿＿＿＿＿＿＿＿＿＿＿＿＿＿＿＿＿＿。
⑬ 压焊是指焊接过程中必须对焊件施加＿＿＿＿（加热或不加热），以完成焊接的方法。
⑭ 钎焊是指采用低于＿＿＿＿熔点的＿＿＿＿，熔化后与固态焊件金属相互扩散形成而实现连接的方法。

项目五 钳 工

【项目背景】 钳工是机械制造中最古老的金属加工技术，世界上的第一台机床就是用钳工方法加工出来的。钳工工具简单，操作灵活，可以完成用机械加工不方便或难以完成的工作，所以钳工又被称为"万能工种"。

5.1 实习任务

5.1.1 任务描述

需完成如图 5-1 所示錾口锤的加工。

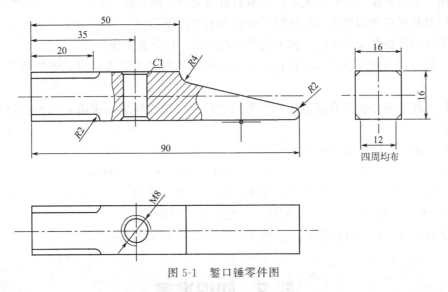

图 5-1 錾口锤零件图

需解决问题

- 钳工加工可以完成哪些工作？
- 你会使用量具测量工件吗？
- 你知道如何划线吗？

- 你会安装锯条吗？能否用锯对零件进行锯削加工并达到一定的锯削精度？
- 你会选择锉吗？能否用锉对零件进行锉削加工并达到一定的锉削精度？
- 孔可以用什么办法来加工？
- 内外螺纹可以用什么办法加工？
- 你会使用工具手动加工零件吗？

5.1.2 实习目的

① 了解钳工工作在机械制造及设备维修中的作用。
② 熟悉划线的目的和基本知识，正确使用划线工具，掌握平面和立体划线方法。
③ 熟悉锯削和锉削的应用范围及其工具的名称、规格和选用方法。
④ 掌握锯削和锉削的基本操作方法。
⑤ 掌握钻孔工艺以及钻头、钻床的操作方法。
⑥ 了解扩孔、铰孔、锪孔、攻丝、套丝及刮削等的应用及基本工艺过程。
⑦ 了解装配的概念，基本掌握拆装的技能，熟知装配质量的好坏对生产的影响。

5.1.3 安全注意事项

① 在钳台上作业时，为了取用方便，右手取用的工具、量具放在右边，左手取用的工具、量具放在左边，各自排列整齐，且不可露在钳桌外面，以免碰落掉地砸伤脚或损坏工具、量具。
② 用台虎钳夹持工件时应夹牢，夹紧后应使丝杠手柄靠近端头。
③ 没有装柄的锉刀或锉刀柄已裂开的锉刀不可使用。
④ 手锤的锤柄要安装牢固，挥锤前要环视四周，以免脱落伤人。
⑤ 錾削时锤击力应朝向固定钳口，并注意控制铁屑的飞溅方向或采取防范措施，以防伤人。
⑥ 锉屑或錾屑必须用毛刷清理，不能用嘴吹，以防铁屑进入眼睛；也不能用手擦、摸锉削表面。
⑦ 锉刀不可作撬棒或手锤用。
⑧ 钻孔时不准戴手套，工件要夹紧。严禁用手制动未停稳的钻头。
⑨ 手锯锯割工件时，锯条要装夹正确，锯削时用力要均匀，并尽量让所有锯齿均匀工作。工件快断时，用力要小，动作要慢，避免锯条折断伤人。
⑩ 装拆零件、部件时要托好，扶平或夹牢，以免跌落受损或伤人。

5.2 知识准备

5.2.1 概述

钳工是手持工具对金属工件进行加工、装配的机械加工方法。钳工包括如下基本操作：

划线、锯削、锉削、錾削、钻孔、攻丝、套扣、刮削、研磨、装配等。加工时，工件一般被夹紧在钳工工作台虎钳上。

虽然钳工大部分工作是手动操作，劳动强度大，生产效率低，加工质量随机性大，操作技术要求高，但是在机械制造业中却起着十分重要的作用，如高精度零件的精密加工，机器、设备的装配、调试、检测和维修等，都是通过钳工操作完成的。

5.2.1.1 钳工的工作范围

① 加工前的准备工作，如清理毛坯，在毛坯件上划线等。

② 在单件或小批量生产中制造一般零件。

③ 完成制备零件过程中的某些加工工序，如钻孔、铰孔、攻螺纹和套螺纹等。

④ 加工精密零件，如刮削或研磨机器、量具的配合表面，样板、夹具和模具的精加工等。

⑤ 装配、调整和修理机器等。

5.2.1.2 钳工常用设备及量具

(1) 钳工常用设备

钳工工作台 简称钳台，它是钳工专用的工作台，是用来安装台虎钳，放置工具和工件的。钳台有单人使用和多人使用两种，用硬质木材或钢材做成。工作台要求平稳、结实，台面高度一般以装上台虎钳后钳口高度恰好与人手肘齐平为宜，如图5-2所示。

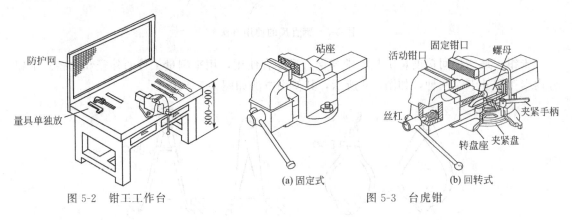

图 5-2 钳工工作台　　图 5-3 台虎钳

台虎钳 装在钳桌上，是钳工最常用的一种夹持工具。凿切、锯割、锉削以及许多其他钳工操作都是在台虎钳上进行的。其规格用钳口宽度表示，常用的有100mm、125mm和150mm等。台虎钳有固定式［图5-3(a)］和回转式［图5-3(b)］两种。

台虎钳使用注意事项：

① 工件应尽量夹在台虎钳钳口中部，以使钳口受力均匀。

② 夹持工件的光洁表面时，应垫铜皮或铝皮以保护工件表面。

③ 当转动手柄来夹紧工件时，只能用手扳紧手柄，决不能接长手柄或用手锤敲击手柄，以免台虎钳丝杆或螺母上的螺纹损坏或台虎钳钳身断裂。

④ 锤击工件只可在砧面上进行，其他各部分不许用手锤直接打击。

(2) 常用量具

加工出的零件是否符合图纸要求（包括尺寸精度、形状精度、位置精度和表面粗糙度），需要用测量工具进行测量，这些测量工具简称量具。由于零件有各种不同的形状，所要求的精度也不一样，因此就需要用不同的量具去测量。

钢直尺 是最简单的长度量具，用不锈钢片制成，可直接用来测量工件尺寸，如图 5-4 所示。它的测量长度规格有 150mm、300mm、500mm 和 1000mm 等几种。测量工件的外径和内径尺寸时，常与卡钳配合使用。

钢直尺测量零件尺寸时，尺身端面应与工件远端尺寸起始处对齐，大拇指的指腹顶住尺身下测量面、指甲顶住工件近端并确定工件长度尺寸，读数时，视线应垂直于尺身正面，如图 5-5 所示。

图 5-4 钢直尺

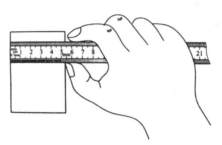

图 5-5 钢直尺的使用方法

卡钳 是一种间接度量工具，常与钢直尺配合使用，用来测量工件的外径和内径。卡钳分内卡钳和外卡钳两种，如图 5-6 所示，其使用方法如图 5-7 所示。

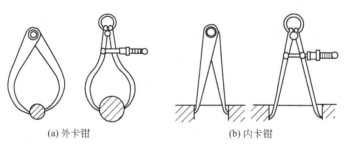

(a) 外卡钳　　　　　　(b) 内卡钳

图 5-6 卡钳

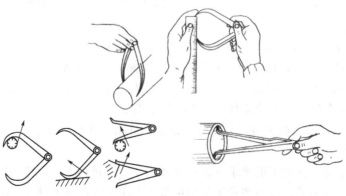

图 5-7 卡钳的使用方法

游标卡尺 是利用游标读数原理制成的一种常用中等精密量具。它具有结构简单、使用方便、测量范围广等特点。游标卡尺的规格有 0～125mm、0～150mm、0～200mm、0～300mm 等多种,测量精度有 0.1mm、0.05mm、0.02mm 三种,最常用的是 0.02mm。

游标卡尺的结构见图 5-8,主要由尺身和游标组成,尺身上刻有以 1mm 为一格间距的刻度,并刻有尺寸数字,其刻度全长即为游标卡尺的规格。游标卡尺可直接测量工件的外径、内径、长度、宽度和深度等尺寸。

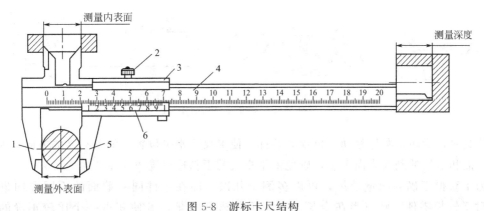

图 5-8 游标卡尺结构
1—固定量爪;2—制动螺钉;3—游标;4—主尺尺身;5—可动量爪;6—副尺游标

游标上的刻度间距,随测量精度而定。现以精度值为 0.02mm 的游标卡尺为例,其刻线原理如图 5-9 所示:尺身一格为 1mm,当两爪合并时,游标上的 50 格刚好等于主尺上的 49mm,则游标每格间距 0.98mm,主尺每格间距与游标每格间距相差 = 1 - 0.98 = 0.02(mm)。0.02mm 即为此种游标卡尺的最小读数值。

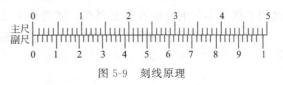

图 5-9 刻线原理

测量时,游标卡尺的读数方法是先读整数,即读出游标零线左面尺身上的整数毫米数;然后读小数,即读出游标与尺身对齐刻线处的小数毫米数;最后把两次读数相加,所得即为工件的测量尺寸。

图 5-10 中游标尺 0 线所对主尺前面的刻度为 13mm,游标尺 0 线后的第 33 条线与主尺的刻线对齐。游标尺 0 线后的第 33 条线表示游标尺偏移主尺 33 格,即小数 0.02×33 = 0.66(mm)。所以被测工件尺寸为:13 + 0.66 = 13.66(mm)。

游标卡尺在使用前应先检查量具是否在检定周期内,然后把卡尺擦干净,检查卡尺的两

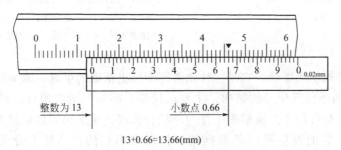

图 5-10 游标卡尺读数方法

个测量面和测量刃口是否平直无损,把量爪紧密贴合,检查尺身与游标的零线是否对齐。若未对齐,则在测量后应根据原始误差修正读数值。

测量时右手拿住尺身,大拇指推动游标,左手拿待测工件。应先将两量爪张开到略大于被测工件尺寸,再将固定量爪的测量面紧贴工件,轻推活动量爪至量爪接触工件表面为止,如图 5-11 所示。测量内外圆直径时,尺身应垂直于轴线,不能歪斜,且应使两量爪处于直径处。

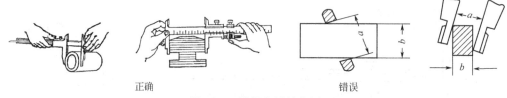

图 5-11 游标卡尺的使用

读数时,为防止游标移动,可锁紧游标。使卡尺呈水平位置,朝着亮光的方向,人的视线尽可能和卡尺的刻线表面垂直,以免由于视线的歪斜造成读数误差。

为了获得正确的测量结果,可以多测量几次,即在零件同一截面的不同方向进行测量。对于较长零件,则应当在全长的各个部位进行测量,务使获得一个比较正确的测量结果。

除了上面的普通游标卡尺外,常用的还有深度游标卡尺和高度游标卡尺。深度游标卡尺用于测量零件的深度尺寸、台阶高低和槽的深度,其使用方法如图 5-12 所示;高度游标卡尺用于测量零件的高度及精密划线,其使用方法见图 5-13。

游标卡尺仅用于测量已加工的表面,表面粗糙的毛坯件不能用游标卡尺测量。

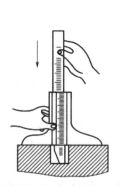

图 5-12 深度游标卡尺的使用方法

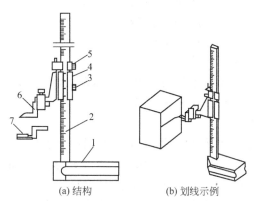

图 5-13 高度游标卡尺的使用方法
1—底座;2—尺身;3—紧固螺钉;4—尺框;
5—微动装置;6—划线爪;7—测量尺

千分尺 又称螺旋测微器,它是一种比游标卡尺更精密的量具,测量精度为 0.01mm。

图 5-14 所示为外径千分尺的结构,主要由尺架、砧座、测微螺杆、棘轮和锁紧手柄等部分组成。外径千分尺用于测量精密工件的外径、长度、厚度和形状偏差等。每种千分尺都有一个测量范围,它的测量范围是根据结构情况来确定的。外径千分尺测量范围有 0~25mm、25~50mm、50~75mm、75~100mm 及 100~125mm 等规格。

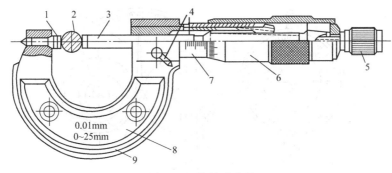

图 5-14 外径千分尺

1—砧座；2—工件；3—测微螺杆；4—锁紧手柄；5—棘轮；6—微分套筒；7—固定套筒；8—隔热装置；9—尺架

千分尺的固定套筒上有一条水平线，这条线上、下各有一列间距为 1mm 的刻度线，上面的刻度线恰好在下面两相邻刻度线中间，即上、下刻线相互错开 0.5mm。微分套筒上的刻度线是将圆周分为 50 等份的水平线，它是旋转运动的。根据螺旋运动原理，当微分套筒旋转一周时，测微螺杆前进或后退一个螺距（千分尺所用螺纹的螺距为 0.5mm），即当微分套筒旋转一个分度后，它转过了 1/50 周，这时测微螺杆沿轴线移动了 $1/50 \times 0.5 = 0.01$（mm）。所以千分尺微分套筒上每一小格的读数值为 0.01mm。

测量时，千分尺的读数方法是先读整数，以微分套筒端面为基准读出固定套管上露出刻线的整毫米数和半毫米数（0.5mm），注意看清露出的是上方刻线还是下方刻线，以免错读 0.5mm；然后读小数，以固定套管上的水平横线作为读数基准线，读出微分套筒上的刻度值，不足一格的数可用估读法确定。最后将上述两部分读数相加，即为被测工件的尺寸，如图 5-15 所示。

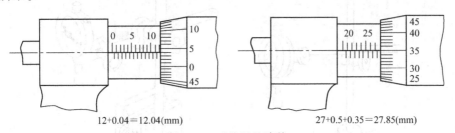

12+0.04=12.04(mm)　　　　　　27+0.5+0.35=27.85(mm)

图 5-15 千分尺的读数

千分尺在使用前应校对零点，即将砧座与螺杆接触，看圆周刻度零线是否与纵向中线对齐，且微分筒左侧棱边与尺身的零线重合，如有误差则应修正读数。测量前应将工件测量表面擦净，以免影响测量精度。不可用外径千分尺去测量粗糙的表面，避免损坏千分尺的精度。操作时手握尺架，先转动微分筒，当测量螺杆快要接触工件时，必须使用端部棘轮，当棘轮发出嗒嗒声时应停止转动，旋紧锁紧手柄即可读数。测量时应使千分尺的砧座与测微螺杆两侧面准确放在被测工件的直径处，不能偏斜。

除了上述的外径千分尺外，还有内径千分尺、深度千分尺、螺纹千分尺（测中径）、公法线千分尺等。

百分表　又称为丝表，是在零件加工或机器装配时检验尺寸精度和形状精度的一种指示式量具，测量精度为 0.01mm。常用的百分表有钟表式和杠杆百分表两种。百分表用于测量工件的形状误差、位置误差以及位移量，也可以用比较法测量工件的长度。

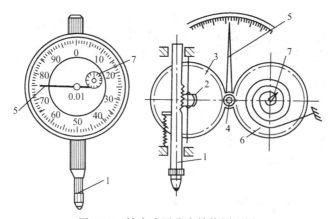

图 5-16 钟表式百分表结构原理图

1—测量杆；2,4—小齿轮；3,6—大齿轮；5—大指针；7—小指针

钟表式百分表的结构原理如图 5-16 所示。当测量杆 1 向上或向下移动 1mm 时，通过齿轮传动系统带动大指针 5 转一圈，小指针 7 转一格。刻度盘在圆周上有 100 个等分格，每格的读数值为 0.01mm，小指针每格读数为 1mm。测量时指针读数的变动量即为尺寸变化量。小指针处的刻度范围为百分表的测量范围。目前，国产的百分表测量范围有 0～3mm、0～5mm、0～10mm 三种。

测量时，测量杆被推向管内，测量杆移动的距离等于短指针的读数加上长指针的读数。

百分表使用时常装在万能表架或磁性表架上，见图 5-17。表架要安放平稳，以免使测量结果不准确或摔坏百分表。

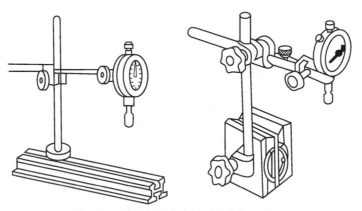

图 5-17 百分表装在专用百分表架上使用

用百分表测量零件时，测量杆必须垂直于被测量表面。即使测量杆的轴线与被测量尺寸的方向一致，否则将使测量杆活动不灵活或使测量结果不准确。测量时，不要使测量杆的行程超过它的测量范围；不要使测量头突然撞在零件上；不要使百分表和千分表受到剧烈的振动和撞击；亦不要把零件强迫推入测量头下，以免损坏百分表的机件而失去精度。

游标万能角度尺 也称万能量角器、角度规或游标角度尺，是一种通用的角度测量工具。游标的测量精度分为 2′ 和 5′ 两种，适用于机械加工中的内、外角度测量。它有扇形和圆形两种形式。

游标万能角度尺可测 0°～320° 外角及 40°～130° 内角，钳工常用的是测量精度为 2′ 的游标万能角度尺。

万能角度尺的结构如图 5-18 所示，由直尺、基尺、角尺和卡块等组成。

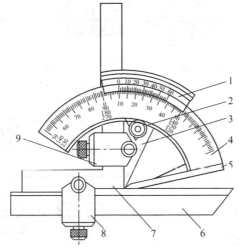

图 5-18　万能角度尺的结构

1—游标；2—制动器；3—扇形板；4—主尺；5—基尺；6—直尺；7—角尺；8,9—卡块

游标万能角度尺的读数方法和游标卡尺相似，先从主尺上读出副尺零线前的整度数，再从副尺上读出角度"分"的数值，两者相加就是被测工件的角度值，如图 5-19 所示。

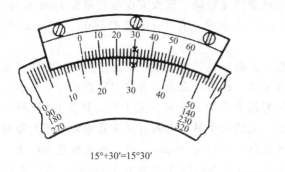

15°+30′=15°30′　　　　　　　　　　34°+36′=34°36′

图 5-19　万能角度尺的读数

测量前应先校对万能角度尺的零位，当角尺与直尺均装上，且角尺的底边及基尺均与直尺无间隙接触时，主尺与游标的"0"线对齐。测量时，应使游标万能角度尺的两个测量面与被测件表面在全长上保持良好接触，然后拧紧制动器上的螺母，锁紧后进行读数。

校零后的万能角度尺可以根据工件所测角度的大致范围组合基尺、角尺、直尺的相互位置，可测量 0°～320° 范围内的任意角度，如图 5-20 所示。

塞尺　是测量间隙的薄片量尺（图 5-21）。它由一组厚度不等的薄钢片组成，每片钢片上都印有厚度标记。测量时根据被测间隙的大小，选择厚度接近的薄片插入被测间隙（可以用几片重叠插入）。当一片或数片尺片能塞进被测间隙时，一片或数片的尺片厚度即为被测间隙的间隙值。若某被测间隙能插入 0.05mm 的尺片，换用 0.06mm 的尺片则插不进去，说明该间隙在 0.05～0.06mm 之间。

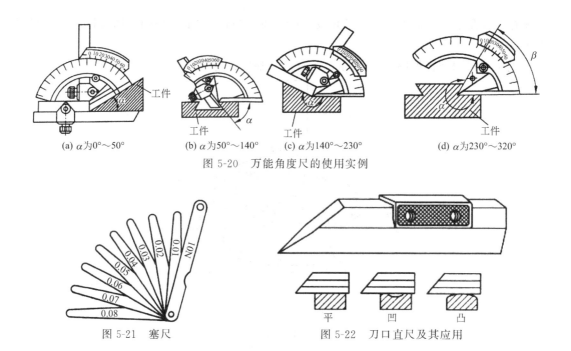

图 5-20 万能角度尺的使用实例

图 5-21 塞尺

图 5-22 刀口直尺及其应用

刀口直尺 也称作刀口尺、刀口平尺等，如图 5-22 所示。它是一种测量平面的精密仪器，刀口直尺具有结构简单，操作方便，测量效率高，重量轻，易保养，硬度高等特点，是机械加工常用的平面测量工具。刀口直尺的测量精度较高，直线度误差控制在 $1\mu m$ 左右。

刀口直尺的测量范围以尺身测量面长度 L 来表示，有 75mm、125mm、200mm 等多种，精度等级为 0 级和 1 级两种。

刀口直尺测量平面度时一般采用光隙法，光隙法是凭借人眼观察通过实际间隙的可见光隙量来判断间隙大小的一种方法，将刀口直尺置于被测表面上，并使刀口直尺与工件表面紧密接触，然后观察刀口直尺与被测表面之间的最大光隙，此时的最大光隙即为直线度误差。当光隙较大时，可用量块或塞尺测出误差值。光隙较小时，可通过标准光隙来估读光隙值大小。若间隙大于 0.0025mm，则透白光；间隙为 0.001～0.002mm 时，透光颜色为红光；间隙为 0.001mm 时，透光颜色为蓝色；刀口直尺与被测间隙小于 0.001mm 时，透光颜色为紫光；刀口直尺与被测间隙小于 0.0005mm 时，则不透光。

刀口角尺 也称作直角尺、90°平尺等，如图 5-23 所示。刀口角尺是一种测量直角面的精密仪器，与刀口直尺相似，但刀口角尺常常测量工件垂直度。刀口角尺的测量垂直度误差

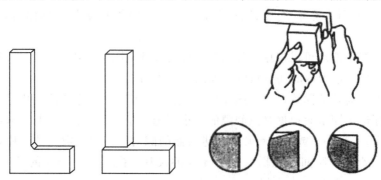

图 5-23 刀口角尺及其应用

控制在 $1\mu m$ 左右。

刀口直尺测量垂直度时也采用光隙法，使用方法与刀口直尺类似，但是，在测量工件垂直度时，应注意将刀口角尺的短边与零件的基准面完全贴合测量。

塞规和卡规 是一种无刻线的专用量具，通称为量规，如图 5-24 所示。其结构简单、制造容易、使用方便，被广泛应用于大批量生产中。

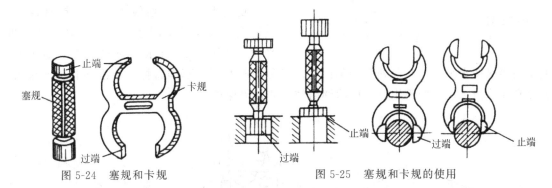

图 5-24 塞规和卡规　　　　图 5-25 塞规和卡规的使用

塞规是用来测量孔径或槽宽的。它的两端分别称为"过端"和"止端"。过端的长度较长，直径等于工件的下限尺寸（最小孔径或最小槽宽）。止端的长度较短，直径等于工件的上限尺寸。用塞规检验工件时，当过端能进入孔（或槽）时，说明孔径（槽宽）大于最小极限尺寸；当止端不能进入孔（或槽）时，说明孔径（或槽宽）小于最大极限尺寸（图 5-25）。只有当过端进得去，而止端进不去时，才说明工件的实际尺寸在公差范围之内，是合格的。否则，工件尺寸不合格。

卡规是用来检验轴径或厚度的。和塞规相似，也有过端和止端，使用的方法亦和塞规相同。与塞规不同的是：卡规的过端尺寸等于工件的最大极限尺寸，而止端的尺寸等于工件的最小极限尺寸。

用量规检验工件时，只能判断工件尺寸是否合格，不能测出工件的具体实际尺寸。量规在使用时省去了读数的麻烦，操作极为方便。

量具是用来测量工件尺寸的工具，在使用过程中应精心维护与保养，才能保证零件测量精度，延长量具的使用寿命。

5.2.2 划线

根据图样的尺寸要求，用划线工具在毛坯或半成品工件上划出加工界线或待加工部位的操作称为划线。

5.2.2.1 划线的作用

划线是切削加工工艺过程的重要工序，工件坯料或半成品加工时，常将划线作为加工或校正尺寸和相对位置的依据，划线的精确性直接关系着零件的加工质量和生产效率。因此，划线前，必须仔细分析零件图的技术要求和工艺过程，合理地确定划线位置的分布、划线的步骤和方法，划出的每一根线应正确、清晰，防止划错。

划线也可检查坯件是否合格，对合格的坯件定出加工位置，标明加工余量；对有缺陷但尚可补救的坯件，采用划线借料法，特定地分配加工余量，以加工出合格的零件。

5.2.2.2 划线的种类

划线方法分平面划线和立体划线两种，如图 5-26 所示。平面划线是在工件的一个平面

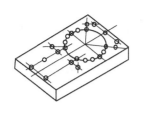
(a) 平面划线

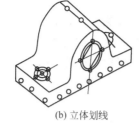
(b) 立体划线

图 5-26　平面划线与立体划线

上划线；立体划线是平面划线的复合，是在工件的几个表面上划线，即在长、宽、高三个方向划线。

5.2.2.3　划线工具

（1）划线平台

划线平台又称划线平板，用铸铁制成，它的上平面经过精刨或刮削，是划线的基准平面。如图 5-27 所示。安放时要平稳牢固，上平面要保持水平。平面各处要均匀使用，以免局部磨凹。不准碰撞，不准在其表面敲击，要经常保持清洁。长期不用时，应涂油防锈，并加盖保护罩。

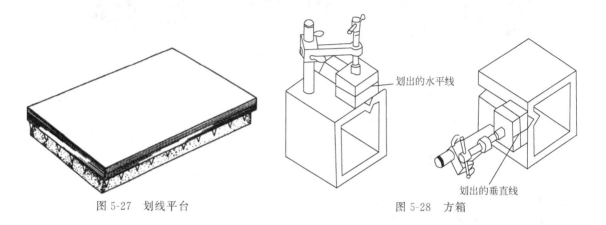

图 5-27　划线平台　　　　　图 5-28　方箱

（2）方箱

如图 5-28 所示，方箱是用铸铁制成的空心立方体，它的六面都经过精加工，相邻各面互相垂直，用于夹持、支承尺寸较小而加工面较多的工件。只需翻转方箱，便可在工件的表面上划出互相垂直的直线。

（3）V 形铁

如图 5-29 所示，V 形铁用于支承圆柱形的工件，使工件轴线与平台平面（划线基面）平行。

 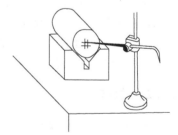

图 5-29　V 形铁

（4）千斤顶

千斤顶用来在平板上支承工件，其高度可以调整，用于不规则或较大工件的划线找正，通常三个为一组，如图 5-30 所示。

（5）划针

划针是用来在工件表面划线的工具，常用工具钢或弹簧钢丝制成，划针直径为 3～6mm，尖端淬火并磨成 15°～20°。划线时，划针要依靠钢尺或角尺等导向工具而移动，并向外侧倾斜约 15°～20°，向划线方向倾斜约 45°～75°（图 5-31）。用划针划线时尽量一次划出并使线条清晰、准确。

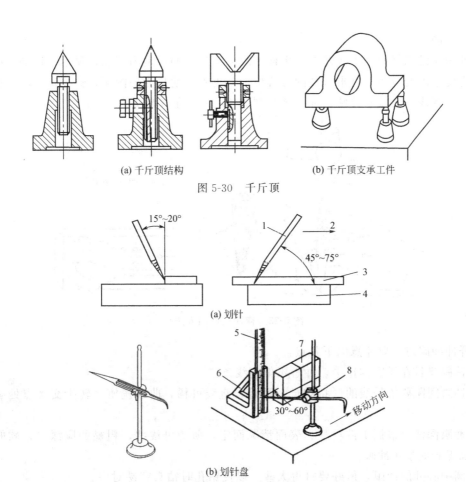

(a) 千斤顶结构　　(b) 千斤顶支承工件

图 5-30　千斤顶

(a) 划针

(b) 划针盘

图 5-31　划针与划针盘

1—划针；2—移动方向；3,5—金属直尺；4,7—工件；6—尺座；8—划针盘

（6）划针盘

主要用于立体划线和找正工件位置。将划针调整到一定高度，并在平板上移动划针盘，即可在工件上划出与平板平等的水平线。用划针盘划线时，要注意划针装夹牢固，伸出长度要短，以免产生抖动。底座要保持与划线平板紧贴，不要摇晃和跳动。

（7）划规

划规是划圆或弧线、等分线及量取尺寸等用的工具。它的用法与制图中圆规相同，如图 5-32 所示。

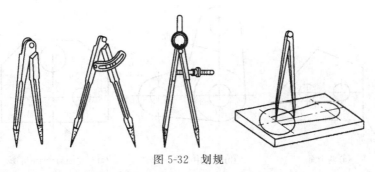

图 5-32　划规

（8）样冲

样冲是在已划好的加工线条上打出样冲眼的工具。冲眼是为了强化显示划针划出的加工界线，也使划出的线条具有永久性的位置标记；再者，就是为划圆弧、钻孔定中心。样冲一般用工具钢制成，尖端处淬硬，冲尖顶角磨成45°～60°角，参见图5-33。

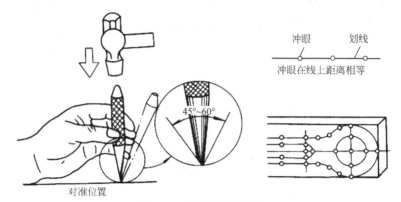

图5-33 样冲的使用方法

用样冲冲眼时，要注意以下几点：

① 冲眼要打在线宽的正中，冲心不偏离线条。

② 冲眼间距要依划线的形状和长短而定，直线可稀，曲线稍密，转折交叉点处必须有冲眼。

③ 冲眼深浅要根据工件材料、表面情况而定，薄的可浅些，粗糙的应深些，软的应轻些，精加工表面禁止冲眼。

④ 圆中心处的冲眼，最好要打得大些，以便钻孔时钻头容易对中。

5.2.2.4 划线的基准选择

划线时需要选择工件上某个点、线或面作为依据，用来确定工件上其他各部分尺寸、几何形状和相对位置，作为划线依据所选的点、线或面称为划线基准。

划线时，划线基准与设计基准应一致。合理选择基准能提高划线质量和划线速度，并避免失误。

选择划线基准的原则：将零件图上标注尺寸的基准作为划线基准；如果毛坯上有孔或凸起部分，应以孔或凸起部分中心为划线基准；如果工件上已有一个已加工表面，应以加工过的平面为划线基准，如果都是未加工表面，则应以较平整的大平面作为划线基准。

常见的划线基准有三种类型：

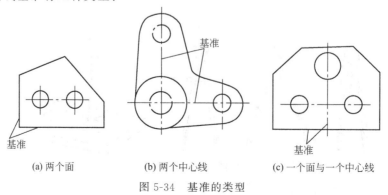

(a) 两个面　　(b) 两个中心线　　(c) 一个面与一个中心线

图5-34 基准的类型

① 以两个互相垂直的平面（或线）为基准，如图 5-34(a) 所示。
② 以两互相垂直的中心平面（或线）为基准，如图 5-34(b) 所示。
③ 以一个平面与一对称平面（或线）为基准，如图 5-34(c) 所示。

5.2.2.5 划线的方法

（1）平面划线

平面划线与平面作图方法类似，所不同的是：平面作图是用铅笔、塑料三角板等在纸上画图；平面划线是用划针、划规、直角尺、钢尺等在工件表面上划出所要求的点或线。

（2）立体划线

立体划线是平面划线的复合运用，它和平面划线有许多相同之处，不同的是在两个以上的面划线，划线基准一经确定，其后的划线步骤大致相同。

立体划线步骤：

① 研究图纸，确定划线基准，检查毛坯是否合格。
② 清理毛坯上的疤痕，在划线部位涂色。
③ 支撑工件，找正，并划出基准线，然后再划水平线。
④ 翻转工件，找正，划出互相垂直的线。
⑤ 检查划出的线是否正确，最后打上样冲眼。

（3）划线示例

下面将以轴承座为例来进行具体划线操作，如图 5-35 所示。

① 根据图样，检查并清理毛坯，在相应的划线部位涂色、堵孔。由图 5-35(a) 及其工艺要求可知，工件上需划线的部位为两端平面及其侧面、φ50 内孔和两个 φ13 螺栓孔。

② 选择划线基准并确定工件的定位方法及定位顺序。图样中 φ50 内孔是作为设计基准的重要的孔，划线时应以此孔中心线为划线基准，这样，才能保证加工时孔壁厚度均匀、轴承座内孔中心线距底座平面的高度尺寸 100 及两个 φ13 孔距的要求。因此，该工件的划线分布在三个表面上，需安放三次才能完成划线工件。

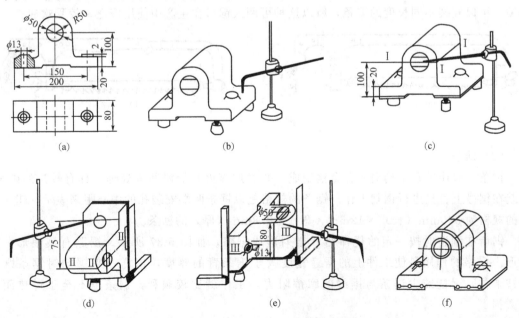

图 5-35 轴承座的立体划线

③ 首先用三个千斤顶支承工件底面，进行工件的第一次定位。调整千斤顶的高度，并用划针盘找正工件，使轴承座内孔两端的中心线调整到相同高度，并尽量保证底平面处于水平位置，见图 5-35(b)。

④ 划水平基准线及底面四周加工线，见图 5-35(c)。先以 $R50$ 外圆轮廓线为找正基准，划出 $\phi 50$ 轴承内孔、$R50$ 外圆轮廓的中心，并试划出 $\phi 50$ 圆周线，若轴承内孔与外圆轮廓偏心过大，则通过适当借料重新找正中心位置，然后划出水平基准线Ⅰ—Ⅰ及底面的四周加工线。

⑤ 将工件翻转 90°，进行第二次定位，划垂直基准线及两个 $\phi 13$ 小孔的一条中心线，见图 5-35(d)。继续用三个千斤顶支承工件，并用 90°直角尺找正，使轴承孔两端的中心线处于同一水平高度并保证底面加工线处于垂直位置，然后，划出垂直基准线Ⅱ—Ⅱ及两小孔的一条基准线。

⑥ 将工件再翻转 90°，进行工件的第三次定位，划两小孔的另一条中心线、两端面的加工线及其他轮廓线，见图 5-35(e)。工件定位及找正方法同上，先试划两小孔中心线Ⅲ—Ⅲ，然后，以两孔的中心为基准，试划出两端加工线。若有偏差，则通过适当借料来调整两小孔中心，再划出两端面加工线及轴承孔、两小孔轮廓线。

⑦ 检查划线是否正确，有无遗漏，然后打样冲眼，见图 5-35(f)。

5.2.3 锯削

锯削是指用手锯将金属材料进行切断或切槽的一种加工方法。

5.2.3.1 手锯

手锯是手工锯削的工具，包括锯弓和锯条两部分。

(1) 锯弓

锯弓是用来张紧锯条的，有固定式和可调式两种，如图 5-36 所示。固定式弓架是整体的，只能装一种长度规格的锯条。可调式锯弓的弓架分成前后两段，前段套在后段内，可以伸缩，可以安装不同长度的锯条，所以这种可调式锯弓在生产中使用广泛，较受欢迎。

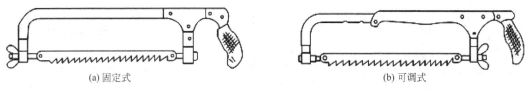

(a) 固定式　　　　　　　　　　　(b) 可调式

图 5-36　手锯

(2) 锯条

锯条一般用碳素工具钢或合金钢制成，并经过淬火和低温回火处理，具有较高的硬度，安装在锯弓上直接进行锯割工作。锯条的规格是以锯条两端安装孔的中心距来表示，钳工常用的规格为 300mm（长）×12mm（宽）×0.8mm（厚）的锯条。

锯齿在制造时按一定的规律错开排列形成锯路，如图 5-37 所示。锯路有波浪形、交叉形。锯路的作用是使工件上的锯缝宽度大于锯条背的厚度，这样一来锯割时锯条既不会被卡住，又能减少锯条与锯缝的摩擦阻力，工作就比较顺利，锯条也不至于过热而加快磨损。

锯条按照锯齿齿距大小分为粗齿、中齿、细齿三种。锯削时，根据工件材料的硬度及薄

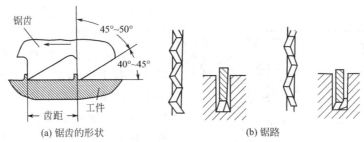

图 5-37 锯齿的形状与锯路

厚选用不同粗细的锯条。锯软性材料或截面大的材料时,容屑空间大,应选用粗齿锯条;锯硬性材料或截面小的材料时,同时切削的齿数要多,而且切削量少且均匀,为尽可能减少崩齿,这时要选用中齿甚至细齿锯条。

5.2.3.2 锯削操作

(1) 锯条的安装

将锯齿尖部方向冲前装夹在锯弓上,注意锯齿方向,保证手锯在向前推进时进行切削,如果装反了,则锯齿前角为负值,切削很困难,不能正常的锯割。

锯条的松紧也要控制适当,太紧时锯条受力太大,在锯割中稍有阻止而产生弯折时,就很容易崩断。太松则锯割时锯条容易扭曲,也很可能折断,而且锯出的锯缝容易发生歪斜,一般用两个手指的力旋紧为止。

(2) 工件的夹持

工件被锯部分最好夹持在台虎钳左侧且伸出钳口不应过长,以增加工件的刚性,避免锯削时的振动。工件应夹持稳固,夹紧力要适度,已加工面上须垫软金属垫,不可直接夹持在钳口上,以防止工件变形和夹坏已加工表面。

(3) 锯削

锯削过程分起锯、锯切和结束三个阶段。

起锯是锯割工作的开始,起锯质量的好坏,直接影响锯割的质量。起锯时,右手握住锯弓手柄,左手拇指指甲挡住锯条,锯条应与工件表面倾斜,起锯角约15°。起锯角太小,锯齿不易切入工件,产生打滑,但也不能过大,以免崩齿。起锯时压力要轻,锯弓往复行程要短,锯条要与零件表面垂直,当起锯到槽深2~3mm时,起锯可结束,应逐渐将锯弓改至水平方向进行正常锯削,如图5-38所示。

起锯的方法有近起锯和远起锯两种。一般情况下采用远起锯比较好,因为此时锯齿是逐步切入材料的,锯齿不易被卡住,起锯也比较方便。如果用近起锯,则掌握不好时,锯齿由

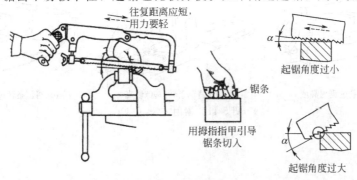

图 5-38 起锯方法

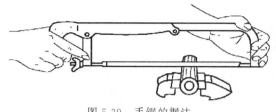

图 5-39 手锯的握法

于突然切入较深的材料,容易被工件棱边卡住,甚至崩断。

正常锯削时,须双手握锯(图 5-39)。锯削时右手握锯柄,左手轻握弓架前端,锯弓应直线往复,不可摆动。前推时加压要均匀,返回时从工件上轻轻滑过。锯割速度不宜过快或过慢。过快时锯条容易磨损,反而降低切削效率。速度太慢,效率不高,并容易折断锯条。锯割速度一般掌握在每分钟 20～40 次为宜。锯割时,锯条的往返行程应不小于锯条全长的 2/3。若只集中于局部长度使用,则锯条的使用寿命将会缩短。

当锯削即将结束时,用力应轻,速度要慢,行程要小,并用手扶住被锯下的部分,以免该部分落下砸脚。

5.2.3.3 锯削应用

① 锯削圆钢。如果断面要求平整,则应从起锯开始由一个方向连续锯到结束,若要求不高,可从几个方向锯下,以减小锯切面,提高工作效率,见图 5-40(a)。

② 锯削扁钢、型钢。在锯口处划一周圈线,分别从宽面的两端锯下,两锯缝将要接触时,轻轻敲击使之断裂分离,见图 5-40(b)。

③ 锯削圆管。选用细齿锯条,当管壁锯透后,随即将管子沿着推锯方向转动一个适当角度,再继续锯割,依次转动,直至将管子锯断,见图 5-40(c)。

④ 锯削薄板。锯削时尽可能从宽面锯下去,若必须从窄面锯下时,可用两块木垫夹持,连木块一起锯下,以防振动和变形,见图 5-40(d)。

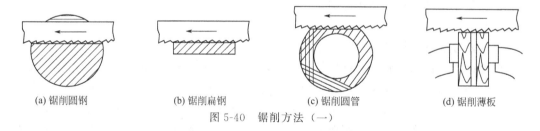

(a) 锯削圆钢　　　(b) 锯削扁钢　　　(c) 锯削圆管　　　(d) 锯削薄板

图 5-40 锯削方法(一)

⑤ 锯削深缝。当锯缝的深度超过锯弓高度时,应将锯条转 90°重新装夹,当锯弓高度仍不够时,可把将锯齿朝向锯内装夹进行锯削,见图 5-41。

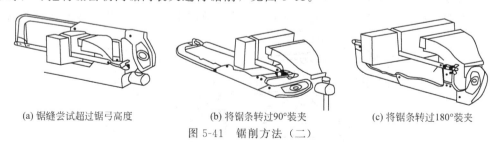

(a) 锯缝尝试超过锯弓高度　　　(b) 将锯条转过90°装夹　　　(c) 将锯条转过180°装夹

图 5-41 锯削方法(二)

5.2.4 锉削

锉削是指用锉刀对工件表面进行切削,使它达到零件图所要求的形状、尺寸和表面粗糙度的一种加工方法。锉削可对工件上的平面、曲面、内外圆弧、沟槽以及其他复杂表面进行加工。锉削加工简便，工作范围广，多用于錾削、锯割之后。锉削最高加工精度可达到 IT7、IT8 级，表面粗糙度可达 $Ra=0.8\mu m$，可用于成形样板，模具型腔以及部件、机器装配时的工件修整，是钳工主要操作方法之一。

5.2.4.1 锉刀

（1）锉刀的结构及用途

锉刀是锉削的主要工具，常用碳素工具钢 T12、T13 制成，并经热处理淬硬至 62～67HRC。由锉刀面、锉刀边、锉刀舌、锉刀尾、锉柄等部分组成，如图 5-42 所示。

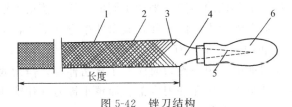

图 5-42 锉刀结构

1—锉刀面；2—锉刀边；3—底齿；4—锉刀尾；5—锉刀舌；6—锉柄

锉刀按用途可分为普通锉、特种锉和整形锉。普通锉按截面形状可分平锉（扁锉）、方锉、圆锉、半圆锉、三角锉。平锉常用于锉平面、外圆面和凸圆弧面；方锉用于锉平面和方孔；三角锉用于锉平面、方孔及 60°以上的锐角；圆锉用于锉圆和内弧面；半圆锉用于锉平面、内弧面和大的圆孔，如图 5-43 所示。

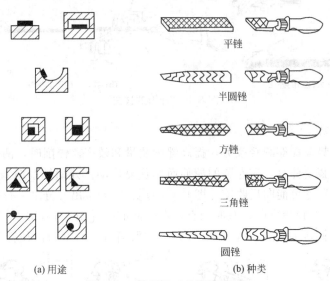

(a) 用途　　　　　　　　　　(b) 种类

图 5-43 普通锉刀种类及用途

锉刀的规格一般以锉刀长度、齿纹粗细来表示。

锉刀大小以工作部分的长度表示，按其长度可分为 100mm、150mm、200mm、250mm、300mm、350mm 和 400mm 等七种。按其齿纹可分为单齿纹锉刀和双齿纹锉刀。锉刀齿纹多制成交错排列的双纹，便于断屑和排屑，使锉削省力；也有单纹锉刀，一般用于锉铝等软材料。按每 10mm 长度锉面上齿纹的多少，锉刀可分为粗齿锉、中齿锉、细齿锉、最细齿锉（油光锉）。

(2) 锉刀的选用

合理选用锉刀，有利于保证加工质量、提高工作效率和延长锉刀寿命。

通常，先按加工面的形状和大小选用锉刀的截面形状和规格，随后，再按工件材料的性质、加工余量大小、加工精度和表面粗糙度的要求选用不同粗细齿纹的锉刀。

粗加工和锉削软金属（铜、铝等）时，选用粗锉刀，这种锉刀齿间距大，不易堵塞；半精加工钢、铸铁等工件时，选用细锉刀；修光工件表面时，选用油光锉刀。

5.2.4.2 锉削操作

(1) 锉刀的握法

根据锉刀大小及工件加工部位的不同，采用不同的握法。使用大锉刀时，应右手心抵着锉刀木柄的端头，大拇指放在锉刀木柄的上面，其余四指弯在下面，配合大拇指捏住锉刀木柄。左手则根据锉刀大小和用力轻重，有多种姿势。使用中锉刀时，右手握法与大锉刀相同，左手用大拇指捏住锉刀前端。用小锉刀时应右手食指伸直，拇指放在锉刀木柄上面，食指靠在锉刀的边上，左手几个手指压在锉刀中部。而更小锉刀（什锦锉）的握法，一般只用右手拿着锉刀，食指放在锉刀的左侧，如图 5-44 所示。

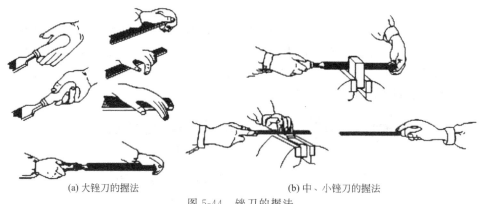

(a) 大锉刀的握法　　(b) 中、小锉刀的握法

图 5-44　锉刀的握法

(2) 锉削的姿势

正确的锉削姿势，能够减轻疲劳，提高锉削质量和效率。锉削时，两脚站稳不动，身体重量放在左脚，右膝要伸直，靠左膝的屈伸而作往复运动。开始锉削时身体向前倾斜10°左右，左肘弯曲，右肘尽可能向后收缩［图 5-45(a)］。锉刀推出三分之一行程时，身体逐渐向前倾斜约15°左右，左腿稍弯曲，左肘稍直，右臂向前推［图 5-45(b)］。锉刀推到三分之二行程时，身逐渐倾斜到18°左右［图 5-45(c)］。左肘渐直，右臂向前使锉刀继续推进，直到

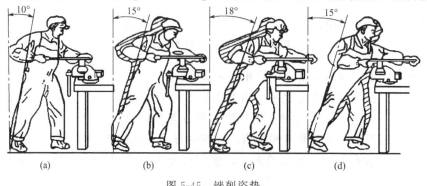

图 5-45　锉削姿势

推尽，身体随着锉刀向前推的同时自然退回到15°位置上［图5-45(d)］。锉削行程结束后，把锉刀略为抬起，使身体与手回复到开始时的姿势，如此反复。

锉削过程中，两手用力也时刻在变化，如图5-46所示。开始时，左手压力大推力小，右手压力小推力大。随着推锉过程，左手压力逐渐减小，右手压力逐渐增大。锉刀回程时不加压力，以减少锉齿的磨损。锉刀往复运动速度一般为每分钟30～40次，推出时慢，回程时可快些。太快，操作者容易疲劳，且锉齿易磨钝；太慢，切削效率低。

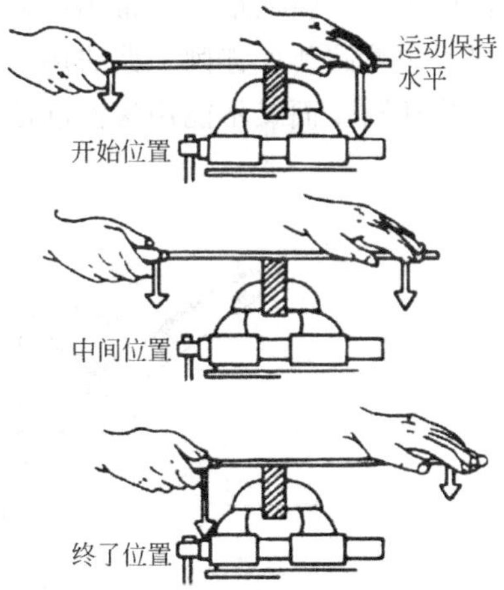

（3）锉削操作时应注意事项

① 有硬皮或砂粒的铸件、锻件，要用砂轮磨去后，才可用半锋利的锉刀或旧锉刀锉削。

② 锉削时不可用手摸被锉过的工件表面，因手有油污会使锉削时锉刀打滑。

③ 锉刀齿面塞积切屑后，用钢丝刷顺着锉纹方向刷去锉屑。

④ 锉削速度不可太快，否则会打滑。锉削回程时，不要再施加压力，以免锉齿磨损。

⑤ 锉刀材料硬度高而脆，切不可摔落地下或把锉刀作为敲击物和杠杆。

图5-46 锉削时的用力情况

5.2.4.3 锉削的方法

（1）平面锉削

平面锉削是最基本的锉削，常用的方法有三种：

① 顺向锉法：顺着同一个方向对工件进行锉削，是最基本的一种锉削方法，它能得到正直的锉痕，比较整齐美观，适用于锉削小平面和最后修光工件，如图5-47(a)所示。

② 交叉锉法：以交叉的两方向顺序对工件进行锉削。锉刀与工件接触面积大，易掌握平稳，而且从交叉的痕迹容易判断锉削表面的不平程度，因而也更容易把表面锉平。交叉锉去屑较快，效率高，适用于平面的粗锉。一般锉削余量大时，可在锉削的前阶段交叉锉，以提高工作效率。当锉削刀余量变少后，再改用顺向锉，使锉纹方向一致，得到较光滑的表面，如图5-47(b)所示。

③ 推锉法：两手对称地握住锉刀，用两大拇指推锉刀进行锉削。这种方法适用于表面较窄且已经锉平、加工余量很小的情况下，用来修正尺寸和减小表面粗糙度，如图5-47(c)所示。

（2）圆弧面（曲面）锉削

锉削外圆弧面时，锉刀既要向前推进，又要绕圆弧面中心转动。前推是完成锉削，转动

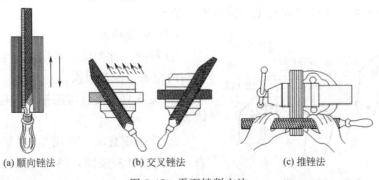

(a) 顺向锉法　　(b) 交叉锉法　　(c) 推锉法

图5-47 平面锉削方法

是保证锉出圆弧面形状。常用的外圆弧面锉削方法有滚锉法和横锉法（图 5-48），滚锉法是用锉刀顺着圆弧面锉削，此法用于精锉外圆弧面；横锉法是用锉刀横着圆弧面锉削，此法用于粗锉外圆弧面或不能用滚锉削法的情况。

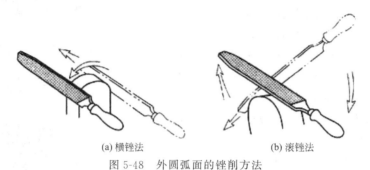

(a) 横锉法　　　　　　　(b) 滚锉法

图 5-48　外圆弧面的锉削方法

锉削内圆弧面时，锉刀可选用圆锉、半圆锉及方锉（圆弧半径较大时）。锉刀要同时完成三个运动：锉刀的前推运动、锉刀随圆弧面的左右移动和锉刀自身的转动（图 5-49）。三个运动要协调配合，才能保证锉出的弧面光滑、准确。

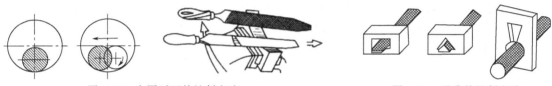

图 5-49　内圆弧面的锉削方法　　　　　图 5-50　通孔的锉削方法

（3）通孔锉削

根据通孔的形状、工件材料、加工余量、加工精度和表面粗糙度来选择所需的锉刀。通孔的锉削方法如图 5-50 所示。

5.2.4.4　锉削质量与检查

（1）锉削的质量问题

① 平面中凸、塌边和塌角：由操作不熟练，锉削力运用不当或锉刀选用不当造成。

② 形状、尺寸不准确：由划线错误或锉削过程中没有及时检查工作尺寸造成。

③ 表面较粗糙：由锉刀粗细选用不当或锉屑卡在锉齿间造成。

④ 锉了不应该锉的部分：由锉削时锉刀打滑，或没注意锉刀工作边带锉齿和不带锉齿的光边造成。

⑤ 工件被夹坏：由在台虎钳上夹持力不当造成。

（2）质量检查

① 检查尺寸精度：可用游标卡尺在工件全长不同的位置上测量数次。

② 检查直线度：可用钢尺和直尺以光隙法来检查。

③ 检查垂直度：可用 90°平尺采用光隙法检查。应先选择基准面，然后对其他各面进行检查（图 5-51）。

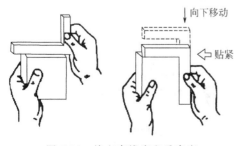

图 5-51　检查直线度和垂直度

④ 检查表面粗糙度：一般用眼睛观察即可。如要求准确，可用表面粗糙度样板对照检查。

5.2.5 錾削

錾削是用手锤敲击錾子，对金属工件进行切削加工的方法。錾削具有较大的灵活性，它不受设备、场地的限制，可以加工平面、沟槽，切断工件，分割板料，清理铸件、锻件上的飞边、毛刺、浇冒口等。

5.2.5.1 錾削工具

（1）手锤

手锤是錾削工作中不可或缺的工具，用錾子錾削工件，必须靠手锤的锤击力才能完成。手锤由锤头、木柄和楔子组成。手锤的规格以锤头的重量来表示，有 0.25kg、0.5kg、0.75kg、1kg 等。锤头用 T7 钢制成，并经热处理淬硬。木柄用比较坚韧的木材制成，常用 0.5kg，手锤柄长约 350mm。木柄装在锤头中，必须稳固可靠，防止脱落造成事故。为此，装木柄的孔做成椭圆形，且两端大中间小。木柄敲紧在孔中后，端部再打入楔子，以防松动。木柄做成椭圆形，除防止锤头孔发生转动以外，握在手中也不易转动，便于进行准确敲击。

（2）錾子

錾子一般都用碳素工具钢（T7 或 T8）锻打成形后进行刃磨，并经淬火和回火处理，长度为 170mm 左右，由切削部分、柄部和头部三个部分组成。头部一般制成锥形，以便锤击力能通过錾子轴心。柄部一般制成六边形，以便操作者定向握持。

常用的錾子有扁錾（平錾）、窄錾（尖錾）和油槽錾三种，如图 5-52 所示。扁錾的切削刃较长，切削部分扁平，用于平面錾削，去除凸缘、毛刺、飞边，切断材料等，应用最广；窄錾切削刃较短，且刃的两侧面自切削刃起向柄部逐渐变狭窄，以保证在錾槽时，两侧不会被工件卡住。窄錾用于錾槽及将板料切割成曲线等；油槽錾的切削刃制成半圆形且很短，切削部分制成弯曲形状，主要用来铲切润滑油槽。

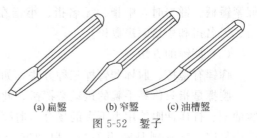

图 5-52　錾子

5.2.5.2 錾削操作

（1）錾子的握法

錾子的握法分正握法、反握法和立握法三种，如图 5-53 所示。

正握法：手心向下，腕部伸直，用中指、无名指握住錾子，小指自然合拢，食指和大拇指自然伸直地松靠，錾子头部伸出约 20mm。这种握法适合于錾削平面。

反握法：手心向上，手指自然捏住錾子，手掌悬空。这种握法适合于錾削小平面和侧面。

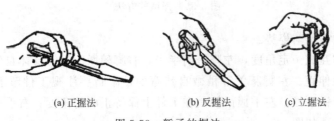

图 5-53　錾子的握法

立握法：左手拇指与食指捏住錾子，中指、无名指和小指轻轻扶持錾子。这种握法适合于垂直錾削，如在铁砧上錾断材料等。

錾削时錾子不要握得太紧，握得太紧，手所受的振动就大。小臂要自然放平，錾子的倾斜角（即后角）α 为 5°～8°。

（2）手锤的握法

手锤的握法有紧握法和松握法两种，如图 5-54 所示。初学者往往采用紧握法。

紧握法是用右手五指紧握锤柄，大拇指合在食指上，虎口对准锤头方向，木柄尾端露出 15～30mm。敲击过程中五指始终紧握。

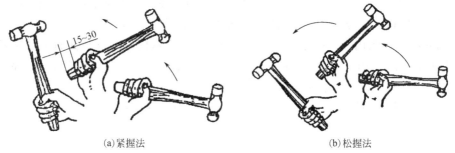

(a)紧握法　　　　　　　　　　(b)松握法

图 5-54　手锤的握法

松握法可减轻操作者的疲劳。操作熟练后，可增大敲击力。使用时用大拇指和食指始终握紧锤柄。锤击时，中指、无名指、小指在运锤过程中依次握紧锤柄。挥锤时则相反，小指、无名指和中指顺序放松。

（3）挥锤的方法

挥锤有腕挥、肘挥和臂挥三种方法，如图 5-55 所示。

腕挥是指只依靠手腕的运动来挥锤，此时锤击力较小，一般用于錾削的开始和结尾，或錾油槽、打样冲眼等用力不大的场合。肘挥是利用腕和肘一起运动来挥锤，它敲击力较大，应用最广。臂挥则是利用手腕、肘和臂一起挥锤，其锤击力最大，用于需要大力錾削的场合。

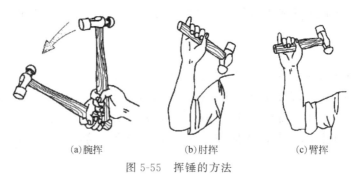

(a)腕挥　　　　(b)肘挥　　　　(c)臂挥

图 5-55　挥锤的方法

（4）錾削时的步位与姿势

錾削时，两脚互成一定角度，左脚跨前半步，右脚稍微向后，身体自然站立，重心偏于右脚，右脚要站稳伸直。左脚膝关节稍微自然弯曲，眼睛要注视工件錾削处，观察錾削情况，不要注视錾子锤击处。左手握铲使其在工件上保持正确的角度；右手挥锤，使锤头沿弧线运动，进行敲击，如图 5-56 所示。

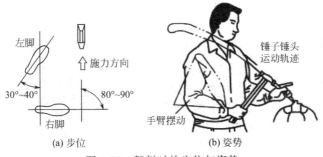

图 5-56 錾削时的步位与姿势

(5) 錾削要领

起錾时，錾子尽可能向右倾斜 45°左右，从工件尖角处向下倾斜 30°，轻打錾子，这样錾子便容易切入材料，不会产生滑脱、弹跳等现象，錾削余量也能准确控制。有时不允许从工件边缘尖角处起錾（如錾槽），则起錾时切削刃抵紧起錾部位后，錾子头部向下倾斜，至錾子与工件起錾端面基本垂直为止，再轻敲錾子，起錾即能准确顺利地完成，如图 5-57(a) 所示。

当錾削快到尽头时，要防止工件边缘材料的崩裂，尤其是錾铸铁、青铜等脆性材料时更应该注意。一般情况下，当錾削到距工件尽头约 10mm 时，应调转錾子来錾掉余下的部分，以保证錾削质量，如图 5-57(b) 所示。

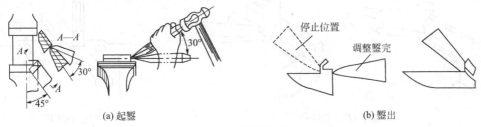

图 5-57 起錾和錾出

在錾削过程中，每分钟锤击次数在 40 次左右。刃口不要老是顶住工件，每錾二三次后，将錾子退回一些，这样既可观察錾削刃口的平整度，又可使手臂肌肉放松一下，效果较好。

5.2.5.3 錾削方法

(1) 錾平面

较窄的平面可用平錾进行，每次厚度为 0.5～2mm。太少容易滑掉，太多则錾削费力且不易錾平。对于宽平面，应先用窄錾开槽，槽间的宽度约为平錾錾刃宽度的 3/4，然后再用平錾錾平。为了易于錾削，平錾錾刃应与前进方向成 45°角，如图 5-58 所示。

(2) 錾油槽

錾油槽时，要根据图纸上油槽的断面形状、尺寸，把油槽錾的切削部分刃磨准确。在錾削平面上的油槽时，錾削方法与錾削平面基本一致；在錾削曲面上的油槽时，则錾子的倾斜度要随着曲面而变动，使錾削的后角保持不变，保证油槽錾得深浅均匀，表面平滑，如图 5-59 所示。

(3) 錾断

在缺乏机械设备的情况下，有时需要用錾子来錾断板料。錾断 4mm 以下的薄板和小直径棒料，可以在台虎钳上进行。錾切时，要使板料的切断线与钳口平齐，用扁錾沿着钳口

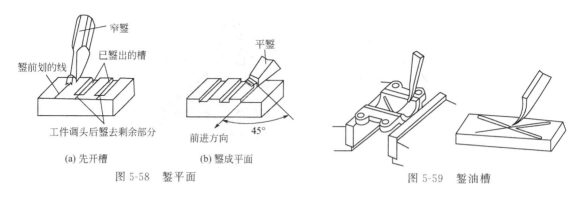

(a) 先开槽　　　　　　　(b) 錾成平面

图 5-58　錾平面　　　　　　　　图 5-59　錾油槽

并斜对着板料（约 45°），自右向左錾切。錾切时，錾子的刃口不能正对着板料錾切，否则，会由于板料的弹动和变形造成切断处产生不平整或裂缝，如图 5-60(a) 所示。

对尺寸较大的板料或切线有曲线而不能在台虎钳上錾切的工件，可在铁砧（或旧木板）上进行。此时，切断用錾子的切削刃应磨成适当的弧形，以使前后錾痕连接齐整。当錾切直线段时，錾子切削刃的宽度可宽些（用扁錾）；錾切曲线时，刃宽应根据其曲率半径大小而定，以使錾痕能与曲线基本一致。錾切时，应由前向后錾，开始时錾子应放斜些，似剪切状，然后逐步放垂直，依次逐步錾切，如图 5-60(b) 所示。

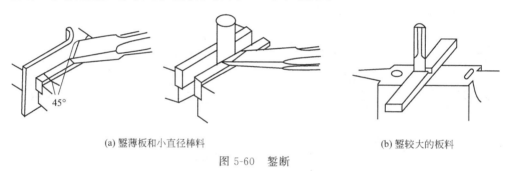

(a) 錾薄板和小直径棒料　　　　　　　　(b) 錾较大的板料

图 5-60　錾断

5.2.6　钻孔、扩孔、铰孔

各种零件的孔加工，除一部分由车、镗、铣等机床完成外，很大一部分是由钳工利用钻床和钻孔工具（钻头、扩孔钻、铰刀等）完成的。钳工加工孔的操作一般指钻孔、扩孔和铰孔。

5.2.6.1　钻孔

用钻头在实体材料上加工孔的操作叫钻孔。

钳工钻孔多在钻床上进行，有时也利用手电钻钻孔。在钻床上钻孔时，一般情况下，钻头应同时完成两个运动（图 5-61）：主运动，即钻头绕轴线的旋转运动（切削运动）；辅助运动，即钻头沿着轴线方向对着工件的直线运动（进给运动）。钻孔时，由于钻头结构上存在缺点，影响加工质量，加工精度一般在 IT10 级以下，表面粗糙度为 $Ra12.5$ 左右，多用于粗加工。

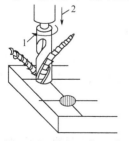

图 5-61　孔加工的运动
1—旋转运动；2—进给运动

（1）钻床

常用的钻床有台式钻床、立式钻床和摇臂钻床三种。

① 台式钻床。台式钻床（简称台钻）是一种小型钻床

（图 5-62），一般安放在工作台上使用，其钻孔直径一般小于 15mm。由于加工孔径较小，台钻的主轴转速较高，最高转速可高达近万转/分，最低亦在 400 转/分左右。台钻主轴进给是手动的，主轴的转速可用改变三角胶带在带轮上的位置来调节。台钻小巧灵活，使用方便，主要用于加工小型零件上的各种小孔，在钳工和装配中用得最多。

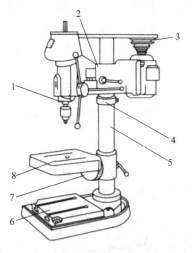
图 5-62 台式钻床
1—主轴；2—头架；3—塔形带轮；4—保险环；
5—立柱；6—底座；7—转台；8—工作台

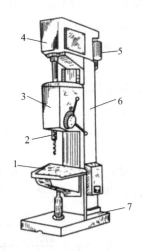
图 5-63 立式钻床
1—工作台；2—主轴；3—进给箱；4—主轴
变速箱；5—电动机；6—立柱；7—底座

② 立式钻床。立式钻床（简称立钻）主要由底座、立柱、主轴变速箱、主轴、进给箱和工作台等组成，如图 5-63 所示。立钻的规格用最大钻孔直径表示，常用的有 25mm、35mm、40mm 和 50mm 等几种。与台钻相比，立钻刚性好、功率大，因而允许采用较大的切削用量，生产效率高，加工精度也高。立钻主轴的转速和走刀量变化范围大，而且可以自动走刀，因此可使用不同的刀具进行钻孔、扩孔、锪孔、攻螺纹等多种加工。立钻适用于单件小批生产中的中小型零件的加工。

③ 摇臂钻床。摇臂钻床的结构如图 5-64 所示。摇臂钻床有一个能绕立柱旋转的摇臂，

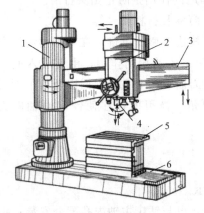
图 5-64 摇臂钻床
1—立柱；2—主轴箱；3—摇臂；4—主轴；
5—工作台；6—底座

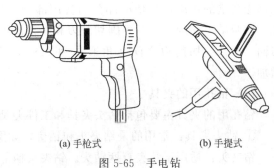
(a) 手枪式　　(b) 手提式
图 5-65 手电钻

项目五　钳工　121

能回转360°，摇臂可带动主轴箱沿立柱上下升降，同时主轴箱还能在摇臂上作横向移动。由于结构上的这些特点，能方便地调整刀具位置而无须移动工件，适于笨重、大件或批量生产。

（2）手电钻

手电钻是一种常用的电动钻孔工具，主要用于钻直径小于12mm的孔。常用的有手枪式和手提式两种，如图5-65所示。它具有体积小、重量轻、使用灵活、操作简单等特点。因此，当工件很大或由于孔的位置关系，不能把工件放在钻床上钻孔时，手电钻就得到了广泛的应用。

手电钻的电源电压分单相（220V）和三相（380V）两种。电钻的规格以最大钻孔直径来表示，采用单相电压的电钻规格有6mm、10mm、13mm、19mm四种；采用三相电压的电钻规格有13mm、19mm、23mm三种。

（3）钻头

钻头是钻孔的主要刀具，其用高速钢制成，工作部分经热处理淬硬至62～65HRC。麻花钻由柄部、颈部和工作部分（切削部分和导向部分）组成，如图5-66所示。

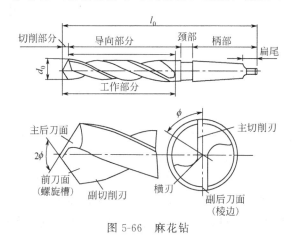

图5-66 麻花钻

柄部是麻花钻的夹持部分，用来传递扭矩，有直柄和锥柄两种。直径小于13mm时一般做成直柄，直径大于或等于13mm时做成锥柄，锥柄扁尾的作用是防止钻头打滑。

颈部是磨削钻头时的退刀槽，上面刻有钻头的规格、商标及材料牌号等。

工作部分包括切削部分和导向部分。导向部分的两条棱边有微量倒锥，在切削时起导向和修光孔壁的作用，是切削部分的备用部分。切削部分起主要的切削作用，由五刃六面组成，即两条主切削刃、两条副切削刃和一条横刃；两个前刀面、两个主后刀面以及两个副后刀面。两条主切削刃之间夹角通常为118°±2°，称为顶角。横刃的存在使锉削时轴向力增加。

（4）钻孔用的夹具

钻孔用的夹具主要包括钻头夹具和工件夹具两种。

① 钻头夹具：常用的是钻夹头和钻套，如图5-67所示。

钻夹头：适用于装夹直柄钻头。钻夹头柄部是圆锥面，可与钻床主轴内孔配合安装；头部三个爪可通过紧固扳手转动，使其同时张开或合拢。

钻套：又称过渡套筒，用于装夹锥柄钻头。钻套端孔一端安装钻头，外锥面一端接钻床

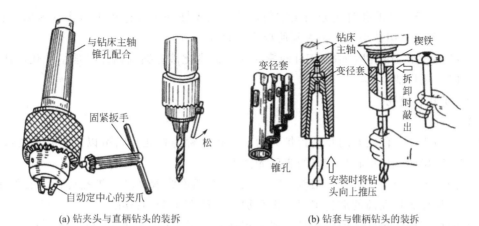

(a) 钻夹头与直柄钻头的装拆　　　(b) 钻套与锥柄钻头的装拆

图 5-67　钻头夹具

主轴内锥孔。

② 工件夹具：常用的夹具有手虎钳、平口钳、V形铁和压板等（图 5-68）。装夹工件时要牢固可靠，但又不能将工件夹得过紧而造成损伤，或使工件变形影响钻孔质量（特别是薄壁工件和小工件）。

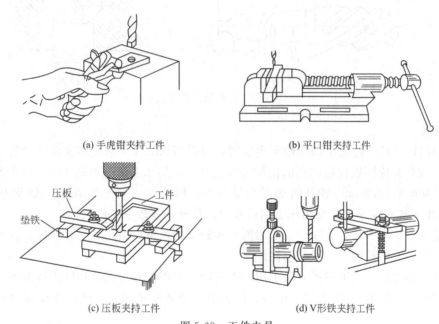

(a) 手虎钳夹持工件　　　(b) 平口钳夹持工件

(c) 压板夹持工件　　　(d) V形铁夹持工件

图 5-68　工件夹具

（5）钻孔操作

① 钻孔前一般先划线，确定孔的中心，在孔中心先用冲头打出较大中心眼。

② 钻孔时应先钻一个浅坑，以判断是否对中。

③ 在钻削过程中，特别是钻深孔时，要经常退出钻头以排出切屑并进行冷却，否则可能使切屑堵塞或钻头过热磨损甚至折断，影响加工质量。

④ 钻通孔时，当孔将被钻透时，进刀量要减小，避免钻头在钻穿时发生瞬间抖动，出现"啃刀"现象，影响加工质量，损伤钻头，甚至发生事故。

⑤ 钻削大于 $\phi 30$ 的孔时应分两次钻削，第一次先钻一个直径较小的孔（为加工孔径的 0.5～0.7）；第二次用钻头将孔扩大到所要求的直径。

⑥ 钻削时的冷却润滑：钻削钢件时常用机油或乳化液；钻削铝件时常用乳化液或煤油；钻削铸铁时则用煤油。

5.2.6.2 扩孔和铰孔

（1）扩孔

用扩孔钻头对工件已有的孔进行扩大加工的操作称为扩孔。它可以校正孔的轴线偏差，并使其获得正确的几何形状与较好的表面光洁度。

扩孔的精度（公差等级）一般为 IT10，表面粗糙度为 $Ra6.3$。扩孔可作为孔加工的最后工序，也可作为铰孔前的准备工序。扩孔加工余量为 0.5～4mm。

扩孔时可用钻头扩孔，但当孔精度要求较高时常用扩孔钻。扩孔钻的形状与麻花钻头相似，如图 5-69 所示，不同是扩孔钻有三个至四个切削刃，且没有横刃，其顶端是平的，螺旋槽较浅，故钻芯粗实、刚性好，不易变形，导向性好，加工质量较好。

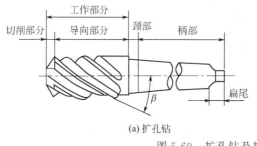

图 5-69 扩孔钻及扩孔

（2）铰孔

铰孔是用铰刀从工件壁上切除微量金属层，以提高孔的尺寸精度和表面质量的加工方法（图 5-70）。铰孔是应用较普遍的孔的精加工方法之一，其加工精度可达 IT6～IT7 级，表面粗糙度 Ra 为 0.4～0.8μm。铰孔时加工余量很小，粗铰为 0.15～0.5mm，精铰为 0.05～0.25mm。钳工铰孔除小部分在钻床上用机铰刀进行外，多数手工铰制。

铰刀是多刃切削刀具，有 6～12 个切削刃和较小的顶角。铰孔时导向性好。铰刀刀齿的齿槽很宽，铰刀的横截面大，因此刚性好。

铰刀按使用方法分为手用铰刀和机用铰刀两种。手用铰刀的顶角较机用铰刀小，其柄为直柄（机用铰刀为锥柄）。铰刀的工作部分由切削部分和修光部分组成。铰孔时因为余量很

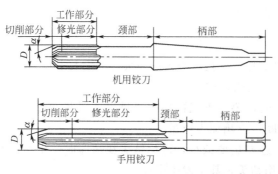

图 5-70 铰刀与铰孔

小，每个切削刃上的负荷小于扩孔钻，且切削刃的前角 $\gamma_0 = 0°$，所以铰削过程实际上是修刮过程。特别是手工铰孔时，切削速度很低，不会受到切削热和振动的影响，因此使孔加工的质量较高。

铰孔时铰刀不能倒转，否则会卡在孔壁和切削刃之间，使孔壁划伤或切削刃崩裂。

铰孔时常用适当的冷却液来降低刀具和工件的温度，防止产生切屑瘤并减少黏附在铰刀和孔壁上的切屑细末，从而提高孔的质量。

5.2.7 攻螺纹和套螺纹

常用的三角螺纹工件，其螺纹除采用机械加工外，还可以用钳加工方法中的攻螺纹和套螺纹来获得。攻螺纹（亦称攻丝）是用丝锥在工件内圆柱面上加工出内螺纹；套螺纹（或称套丝、套扣）是用板牙在圆柱杆上加工外螺纹。

5.2.7.1 攻螺纹

（1）丝锥和铰杠

丝锥 丝锥是加工内螺纹的一种成形刀具。一般是由碳素工具钢或高速钢制成，并经过淬火硬化。丝锥的基本结构形状像一个螺钉，轴向有几条容屑槽，相应的形成几瓣刀刃（切削刃）。丝锥由切削部分、校准部分（定径部分）和柄部等组成，如图 5-71 所示。

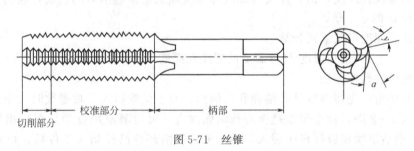

图 5-71 丝锥

丝锥分为手用丝锥和机用丝锥两种。为了减少切削力和提高丝锥使用寿命，常将整个切削量分配给几支丝锥来完成，成组使用，依次分担切削量。对手用丝锥来说，通常情况下 M6～M24 的丝锥一套有两支；M6 以下、M24 以上的丝锥一套有三支，即头锥、二锥、三锥。头锥的切削部分长些，锥角小些，约有 6 个不完整的齿，以便起切。二锥的锥角大些，不完整齿约为 2 个。一般头锥可完成切削工作总量的 60%，二锥完成切削工作总量的 30%、三锥完成切削工作总量的 10%。

除手用丝锥外，还有机用丝锥，它装夹在机床上，以机械动力来攻丝。为了装夹、装卸方便，丝锥的柄部较长，切削部分也比手用丝锥长。机器攻丝一般是一支攻丝一次完成，主要适用于攻通孔螺纹，不便于浅孔攻丝。

铰杠 铰杠是用来夹持丝锥的工具，常用的是可调式铰杠，如图 5-72 所示。旋转手柄即可调节方孔的大小，以便夹持不同尺寸的丝锥。铰杠长度应根据丝锥尺寸进行选择，以便控制攻螺纹时的扭矩，防止丝锥因施力不当而扭断。

（2）螺纹底孔直径的确定

攻螺纹前首先要在工件上钻孔，此孔称为底孔。

攻螺纹时丝锥除对金属进行切削外，还对金属材料产生挤压，使金属扩张，材料的塑性越大，扩张量也就越大。如螺纹底孔直径与螺纹内径一致，材料扩张时会卡住丝锥。这样一

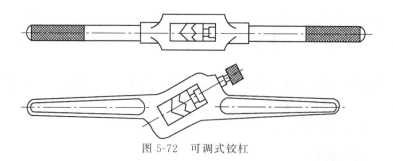

图 5-72 可调式铰杠

来丝锥就容易折断。但底孔直径过大，会使攻出的螺纹由于牙型高度不够而成为废品。所以底孔直径的大小，要根据金属材料塑性的大小来决定。在钻螺纹底孔时，可以查表或用以下经验公式计算确定。

加工钢件及韧性材料时，经验公式为

$$\text{底孔直径 } D_0 = \text{螺纹公称直径 } D - \text{螺距 } P \quad \text{mm}$$

加工铸铁及脆性材料时，经验公式为

$$\text{底孔直径 } D_0 = \text{螺纹公称直径 } D - (1.1 \sim 1.2)\text{螺距 } P \quad \text{mm}$$

攻盲孔（不通孔）的螺纹时，由于丝锥切削刃部分攻不出完整的螺纹，所以钻孔深度应超过所需要的螺纹孔深度，钻孔深度为螺纹孔深度加上丝锥起削刃的长度，起削刃长度大约等于螺纹外径 d 的 0.7 倍。

因此，钻孔深度可按下式计算

$$\text{钻孔深度 } H = \text{需要的螺纹孔深度 } L + 0.7d \quad \text{mm}$$

(3) 攻螺纹的操作方法

攻螺纹开始前，先将螺纹钻孔端面孔口倒角，便于丝锥切入。攻螺纹时，先用头锥攻螺纹，首先旋入 1～2 圈，检查丝锥是否与孔端面垂直（可目测或用直角尺在互相垂直的两个方向检查），然后继续使铰杠轻压旋入，当丝锥的切削部分已经切入工件后，可只转动不加压，每转一圈后应反转 1/4 圈，以便断屑，如图 5-73 所示。攻完头锥再继续攻二锥、三锥，每更换一锥，仍要先旋入 1～2 圈，扶正定位，再用铰杠，以防乱扣。攻钢件上的内螺纹时，要加机油润滑，可使螺纹光洁、省力和延长丝锥使用寿命；攻铸铁上的内螺纹可不加润滑剂或煤油；攻铝及铝合金、紫铜上的内螺纹，可加乳化液。

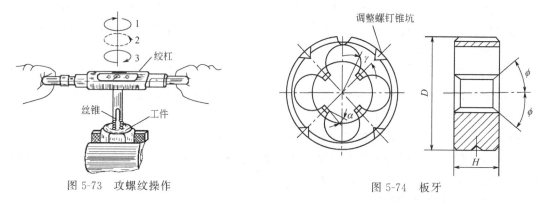

图 5-73 攻螺纹操作　　　　　图 5-74 板牙

5.2.7.2 套螺纹

(1) 板牙和板牙架

板牙　板牙是切削外螺纹的一种刀具，一般用碳素工具钢或高速钢制成，并经过淬火硬化，具有较高的硬度。板牙的外形像一个圆螺母，只是上面钻有 3~4 个排屑孔，并形成刀刃。板牙两端带 2φ 的锥角部分是切削部分，它是铲磨出来的阿基米德螺旋面，有一定的后角。当中一段是校准部分，也是套螺纹时的导向部分。板牙一端的切削部分磨损后可调头使用。板牙的外圆有一条深槽和四个锥坑，锥坑用于定位和紧固板牙，如图 5-74 所示。

板牙架 板牙架是装夹板牙的工具，图 5-75 所示为圆板牙架。将板牙装入架内，板牙上的锥槽与架上的紧固螺钉要对准，用螺钉紧固。

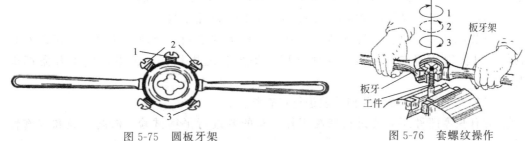

图 5-75 圆板牙架
1—调整螺钉；2—撑开螺钉；3—紧固螺钉

图 5-76 套螺纹操作

（2）套螺纹前圆杆直径的确定

套螺纹和攻螺纹时一样，工件材料同样因挤压而变形，牙顶将被挤高一些。因此，套螺纹前圆杆直径应稍小于螺纹的大径（公称直径）。

圆杆直径可查表或用下面的经验公式确定

$$圆杆直径 d = 螺纹大径 D - 0.13 \times 螺距 P$$

（3）套螺纹的操作方法

套螺纹的圆杆端部应倒角，使板牙容易对准工件中心，同时也容易切入。工件伸出钳口的长度，在不影响螺纹要求长度的前提下，应尽量短。套螺纹过程与攻螺纹相似，如图 5-76 所示。板牙端面应与圆杆垂直，操作时用力要均匀。开始转动板牙时，要稍加压力，套入 3~4 扣后可只转动不加压，并经常反转，以便断屑。套螺纹应加切削液，以保证螺纹的表面粗糙度要求。

5.2.8 装配

生产过程中，按技术要求将若干零件结合成部件，或将若干零件和部件结合成产品的过程，称为装配。

装配工作是产品制造过程中的最后一道工序，因此它是保证机器达到各项技术要求的关键。装配工作的好坏，对产品的质量将起着决定性的作用。

5.2.8.1 装配基础知识

任何一台机器都可以划分为若干零件、组件和部件，所以装配又包括组件装配、部件装配和总装配。

组件装配：将若干个零件安装在一个基础零件上，从而构成组件的装配。例如车床床头箱中的一根传动轴，是将齿轮等零件装配在轴上而成的组件。

部件装配：将若干个零件、组件安装在另一个基础零件上，从而构成了部件（独立机构)的装配。例如车床主轴箱、进给箱等就是单独的部件。

总装配：将若干个零件、组件、部件安装在另一个较大、较重的基础零件上构成产品的装配。例如将几个箱体安装在床身上从而装配成车床。

5.2.8.2 装配工艺过程

产品的装配工艺过程由以下四部分组成。

(1) 装配前的准备工作

① 仔细研究和熟悉装配图的技术要求，了解产品的结构和零件的作用，了解相互连接关系，掌握与装配零部件配套的零件数量、重量以及装配的空间位置。

② 制定装配工艺规程，确定装配的方法、顺序和所用工具。

③ 对装配的零件进行清洗和清理，除去零件上的毛刺、锈蚀、切屑、油污以及其他污物等，以获得所需的清洁度。这些处理对提高装配质量、延长零件使用寿命都很有必要。

④ 对重要部件的尺寸和几何公差进行检查测量。

⑤ 对有些零部件还需要进行修配工作，有的要进行平衡试验、渗漏试验和气密性试验等。

(2) 装配工作

对于一般产品，按要求进行装配即可。对于比较复杂的产品，应按组件装配、部件装配、总装配的顺序进行。

(3) 调整、检验和试车工作

调整零件或机构的相互位置、配合间隙和松紧程度，其目的是使机构或机器工作协调，如轴承间隙、链条松紧、蜗轮轴向位置的调整等。检验各部件的几何精度、工作精度，如车床总装后要检验主轴中心线和床身导轨的平行度误差、中滑板导轨和主轴中心线垂直度误差以及前后两顶尖的等高度误差等。机器装配好之后，按整机性能设计要求进行灵活性，工作时温升、转速、振动、噪声等运转试验。

(4) 喷漆、涂油、装箱工作

喷漆是为了防止不加工表面锈蚀以及使机器外表美观。涂防锈油是防止机器的工作表面及零件的已加工表面生锈。装箱是为了便于运输。它们也都需要结合装配工序进行。

5.2.8.3 典型装配方法

(1) 螺纹连接装配

螺纹连接常用零件有螺钉、螺母、双头螺栓及各种专用螺纹等。螺纹连接是现代机械制造中用得最广泛的一种连接形式。它具有紧固可靠、装拆简便、调整和更换方便、宜于多次拆装等优点，如图 5-77 所示。

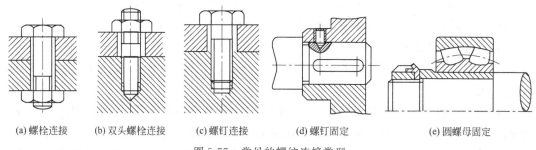

(a) 螺栓连接　　(b) 双头螺栓连接　　(c) 螺钉连接　　(d) 螺钉固定　　(e) 圆螺母固定

图 5-77　常见的螺纹连接类型

螺纹连接的主要技术要求是获得规定的预紧力（有时需使用测力扳手）；螺母、螺栓（螺钉）不产生偏斜和歪曲；防松装置可靠。

在紧固成组螺钉、螺母时，为使固紧件的配合面上受力均匀，应按一定的顺序来拧紧。图5-78所示为两种拧紧顺序的实例。按图中数字顺序拧紧，可避免被连接件的偏斜、翘曲和受力不均。而且每个螺钉或螺母不能一次就完全拧紧，应按顺序分两三次拧紧。

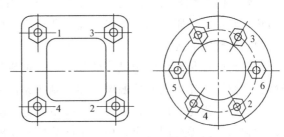

图5-78 成组螺母拧紧顺序

（2）键销连接装配

齿轮等传动件常用键连接传递运动及扭矩，如图5-79（a）所示。选取的键长应与轴上键槽相配，键底面与键槽底部接触，而键两侧则应有一定的过盈量。装配轮毂时，键顶面与轮毂间有一定间隙，但键两侧配合不允许松动。销连接主要用于零件装配时的定位，有时用于连接零件并传递运动，如图5-79（b）所示。常用的有圆柱销和圆锥销，销轴与孔配合不允许有间隙。

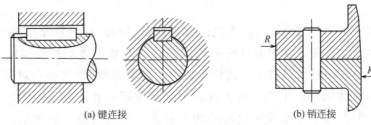

(a) 键连接　　　　　　　　　(b) 销连接

图5-79 键销连接

（3）滚动轴承的装配

滚动轴承的配合多数为较小的过盈配合，常用手锤或压力机采用压入法装配，装配后轴承应转动灵活。为了使轴承圈受力均匀，采用垫套加压。轴承压到轴颈上时，应施力于内圈端面，如图5-80（a）所示；轴承压到座孔中时，要施力于外环端面上，如图5-80（b）所示；若同时压到轴颈和座孔中时，整套应能同时对轴承内外端面施力，如图5-80（c）所示。

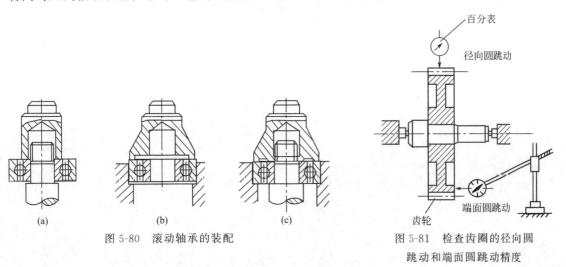

图5-80 滚动轴承的装配

图5-81 检查齿圈的径向圆跳动和端面圆跳动精度

项目五 钳工

当轴承的装配是较大的过盈配合时，应采用加热装配，即将轴承吊在 80～90℃ 的热油中加热，使轴承膨胀，然后趁热装配，即可得到满意的装配效果。

(4) 齿轮的装配

齿轮是机械传动中应用最多的零件。齿轮装配的主要技术要求是保证齿轮传递运动的准确性、平稳性，轮齿表面接触斑点和齿侧间隙合乎要求等。

为了保证齿轮的运动精度，首先要使齿轮正确安装到轴上，使齿圈的径向圆跳动和端面圆跳动控制在公差范围之内。根据不同的生产规模，可打表或用标准齿轮检查装到轴上的齿轮的运动精度（图5-81）。若发现不合要求时，可将齿轮取下，相对于轴转过一定角度，再装到轴上。如果齿轮和轴用单键连接，就需要进行选配。

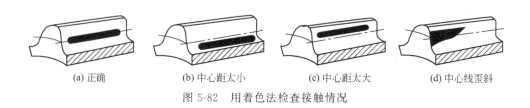

(a) 正确　　(b) 中心距太小　　(c) 中心距太大　　(d) 中心线歪斜

图 5-82　用着色法检查接触情况

为保证载荷分布的均匀性，可用着色法检查齿轮齿面的接触情况（图5-82）。先在主动轮的工作齿面涂红丹漆，使相啮合的齿轮缓慢转动，然后查看被动轮啮合齿面上的接触斑点。如齿轮中心距过大或过小（或轮齿切得过薄或过厚），可换一对齿轮，也可以将箱体的轴承套（滑动轴承）压出，换上新的轴承套重新镗孔。如齿轮中心线歪斜，则必须提高箱体孔的中心线平行度或齿轮副的加工精度。齿侧间隙一般可用塞尺插入齿侧间隙中检查。

记一记

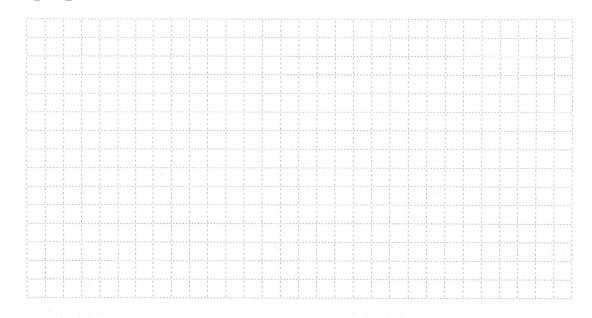

5.3 任务实施

5.3.1 任务报告

任务	手动加工完成錾口锤。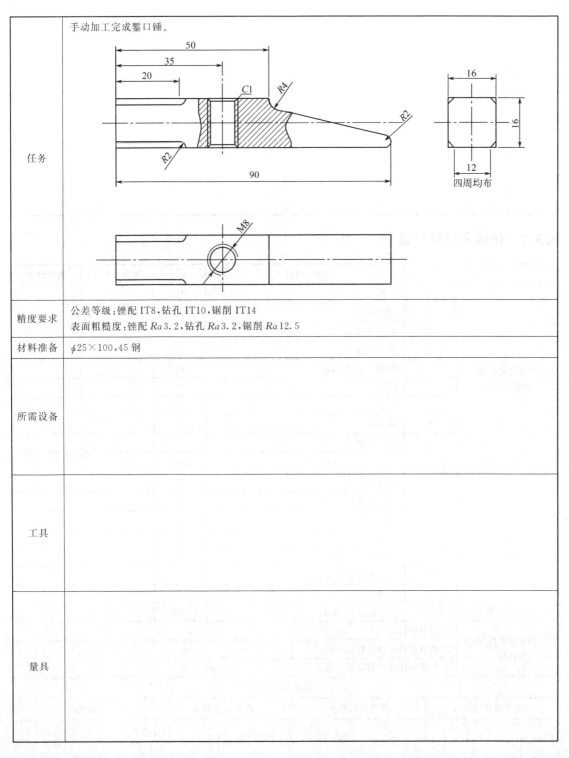
精度要求	公差等级:锉配 IT8,钻孔 IT10,锯削 IT14 表面粗糙度:锉配 $Ra3.2$,钻孔 $Ra3.2$,锯削 $Ra12.5$
材料准备	$\phi25\times100$,45 钢
所需设备	
工具	
量具	

项目五 钳工 131

续表

操作步骤	

5.3.2 任务考核评价表

项目		项目内容	配分	学生自评分	教师评分
任务完成质量得分(50%)	1	基准确定	10		
	2	划线质量	10		
	3	关键尺寸 16×16、35、50、90	10		
	4	平面垂直度	20		
	5	圆弧 5 个 $R2$、$R4$	10		
	6	倒角 $C1$	10		
	7	钻孔	10		
	8	攻螺纹	10		
	9	修整表面	10		
		合计	100		
任务过程得分(40%)	1	准备工作	20		
	2	工位布置	10		
	3	工艺执行	20		
	4	清洁整理	10		
	5	清扫保养	10		
	6	工作态度是否端正	10		
	7	安全文明生产	20		
		合计	100		
任务反思得分(10%)	1.每日一问： 2.错误项目原因分析： 3.自评与师评差别原因分析：				
任务总得分					
任务完成质量得分		任务过程得分	任务反思得分		总得分

5.4 巩固练习

(1) 选择题

① 不属于钳工的操作的是（　　）。
　　A. 锉削　　　　　B. 錾削　　　　　C. 锯削　　　　　D. 制芯

② 常用的台虎钳有（　　）和固定式两种。
　　A. 齿轮式　　　　B. 回转式　　　　C. 蜗杆式　　　　D. 齿条式

③ 钳工划线时常采用（　　）来支承圆柱形工件，使工作轴线与平板平行。
　　A. 方箱　　　　　B. 千斤顶　　　　C. V 形铁　　　　D. 角铁

④ 通过划线合理分配加工余量，这种方法也叫（　　）。
　　A. 找正　　　　　B. 借料　　　　　C. 定心　　　　　D. 调整

⑤ 安装手锯锯条时（　　）。
　　A. 锯齿应向前　　B. 锯齿应向后　　C. 向前或向后都可以

⑥ 手工起锯的适宜角度为（　　）。
　　A. 0°　　　　　　B. 约 15°　　　　C. 约 30°

⑦ 用手锯锯削时，一般往复长度不应小于锯条长度的（　　）。
　　A. 1/3　　　　　 B. 2/3　　　　　 C. 1/2

⑧ 锉削铝或紫铜等软金属时，应选用（　　）。
　　A. 粗齿锉刀　　　B. 细齿锉刀　　　C. 中齿锉刀

⑨ 钳工在锉削平面时，锉削量较大时采用（　　）。
　　A. 交叉锉　　　　B. 顺向锉　　　　C. 推锉法　　　　D. 滚锉法

⑩ 锯削时的锯削速度以每分钟往复（　　）为宜。
　　A. 20 次以下　　　B. 20～40 次　　　C. 40 次以上

⑪ 钳工攻螺纹前的底孔直径（　　）螺纹的小径。
　　A. 略小于　　　　B. 略大于　　　　C. 等于　　　　　D. 不一定

⑫ 用游标卡尺测量工件，读数时先读出游标零刻线对（　　）刻线左边格数为多少毫米，再加上游标上的读数。
　　A. 尺身　　　　　B. 游标　　　　　C. 活动套筒　　　D. 固定套筒

⑬ 錾削时眼睛的视线要对着（　　）。
　　A. 工件的錾削部位　　　　　　　　B. 錾子头部
　　C. 锤头

⑭ 手锤是用碳素工具钢制成，并经淬硬处理，其规格用锤头（　　）表示。
　　A. 长度　　　　　B. 重量　　　　　C. 体积　　　　　D. 材料

(2) 判断题

① 钳工钻孔时一般戴手套操作。（　　）
② 游标卡尺是一种常用量具，能测量各种不同精度要求的零件。（　　）
③ 划线是机械加工的重要工序，广泛地用于成批生产和大量生产。（　　）
④ 锯深缝时，当锯到锯弓架将要碰到工件时，应将锯条转过 90°重新安装，使锯弓架转到工件的旁边，继续锯削。（　　）

⑤ 锉削平面时主要是使锉刀保持直线运动。　　　　　　　　　　　(　　)
⑥ 钻床可以进行钻孔、扩孔和铰孔。　　　　　　　　　　　　　　(　　)
⑦ 丝锥是加工内螺纹的工具。　　　　　　　　　　　　　　　　　(　　)
⑧ 工件上的孔一般都是由钳工加工出来的。　　　　　　　　　　　(　　)
⑨ 铰削操作时，为保证孔的光洁，应正反向旋转铰刀。　　　　　　(　　)
⑩ 锉削过程中，两手对锉刀压力的大小应保持不变。　　　　　　　(　　)
⑪ 錾子一般都用碳素结构钢锻打成形后进行刃磨，并经过淬火和回火处理。(　　)
⑫ 钻夹头用来安装直柄钻头，钻套用来安装锥柄钻头。　　　　　　(　　)

(3) 填空题
① 台虎钳用于_____，是钳工日常工作中不可缺少的设备。
② 常用的钻床有_____钻床、_____钻床和_____钻床三种。
③ 划线可分为_____划线和_____划线两种。
④ 手锯是手工锯削的工具，包括_____和_____两部分。
⑤ 钳工锉削平面方法有_____、_____、_____。
⑥ 钳工加工内螺纹采用的方法称_____，钳工加工外螺纹的方法称_____。
⑦ 常用的錾子有_____、_____和油槽錾三种。
⑧ 机器装配的过程可分为_____和总装配。
⑨ 千分尺又称_____，它是一种比游标卡尺更精密的量具，测量精度为_____。
⑩ 钳工钻孔时，工件常用的夹具有_____、_____、_____和压板等。

项目六 车 削

【项目背景】 车削是最基本、最常见的金属切削加工方法。无论是在批量生产,还是在机械的维护修理方面,车削加工都占有重要的地位。

6.1 实习任务

6.1.1 任务描述

本任务需完成如图 6-1 所示锤柄的车削加工。

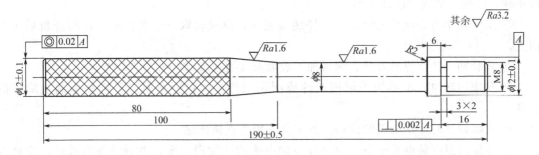

技术要求:1.未注倒角$C1$。
2.网纹$m=0.2$。

图 6-1 锤柄

需解决问题
• 车削加工可以完成哪些工作?
• 你了解普通车床吗?
• 车削加工中常见的附件有哪些?
• 如何选择合适的车刀?
• 在车削中如何选择合适的工件装夹方法?
• 你会使用车床对零件进行加工吗?

6.1.2 实习目的

① 了解金属切削加工的基本知识,了解车削加工的工艺特点及加工范围。

② 熟悉普通卧式车床的名称、型号、主要组成部分及作用,了解主要附件的结构与使用方法。

③ 掌握卧式车床的主要操作方法并能正确使用及调整。

④ 了解车刀的类型、常用的材料、主要角度与作用,掌握车刀的安装与刃磨。

⑤ 了解零件加工精度与表面粗糙度值的要求和作用。对简单零件,具有进行工艺分析和选择合理加工方法的能力。

⑥ 能独立加工一般的零件,对一般轴、盘、套类零件,能掌握车外圆、端面、台阶、外锥面、钻孔等的操作方法,了解普通三角外螺纹加工方法。

⑦ 能按工件图纸的技术要求正确、合理地选择刀具、工具、量具、夹具,制定简单的车削工艺加工顺序、加工方法及步骤,独立地完成零件加工。

6.1.3 安全注意事项

① 必须穿工作服,扣紧袖口,戴好防护眼镜和工作帽,将长头发塞入帽内。

② 在车床上操作时严禁戴手套、系围巾。

③ 工作时精神要集中,身体不能离旋转的工件太近,防止衣角袖口或头发卷入车床传动部分。

④ 开车前要认真检查车床各部分机构及防护设备是否完好,各手柄是否灵活、位置是否正确,确认正常后才准许开车。

⑤ 工件和车刀必须装夹牢固,工件装夹完毕,应及时取下卡盘扳手,以防开机后飞出伤人。

⑥ 凡装卸工件、更换刀具、测量加工表面及变换速度时,必须先停车。

⑦ 车床运转时,不准用手触摸工件或测量工件尺寸;停车时,不准用手制动旋转的卡盘。

⑧ 清除切屑时应用专用的铁钩,绝不允许用手直接清除。

⑨ 不准随意拆装电器设备,以免发生触电事故。发现车床、电器设备有故障,应请专业人员检修。

⑩ 不准在车床运转时离开车床或干其他工作;离开机床必须停车。

⑪ 刀具、量具及工具等的放置要稳妥、整齐、合理,有固定的位置,便于用后应放回原处。

6.2 知识准备

6.2.1 概述

车削加工是在车床上利用工件的旋转和刀具的移动来改变毛坯的形状和尺寸,将其加工成符合图纸要求的零件的一种加工方法。车削适于加工回转表面,大部分具有回转表面的工件都可以用车削方法加工，如切削外圆、端面，切槽，切断，钻孔，钻中心孔，镗孔，铰孔，车各种螺纹，车内外圆锥面，车成形面，滚花等。车削加工的尺寸精度比较宽，公差等级一般为IT6～IT11，表面粗糙度 Ra 值为 $0.8～12.5\mu m$。车削的典型加工类型如图6-2所示。

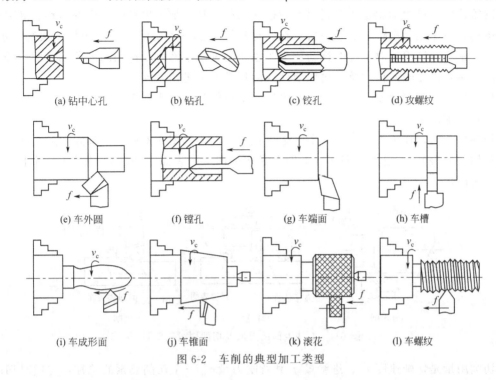

图 6-2　车削的典型加工类型

车削加工与其他加工方法相比有以下特点：

① 车削加工一般是等截面的连续切削，因此切削力变化小，切削过程平稳，可进行高速切削和强力切削，生产率较高。

② 车削采用的车刀一般为单刃刀，其结构简单，制造、刃磨和安装都较方便，容易满足加工时对刀具几何形状的要求，有利于提高加工质量和生产效率。

③ 容易达到轴、盘、套类等零件各表面之间的位置精度要求，例如零件各表面之间的同轴度要求、零件端面与其轴线的垂直度要求以及各端面之间的平行度要求等。

④ 运用精车可以对有色金属零件进行精加工。有色金属容易堵塞砂轮，不便采用磨削对有色金属零件进行精加工。

⑤ 采用先进刀具，如多晶立方氮化硼刀具、陶瓷刀具或涂层硬质合金刀具等，可把淬硬钢（硬度55～65HRC）的车削作为最终加工或精加工。

6.2.2　切削加工基础知识

6.2.2.1　金属切削运动及切削用量

（1）金属切削运动

要进行金属切削加工，刀具与工件之间必须有一定的相对运动，以获得所需要表面的形状，这种相对运动称为切削运动。根据切削过程中所起的作用不同，切削运动分为主运动和进给运动。

主运动　主运动是刀具直接切除工件上的切削层，以形成工件新表面的运动。如果没有这个运动，就无法切下切屑。主运动在切削过程中速度最高，消耗机床动力最大。如车削时工件的旋转，铣削时铣刀的旋转，钻削时钻头的旋转，牛头刨床刨削时刨刀的往复直线移动，磨削时砂轮的旋转均为切削加工的主运动。

进给运动 进给运动是使金属层不断投入切削，从而加工出整个表面的运动。如果没有这个运动，当主运动进行一个循环后，新的材料层不能投入切削，而使切削无法继续进行。如车刀、钻头及铣刀相对工件的移动，牛头刨床刨削水平面时工件的间歇移动，磨削外圆时工件的旋转和往复轴向移动及砂轮周期性横向移动均为进给运动。

切削加工中，主运动只有一个，进给运动则可能是一个或几个。

（2）切削用量

切削加工时，在工件上出现三个不断变化的表面，如图 6-3 所示，即待加工表面（工件上等待切除的表面）、已加工表面（工件上经切削产生的表面）和过渡表面（工件上正在被切除的表面）。

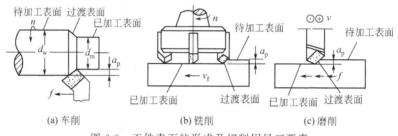

图 6-3 工件表面的形成及切削用量三要素
(a) 车削　(b) 铣削　(c) 磨削

切削用量是切削速度 v_c、进给量 f 和背吃刀量 a_p 三个切削要素的总称，它们对切削加工质量、刀具磨损、机床动力消耗及生产率有很大影响。

切削速度 v_c 切削速度是指切削刃选定点相对于工件沿主运动方向的瞬时速度，单位为 m/s。当主运动为工件的旋转运动时（如车削、铣削等），切削速度一般为其最大线速度，计算公式为

$$v_c = \frac{\pi d n}{1000 \times 60}$$

式中　d——工件待加工表面的直径或刀具的直径，mm；
　　　n——工件的转速，r/min。

进给量 f 进给量是指主运动的一个工作循环或单位时间内，刀具在进给运动方向上相对工件的位移量。例如，车削时进给量为工件每转一转车刀沿进给方向移动的距离（mm/r）；铣削时常用的进给量为工件每分钟沿进给方向移动的距离（mm/min）；刨削时进给量为刨刀每往复一次工件或刨刀沿进给方向间歇移动的距离（mm/str）。

背吃刀量 a_p 背吃刀量是指工件已加工表面与待加工表面之间的垂直距离。

车削时，背吃刀量的计算公式为

$$a_p = \frac{d_w - d_m}{2}$$

式中　a_p——背吃刀量，mm；
　　　d_w——工件待加工表面直径，mm；
　　　d_m——工件已加工表面直径，mm。

背吃刀量的大小直接影响主切削刃的工作长度，反映了切削负荷的大小。

6.2.2.2 零件加工质量

零件的加工质量是指零件的加工精度和表面质量。加工精度包括尺寸精度和几何精度两种，几何精度分为形状精度和位置精度。表面质量的指标有表面粗糙度、表面层加工硬化程度和表面层残余应力性质及大小。零件的加工质量对零件的使用有很大影响，其中我们考虑最多的是加工精度和表面粗糙度。

（1）尺寸精度

尺寸精度是指工件加工后的实际尺寸与设计的理想尺寸相符合的程度。尺寸精度的高低用尺寸公差来体现。在零件的加工过程中，要将零件的尺寸加工得绝对准确是不可能的，也是没有必要的。因此，在保证零件使用性能的前提下，设计零件时将零件尺寸规定在一个适当的变动范围内。即加工零件时，允许零件的实际尺寸在一定的范围内变动，尺寸公差就是允许尺寸的变动量。

零件的公差值与公差等级有关。国家标准 GB/T 1800.2—2009 规定了 20 个公差等级，即 IT01，IT0，IT1，IT2，…，IT18。IT 表示标准公差，其中 IT01 公差等级最高。公差等级越高，公差数值越小。公差数值越小，加工成本就越高。公差的数值既与公差等级有关，也与零件的公称尺寸有关。公称尺寸大则公差相应也大。

（2）形状精度和位置精度

形状精度是指零件上的几何要素线、面的实际形状相对于理想形状的符合程度。位置精度是指零件上的几何要素点、线、面的实际位置相对于理想位置的准确程度。形状和位置精度用形状公差和位置公差（简称形位公差）来体现。形状公差国家标准规定有直线度、平面度、圆柱度等 6 项。国家标准规定的位置公差有位置度、同轴度等 8 项。表 6-1 为 GB/T 1182—2018 规定的几何公差几何特征及符号。

一般零件通常只规定尺寸公差。对要求较高的零件。除了规定尺寸公差以外，还规定其所需要的几何公差。

表 6-1 几何公差几何特征及符号

分类	特征项目	符号	分类		特征项目	符号
形状公差	直线度	——	位置公差	定向	平行度	∥
	平面度	▱			垂直度	⊥
	圆度	○			倾斜度	∠
	圆柱度	⌭		定位	同轴度	◎
	线轮廓度	⌒			对称度	═
	面轮廓度	⌓			位置度	⌖
				跳动	圆跳动	↗
					全跳动	↗↗

（3）表面粗糙度

在切削加工中，由于振动、刀痕以及刀具与工件之间的摩擦，在工件已加工表面上不可避免地会产生一些微小的峰谷，即使是光滑的磨削表面，放大后也会发现高低不同的微小峰谷。零件表面的这种微观不平度就称为表面粗糙度。表面粗糙度体现零件表面的微观几何形状误差。

GB/T 1031—2009 规定了表面粗糙度的评定参数和评定参数数值系列，其中最为常用的评定参数是轮廓的算术平均偏差 Ra，单位 μm。Ra 值越大则零件越粗糙。与尺寸公差一样，表面粗糙度值越小，零件表面的加工就越困难，加工成本越高。一般说来，零件的精度要求越高，表面粗糙度值要求越小，配合表面的粗糙度值比非配合表面小；有相对运动的表面比无相对运动的表面粗糙度值小；接触压力大的运动表面比接触压力小的运动表面粗糙度值小。而对于一些装饰性的表面，则表面粗糙度值要求很小，但精度要求却不高。表 6-2 所示为表面粗糙度 Ra 值及其对应的表面特征。

表面粗糙度对零件表面的结合性能、密封、摩擦、磨损等有很大影响。

表 6-2 表面粗糙度 Ra 值及其对应的表面特征

Ra/μm	表面特征	表面要求	常用加工方法示例	应用特征
50	明显可见刀纹	粗加工	粗车、粗铣、粗刨、钻削、精锉	非配合面，例如螺栓孔
25	可见刀纹			
12.5	微见刀纹			
6.3	可见加工痕迹	半精加工	半精车、半精铣、半精刨、精车、精铣、精刨、粗磨	非配合面或精度要求不太高的配合面
3.2	微见加工痕迹			
1.6	不可见加工痕迹			
0.8	可辨加工痕迹的方向	精加工	精车、精铣、精刨、磨削、铰削、刮削	重要配合面，如轴承内孔
0.4	微辨加工痕迹的方向			
0.2	不辨加工痕迹的方向			
0.1	暗光泽面	超精加工	细磨、研磨、镜面磨、抛光	重要配合面及量具，如量规、块规
0.05	亮光泽面			
0.025	镜状光泽面			
0.012	雾状光泽面			
<0.012	镜面			

6.2.3 车床

车床是应用最广泛的一种机床。在机械加工车间内，一般车床占机床总数的 50% 左右。车床的种类很多，按其结构特点和用途可分为卧式车床、立式车床、转塔车床、仿形车床、多刀车床、自动车床和数控车床等。其中普通卧式车床是应用最广泛的车床，下面以 CA6140A 普通卧式车床为例介绍车床的基本知识。

6.2.3.1 车床的型号

机床型号是机床产品的代号。用以简明地表示机床的类别、主要技术参数、结构特征等。GB/T 15375—2008《金属切削机床型号编制方法》规定，机床的型号由大写的汉语拼音字母和阿拉伯数字组成，示例如图 6-4 所示。

6.2.3.2 卧式车床的组成

车床的组成部分有：主轴箱、进给箱、溜板箱、光杠、丝杠、刀架、尾座、床身等。图 6-5 所示为 CA6140A 普通车床的结构图

（1）主轴箱

主轴箱又称床头箱，主轴箱内装有主轴和齿轮等零件，组成主轴变速机构。通过变换箱

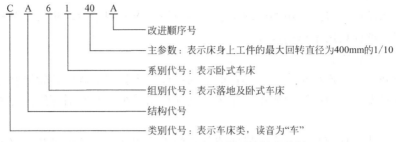

图 6-4　CA6140A 型车床的型号说明示例

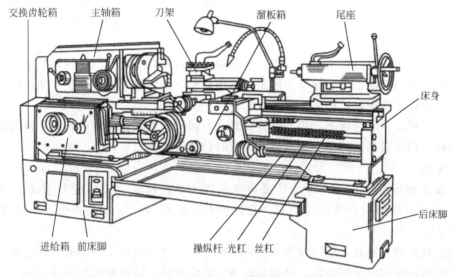

图 6-5　CA6140A 普通卧式车床结构

体外部的手柄位置，可使主轴获得多种不同的转速。主轴为空心结构，其前端外锥面安装三爪卡盘等附件来夹持工件。内锥面用来安装顶尖，细长的通孔可穿入长棒料。

（2）进给箱

进给箱又称走刀箱，进给箱内装有进给运动变速机构。通过调整进给箱外部手柄的位置，可把主轴的旋转运动传递给光杠或丝杠，以得到不同的进给速度或切削不同螺距的螺纹。

（3）溜板箱

溜板箱又称拖板箱，与刀架相连，是车床进给运动的操纵箱。它可以将光杆传来的旋转运动变为车刀纵向或横向的直线运动，也可以操纵对开螺母，使丝杠带动车刀沿纵向进给以车削螺纹。

（4）床身

床身是车床的基础零件，用来支承和安装车床的各部件，保证其相对位置。如床头箱、进给箱、溜板箱等。床身由前后床脚支承并固定在地基上，具有足够的刚度和强度。床身表面精度很高，可以保证各部件之间有正确的相对位置。床身上有 4 条平行的导轨，供床鞍和尾座相对于床头箱进行正确的移动。为了保持床身表面精度，在操作车床过程中应注意维护保养。

(5) 光杠和丝杠

通过光杠和丝杠，将进给箱的运动传递给溜板箱。光杠用于自动走刀车削螺纹以外的表面，如外圆等；丝杠只用于车削螺纹。

(6) 前床脚和后床脚

它们是用来支承和连接车床各零部件的基础构件。床脚用地脚螺栓紧固在地基上。车床的变速箱与电机安装在前床脚内腔中，车床的电气控制系统安装在后床脚内腔中。

(7) 刀架

刀架用来夹持刀具使其作纵向、横向或斜向的进给运动。刀架由大拖板（又称大刀架）、中拖板（又称中刀架、横刀架）、转盘、小拖板（又称小刀架）和方刀架组成（图 6-6）。

大拖板：与溜板箱连接，带动车刀沿床身导轨作纵向移动，其上面有横向导轨。

中拖板：安装在大拖板上，可带动车刀沿大拖板上面的导轨作横向移动，主要车外圆端面。

转盘：用螺栓与中滑板紧固在一起，松开螺母，可使其在水平面内扭转任意角度。

小拖板：可沿转盘上面的导轨作短距离纵向移动，还可将转盘转动某一角度后，小拖板带动车刀作斜向进给运动，用来车锥面。

方刀架：固定在小拖板上，用来夹持刀具。可同时装夹四把不同的刀具。换刀时，逆时针松开手柄，即可转动方刀架。车削时必须顺时针旋紧手柄。

(8) 尾座

尾座安装在床身导轨上，可沿导轨调节位置。在尾座的套筒内安装顶尖，以支承较长工件；还可安装钻头、铰刀等刀具，用以钻孔、扩孔等。尾座主要由以下 3 个部分组成（图 6-7）。

套筒：其左端有锥孔，用以安装顶尖或锥柄刀具。套筒在尾架体内的前后位置可用手轮调节，并可用尾座固定手柄固定。将套筒退到最后位置时，即可卸出顶尖或刀具。

尾座体：与底座相连，当松开固定螺钉后，就可用调节螺钉调整顶尖的横向位置。

底座：直接支承于床身导轨上。

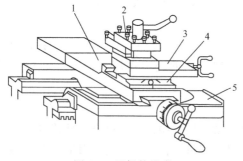

图 6-6 刀架的组成
1—中拖板；2—方刀架；3—小拖板；
4—转盘；5—大拖板

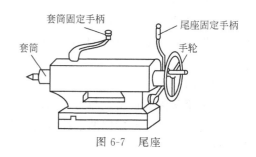

图 6-7 尾座

6.2.3.3 卧式车床的传动

图 6-8 是卧式车床的传动系统示意图。这里有两条传动路线，从电动机经带轮和主轴箱使主轴带动工件作旋转运动，称为主运动传动系统。从主轴箱经交换齿轮箱到进给箱，再经光杠或丝杠到溜板箱，使刀架移动，称为进给运动传动系统。

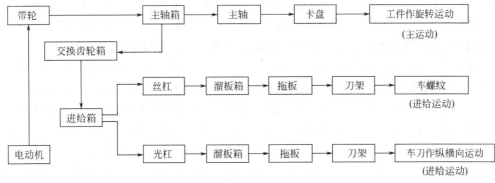

图 6-8 卧式车床传动系统示意图

6.2.4 车刀

6.2.4.1 车刀的种类及用途

车刀是一种单刃刀具,其形式随加工内容的不同,应用十分灵活,种类也很多。

(1) 按用途分

可分为外圆车刀、端面车刀、切断刀、内孔车刀、圆头车刀、螺纹车刀等,如图 6-9 所示。

① 90°车刀（偏刀）,用于车削工件的外圆、台阶和端面。偏刀分为左偏刀和右偏刀两种,常用的是右偏刀,它的刀刃向左。

② 75°车刀和 45°车刀（弯头车刀）,用于车削工件的外圆、端面和倒角。

③ 切断刀和切槽刀,用于切断工件或在工件上切槽。

④ 内孔车刀,又称镗孔刀,用于车削工件的内孔。它可以分为通孔刀和不通孔刀两种。

⑤ 圆头车刀,用于车削圆角、圆槽或成形面。

⑥ 螺纹车刀,用于车削螺纹。

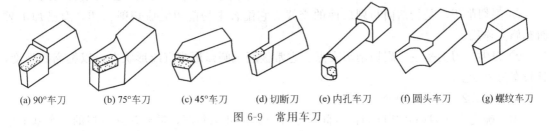

(a) 90°车刀　　(b) 75°车刀　　(c) 45°车刀　　(d) 切断刀　　(e) 内孔车刀　　(f) 圆头车刀　　(g) 螺纹车刀

图 6-9 常用车刀

(2) 按结构分

可分为整体式车刀、焊接式车刀、机夹式车刀、可转位式车刀等,如图 6-10 所示。

① 整体式车刀,车刀的切削部分与夹持部分材料相同,刀头的切削部分是靠刃磨得到

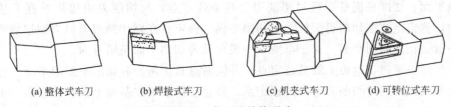

(a) 整体式车刀　　(b) 焊接式车刀　　(c) 机夹式车刀　　(d) 可转位式车刀

图 6-10 车刀的结构形式

的。整体车刀多用高速钢制成，一般用于小型车床上加工零件，也可用于精车零件。

② 焊接式车刀，车刀的切削部分与夹持部分材料不同，刀片焊接在中碳钢刀杆上。硬质合金焊接式车刀即属此类，适用于各类车床，特别是中、小型车床。

③ 机夹式车刀，利用螺钉、压板、偏心轴、杠杆等机械装置，将硬质合金刀片夹持在刀杆上，也称为机械夹固重磨式车刀。该车刀用钝后可集中重磨，避免了硬质合金刀片因焊接产生的应力、变形等缺陷，使用效果好；但刀片重磨时可能会磨伤刀杆，刀杆的消耗量较大。

④ 可转位式车刀，是指机夹可转位不重磨式车刀，它使用标准化的可转位不重磨硬质合金刀片，刀具用钝后不需重新刃磨，只要将刀片转过某一角度之后重新装上夹紧即可再次使用。机夹可转位不重磨式车刀使用十分方便，刀杆利用率高，刀片无焊接产生的应力、变形等缺陷，使用效果好，特别适合在数控机床和自动生产线上使用。

6.2.4.2 车刀的组成及几何角度

6.2.4.2.1 车刀的组成

车刀由刀头和刀柄两部分组成。刀头承担切削工作，又称切削部分；刀柄用于把车刀装夹在刀架上，保证刀具切削部分有一个正确的工作位置，又称夹持部分。

刀头是一个几何体，由三面、二刃、一刀尖组成，即前面、主后面、副后面、主切削刃、副切削刃，刀尖等，如图 6-11 所示。

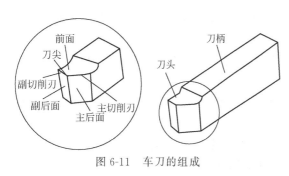

图 6-11 车刀的组成

① 前面，是指车削时，切屑流出时所经过的表面。

② 主后面，是指车削时，与工件加工表面相对的表面。

③ 副后面，是指车削时，与工件已加工表面相对的表面。

④ 主切削刃，是指前面与主后面的交线。在切削过程中，主切削刃担负主要切削工作。

⑤ 副切削刃，是指前面与副后面的交线。它配合主切削刃完成切削工作，对已加工表面起修光作用。

⑥ 刀尖，刀尖是主、副切削刃交点。它常被磨成圆弧形或直线形状态，以提高其强度，延长车刀寿命。

6.2.4.2.2 车刀几何角度

为了确定上述刀面及切削刃的空间位置和车刀的几何角度，需要建立假想的三个基准坐标平面。如图 6-12 所示。

基面：通过切削刃上某个选定点，垂直于该点主运动方向的平面称为基面。对于车削，一般可认为基面是水平面。

切削平面：切削平面是指通过切削刃上某个选定点，与切削刃相切并垂直于基面的平面。其中，选定点在主切削刃上的为主切削平面，选定点在副切削刃上的为副切削平面。切削平面一般是指主切削平面。对于车削，一般可认为切削平面是铅垂面。

正交平面：通过切削刃上的某选定点，并同时垂直于基面和切削平面的平面。也可以认为，正交平面是指通过切削刃上的某选定点，垂直于切削刃在基面上投影的平面。正交平面一般是指主正交平面。对于车削，一般可认为正交平面是铅垂面。

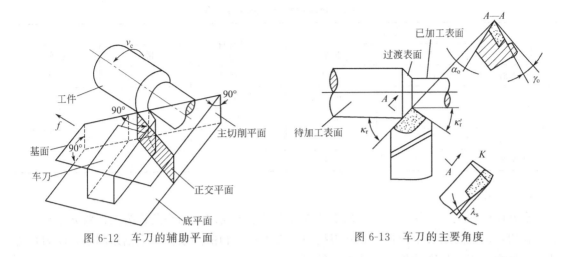

图 6-12 车刀的辅助平面　　　　　图 6-13 车刀的主要角度

如图 6-13 所示,车刀切削部分主要角度有前角、后角、主偏角、副偏角及刃倾角。

(1) 前角

在正交平面中测量,基面与前刀面之间的夹角称为前角 γ_o,表示前刀面的倾斜程度。前角有正负之分,当前面在基面下方时为正值,反之为负值。

作用:影响切削刃锋利程度及强度。前角大,刃口锋利,可减少切削变形和切削力,易切削,易排屑,表面加工质量高,但过大的前角会使刃口强度降低,容易造成刃口损坏。

选择原则:前角的数值大小与刀具材料、被加工材料、工作条件等有关。刀具材料性脆,强度低时应取小值;工件材料强度和硬度低时可选取较大前角;粗加工应取较小前角,精加工时可取较大的前角。在保证刀具刃口强度的条件下,尽量选用大前角。硬质合金车刀前角参考值见表 6-3。

表 6-3　硬质合金车刀前角参考值

工件材料	前角 $\gamma_o/(°)$		工件材料	前角 $\gamma_o/(°)$	
	粗车	精车		粗车	精车
低碳钢	20~25	25~30	灰口铸铁	10~15	5~10
中碳钢	10~15	15~20	铜及铜合金	10~15	5~10
合金钢	10~15	15~20	铝及铝合金	30~35	35~40
淬火钢	−15~5		钛合金	5~10	
不锈钢	15~20	20~25			

(2) 后角

在正交平面中测量,主后面与主切削平面间的夹角称为后角 α_o。

作用:减少后刀面与工件之间的摩擦,也和前角一样影响刃口强度和锋利程度。后角过大,会降低车刀强度,且散热条件差,刀具寿命短;后角过小,摩擦严重,温度高,刀具寿命也短。

选择原则:与前角相似,粗加工或切削较硬材料时取小些,精加工或切削较软材料时取大些。硬质合金车刀的后角参考值见表 6-4。

表 6-4 硬质合金车刀后角参考值

工件材料	后角 $\alpha_o/(°)$		工件材料	后角 $\alpha_o/(°)$	
	粗车	精车		粗车	精车
低碳钢	8～10	10～12	灰口铸铁	4～6	6～8
中碳钢	5～7	6～8	铜及铜合金	6～8	6～8
合金钢	5～7	6～8	铝及铝合金	8～10	10～12
淬火钢	8～10		钛合金	10～15	
不锈钢	6～8	8～10			

(3) 主偏角

在基面中测量,主切削刃在基面上的投影与进给方向之间的夹角称为主偏角 κ_r。

作用:影响切削刃工作长度、吃刀抗力、刀尖强度和散热条件。主偏角越小,吃刀抗力越大,切削刃工作长度越长,散热条件越好。

选择原则:工件粗大,刚性好时可取较小值;车细长轴时,为了减少径向切削抗力,防止工件弯曲,宜选取较大的值,常用为 45°～75°之间。

(4) 副偏角

在基面中测量,副切削刃在基面上的投影与进给相反方向之间的夹角称为副偏角 κ_r'。

作用:减少切削刃与已加工表面间的摩擦,提高工件表面质量。

选择原则:精加工时为提高已加工表面的质量,选取较小的值,一般为 5°～10°。

(5) 刃倾角

在切削平面中测量,主切削刃与基面的夹角称为刃倾角 λ_s。刀尖为切削刃最高点时为正,反之为负。

作用:控制切屑流出方向和改变切削时切削刃上受力的状态和位置,如图 6-14 所示。当 $\lambda_s=0$ 时,切屑在前面上近似沿垂直于主切削刃方向流出;当 λ_s 为负值时,切屑流向已加工表面,形成长卷切屑,易损坏已加工表面;当 λ_s 为正值时,刀头强度较低,切屑流向待加工表面,此时长卷切屑易缠绕在机床主轴的卡盘等转动部件上,从工作和安全角度来考虑都是不利的。但精车时一般切屑较细,为避免切屑擦伤已加工表面,还是常取正刃倾角。

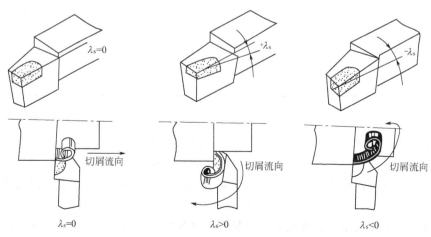

图 6-14 刃倾角对切屑流向的影响

选择原则：一般 λ_s 在 0°～±5°之间选择。精加工时取正值或零，以避免切屑划伤已加工表面；粗加工或切削硬、脆材料时取负值，以提高刀尖强度。

6.2.4.3 车刀的材料

6.2.4.3.1 对车刀材料的性能要求

车刀的切削部分在车削过程中承受着很大的切削力和冲击，并且在很高的切削温度条件下，连续经受强烈的摩擦，所以，车刀的材料应具有以下性能：

① 高硬度。刀具材料的硬度必须高于被加工材料的硬度，常温下，刀具硬度一般在 60HRC 以上。

② 高耐磨性。高耐磨性是指刀具材料抵抗磨损的能力，它是刀具材料硬度、强度等因素的综合反映，一般刀具材料的硬度愈高，耐磨性亦愈好。

③ 足够的强度与冲击韧性。强度是指在切削力的作用下，不至于发生刀刃崩碎与刀杆折断的能力。冲击韧性是指刀具材料在有冲击或间断切削的工作条件下，保证不崩刃的能力。一般，硬度越高，冲击韧性越低，材料越脆。硬度和韧性是一对矛盾，也是刀具材料所应克服的一个关键。

④ 高耐热性。耐热性又称红硬性，综合反映了刀具材料在高温下仍能保持高硬度、耐磨性、强度、抗氧化、抗黏结和抗扩散的能力。它是衡量刀具材料切削性能的重要指标。

⑤ 良好工艺性及经济性。为了便于制造，刀具材料应具备可加工性、可刃磨性、可焊接性及可热处理性等，同时刀具选材应尽可能满足资源丰富、价格低廉的要求。

6.2.4.3.2 常用刀具材料

目前常用的刀具材料有碳素工具钢、合金工具钢、高速钢、硬质合金、人造聚晶金刚石及立方氮化硼等，高速钢和硬质合金是两类应用广泛的车刀材料。

(1) 高速钢

高速钢是一种含钨（W）、铬（Cr）、钒（V）较多的高合金工具钢。高速钢除具有足够的硬度（62～69HRA）、耐磨性和耐热性（500～600℃）外，还具有较高的强度和韧度。在热处理前，高速钢可以像一般中碳钢一样进行各种加工；热处理后，变形较小，而且可以获得较高的常温硬度，制成刀具可以磨出锋利的切削刃。高速钢车刀通常为整体式结构，可以制造成各种类型的车刀，尤其是螺纹精车刀、成形车刀等，俗称白钢刀，其加工范围广，可以加工钢、铸铁、有色金属等材料，但高速钢车刀的切削速度不能太高。车刀通常采用的高速钢牌号为 W18Cr4V1 和 W6Mo5Cr4V2。

(2) 硬质合金

硬质合金是由碳化钨（WC）、碳化钛（TiC）粉末加钴（Co）作为结合剂，高压压制后再高温烧结而成。硬质合金具有较高的硬度和热硬性，即使在 800～1000℃左右仍能保持良好的切削性能，而且允许的切削速度高达 100～300m/min，可进行高速强力切削，能显著提高生产率。但是它的韧性差、脆，不宜承受冲击和振动。一般通过粉末冶金方法制成具有特定形状的刀片，然后将刀片用焊接或机械夹固方法固定在刀体上。因此，硬质合金车刀通常制成焊接式或机夹式车刀。

常用的硬质合金有钨钴类（YG 类）和钨钴钛类（YT 类）两类。YG 类硬质合金比 YT 类硬质合金硬度低，韧度好，一般用于加工铸铁类工件，其中 YG8 用于铸铁件的粗车，YG6 用于半精车，而 YG3 用于精车。YT 类硬质合金车刀一般用于钢件的车削，如 YT5 用于钢件的粗车，YT15 用于半精车，YT30 用于钢件的精车。

6.2.4.4 车刀的刃磨和安装

（1）车刀的刃磨

未经使用的新刀或用钝后的车刀需要进行刃磨（不重磨车刀除外），以得到所需的形状和角度。车刀的刃磨一般在砂轮机上进行。应根据刀具材料正确选用砂轮，刃磨高速钢车刀时应选用白色的氧化铝（白刚玉）砂轮，刃磨硬质合金车刀时则选用绿色的碳化硅砂轮。

车刀刃磨的步骤如图 6-15 所示。磨主后刀面时要按主偏角大小，使刀杆向左偏斜，按主后角大小，使刀头向上翘；磨副后刀面时要按副偏角大小，使刀杆向右偏斜，按副后角大小，使刀头向上翘；磨前刀面则按前角大小，倾斜前刀面的同时注意刃倾角大小；最后磨刀尖圆弧，刀尖上翘，使圆弧刃有后角，左右摆动以刃磨圆弧。

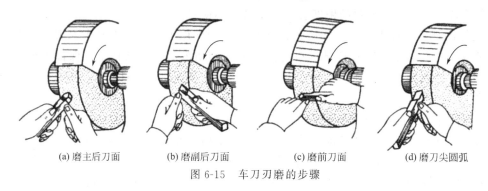

(a) 磨主后刀面　　(b) 磨副后刀面　　(c) 磨前刀面　　(d) 磨刀尖圆弧

图 6-15　车刀刃磨的步骤

刃磨车刀时的注意事项：

① 启动砂轮或刃磨车刀时，磨刀者应站在砂轮侧面，以防砂轮破碎伤人。

② 刃磨时，两手握稳车刀，使刀柄靠近支架，并让受磨面轻贴砂轮。倾斜角度要合适，用力应均匀，以免砂轮碎裂或手拿车刀不稳而飞出。

③ 被刃磨的车刀应在砂轮圆周面上左右移动，使砂轮磨耗均匀，不出沟槽。应避免在砂轮侧面用力粗磨车刀，以防砂轮受力偏摆、跳动，甚至碎裂。

④ 刃磨高速钢车刀时，发热后应将刀具置于水中冷却，以防车刀升温过高而回火软化。而磨硬质合金车刀则不能放在水中冷却，以免产生热裂纹，缩短刀具使用寿命。

车刀的各面在砂轮机上磨好后，还应用油石修磨各刀面，以减小各刀面的粗糙度，从而延长刀具的使用时间，减小加工表面的粗糙度。

（2）车刀的安装

车刀应正确地装夹在车床刀架上，这样才能保证刀具有合理的几何角度，从而提高车削加工质量。车刀的安装应注意以下几点（图 6-16）：

① 车刀刀尖应与车床主轴轴线等高，可根据尾座顶尖的高度来调整刀尖高度，否则加工出的端面中心有凸台。

② 车刀刀杆应与车床轴线垂直，否则将改变主偏角和副偏角的大小。

③ 车刀刀体悬伸长度一般不超过刀杆厚度的两倍，否则刀具刚性下降，车削时容易产生振动。

④ 垫刀片要平整，并与刀架对齐。垫刀片一般使用 2~3 片，太多会降低刀杆与刀架的接触刚度。

⑤ 车刀装好后，应检查车刀在工件的加工极限位置时，车床上是否会产生运动干涉或碰撞。

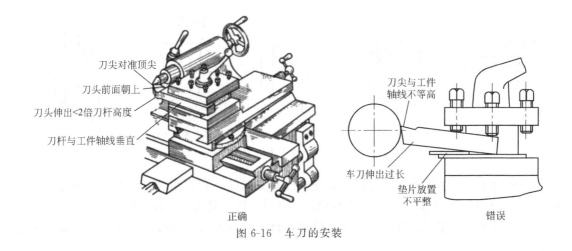

图 6-16 车刀的安装

6.2.5 车床附件及工件的安装

车床附件可以满足车削工艺及不同零件的加工质量要求。车床常用的装夹附件有：三爪定心卡盘、四爪单动卡盘、顶尖、中心架、跟刀架、心轴和花盘等。装夹方法主要取决于工件的尺寸结构。装夹工件时，应保证加工表面回转中心和车床主轴回转中心重合，同时夹紧工件，保证加工安全。

6.2.5.1 三爪定心卡盘

三爪定心卡盘是车床上最常用的附件，其构造如图 6-17 所示。它是由一个大锥齿轮（背面有平面螺纹）、三个小锥齿轮及三个卡爪等组成的锥齿轮传动机构。用卡盘扳手插入任何一个方孔内，顺时针转动小锥齿轮，与之相啮合的大锥齿轮将随之转动，大锥齿轮背面的方牙平面螺纹即带动三个卡爪同时移向中心，夹紧工件。扳手反转，卡爪即松开。由于三爪卡盘的三个卡爪是同时移动、自行定位和夹紧的，夹持圆形截面工件时可自行对中，其对中的准确度约为 0.05～0.15mm。三爪定心卡盘装夹工件一般不需找正，方便迅速，但不能获得高的定心精度，而且夹紧力较小。其主要用来装夹截面为圆形、正六边形的中小型轴类、盘套类工件。当工件直径较大，用正爪不便装夹时，可换上反爪，进行装夹。

图 6-18 所示为用三爪定心卡盘安装工件的几种方法。

用三爪卡盘装夹工件时的基本步骤：

① 工件在卡盘间放正，先轻轻夹紧，夹持长度一般不小于 10mm。

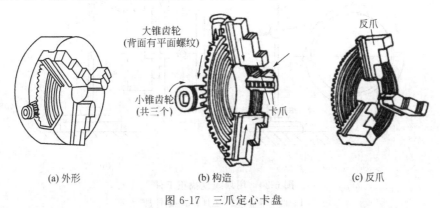

图 6-17 三爪定心卡盘

项目六 车削　149

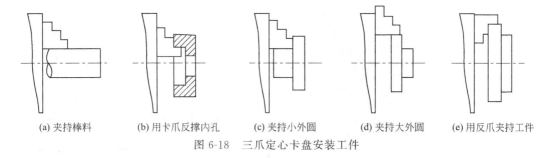

图 6-18 三爪定心卡盘安装工件

② 开动车床，使主轴低速旋转。检查工件有无偏摆，若有偏摆应停车，用小锤轻敲校正。然后，用扳手依次拧紧三个小锥齿轮，以紧固工件。紧固后，取下扳手。

③ 移动车刀至车削行程左端。用手旋转卡盘，检查刀架等是否与卡盘或工件发生干涉碰撞。

④ 车削工件的装夹部位如为精加工表面时，应包一层铜皮，以免夹伤已加工表面。

6.2.5.2 四爪卡盘

四爪卡盘的结构如图 6-19 所示。它的四个卡爪的径向位移是由四个螺杆单独调节的。

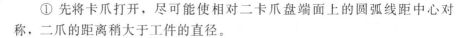

因此它可以用来装夹方形、椭圆形、或不规则形状的工件。此外，四爪卡盘比三爪卡盘的夹紧力大，也可以用来装夹尺寸大的圆形工件。

由于四个卡爪单独调节不能自动定心，在工件装夹时必须仔细找正用四爪卡盘装夹工件时的基本步骤：

① 先将卡爪打开，尽可能使相对二卡爪盘端面上的圆弧线距中心对称，二爪的距离稍大于工件的直径。

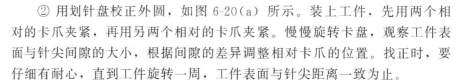

图 6-19 四爪卡盘

② 用划针盘校正外圆，如图 6-20(a) 所示。装上工件，先用两个相对的卡爪夹紧，再用另两个相对的卡爪夹紧。慢慢旋转卡盘，观察工件表面与针尖间隙的大小，根据间隙的差异调整相对卡爪的位置。找正时，要仔细有耐心，直到工件旋转一周，工件表面与针尖距离一致为止。

③ 用划针盘进行端面找正，如图 6-20(b) 所示。工件装在卡盘上，使工件端面与刀架横向方向平行，然后用划针指向工件端面，并靠近外圆处，用手转动主轴进行找正。对高处

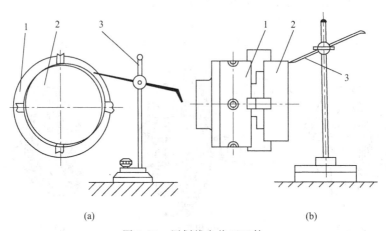

图 6-20 用划线盘找正工件
1—四爪卡盘；2—工件；3—划针盘

可用手锤敲击找正，待完全平行后，用扳手均匀用力使四个爪夹紧工件，然后再用划针盘在端面重新检查一次，确定工件装夹位置找正无误后，方可进行车削加工。

对已加工表面定位且定心精度要求很高的工件，可用百分表找正，如图 6-21 所示，定位精度可达 0.01mm，找正方法与用划针盘找正相同。

6.2.5.3 顶尖

在车床上加工较长或工序较多的轴类工件时，为保证各工序加工的表面位置精度，通常将工件两端的中心孔作为统一的定位基准，用双顶尖装夹工件，如图 6-22 所示。前顶尖装在主轴上，后顶尖装在尾座套筒内。工件的两个中心孔被顶在前后顶尖之间，通过拨盘和卡箍随主轴一起转动。

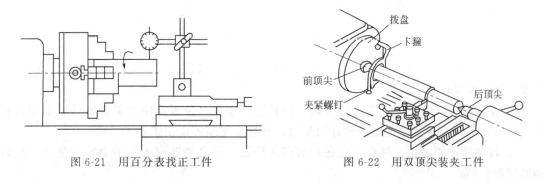

图 6-21　用百分表找正工件　　　　图 6-22　用双顶尖装夹工件

顶尖有固定顶尖（普通顶尖或死顶尖）和活顶尖两种，如图 6-23 所示。低速切削或精加工时使用固定顶尖为宜。高速切削时，为防止摩擦发热过高而烧坏顶尖或顶尖孔，宜采用活顶尖。但活顶尖工作精度不如固定顶尖，故常在粗加工或半精加工时使用。

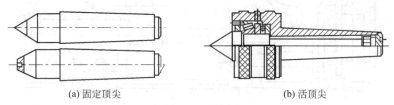

(a) 固定顶尖　　　　　　　　(b) 活顶尖

图 6-23　顶尖

用双顶尖安装工件时，必须先在工件端面钻出中心孔，作为安装的定位基准。加工中心孔之前，先用车刀车平端面，再用中心钻钻中心孔。中心钻安装在尾座套筒内的钻夹头中，使其随套筒纵向移动进行钻削。常用的中心钻和中心孔的形状有 A 型和 B 型两种，如图 6-24 所示。A 型中心孔由一个圆柱孔和一个圆锥孔组成，圆锥孔的锥角为 60°，与顶尖锥面配合支承，里面的小圆孔为的是保证顶尖与圆锥面配合贴切，并可储存少量润滑油。B 型中心孔是在 A 型中心孔外端再加一个 120°锥面，以防 60°锥面被破坏而影响定位精度，故称为

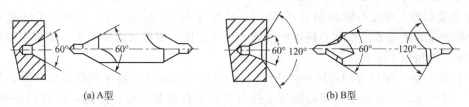

(a) A 型　　　　　　　　　　(b) B 型

图 6-24　常用中心孔与中心钻

保护锥。

用双顶尖装夹轴类工件的步骤：

① 先把顶尖尾部锥面、主轴内锥孔和尾座套筒锥孔擦净，然后把顶尖用力推入锥孔内。校正顶尖时，可调整尾座横向位置，使前后顶尖对准，如图 6-25 所示。如果前后顶尖未对准，轴将被车削成锥体。

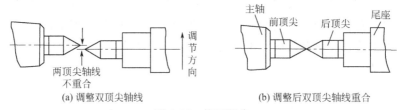

图 6-25　校正顶尖

② 擦净拨盘的内螺纹和主轴端的外螺纹，然后把拨盘拧入主轴上，在工件的左端安装卡箍，用手稍微拧紧卡箍螺钉。

③ 在双顶尖之间安装工件，可根据工件长度调整尾座位置，使刀架能够移至车削行程的最右端，同时又尽量使尾座套筒伸出最短，然后将尾座固定在床身上。

④ 转动尾座的手轮，调节工件在顶尖间的松紧，使之能够旋转但不会轴向松动，然后锁紧尾座套筒。

⑤ 将刀架移至车削行程的最左端，用手转动拨盘及卡箍，检查是否会与刀架碰撞。最后拧紧卡特螺钉，如图 6-26 所示。

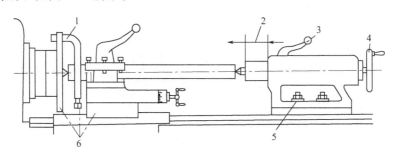

图 6-26　安装工件

1—拧紧卡头；2—调整套筒伸出长度；3—锁紧套筒；4—调节工作顶尖松紧；
5—将尾座固定；6—刀架移至车削行程左端，用手转动拨盘，检查是否会碰撞

6.2.5.4　心轴

对于精度要求较高的盘套类零件，先将内孔精加工后，再装到心轴上进行外圆或端面的精加工，可保证外圆对内孔轴线或端面对内孔轴线的跳动公差要求。

常用的心轴有：锥度心轴、圆柱心轴和可胀心轴等。

① 锥度心轴。锥度心轴如图 6-27 所示。其锥度为 1∶1000～1∶5000。工件套入心轴后，依靠摩擦力来夹紧。锥度心轴对中准确，装卸方便，但传递力矩不大。锥度心轴适用于车削力不大的精加工装夹。

② 圆柱心轴。圆柱心轴如图 6-28 所示。工件套入心轴后需要在两端添加垫圈，依靠螺母锁紧，可传递较大的力矩。但心轴与工件内孔的配合难免会存在间隙，所以对中性较差。圆柱心轴适用于较大直径的盘套类零件粗加工的装夹。

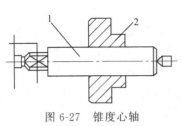
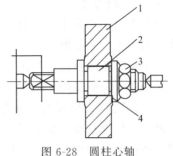

图 6-27 锥度心轴
1—锥度心轴；2—工件

图 6-28 圆柱心轴
1—工件；2—定位圆柱；3—紧固螺母；4—垫片

③ 可胀心轴。可胀心轴如图 6-29 所示。工件安装在可胀锥套上，旋紧右边螺母，可胀锥套向左边移动并胀大，从而胀紧工件。可胀心轴具有装卸方便，对中性好，传递力矩大等优点，故应用广泛。

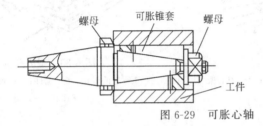

图 6-29 可胀心轴

6.2.5.5 花盘

花盘是安装在车床主轴上的一个大圆盘，盘面上有许多呈放射状排列的长槽，用来穿压紧螺栓，以夹紧工件。花盘的盘面必须平整并与主轴轴线垂直。花盘主要用于安装形状不规则、大而扁的工件，可确保所加工的平面与安装平面平行及所加工的孔或外圆的轴线与安装平面垂直，如图 6-30 所示。

当要求待加工的孔（或外圆）的轴线与安装平面平行或要求两孔的中心线相互垂直时，可借助弯板在花盘上安装工件，如图 6-31 所示。

花盘上装有平衡块，主要起平衡作用，用以减少花盘转动时的振动。

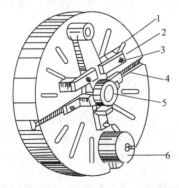
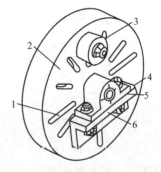

图 6-30 用螺钉压板在花盘上安装工件
1—垫铁；2—压板；3—螺钉；4—螺钉槽；
5—工件；6—平衡块

图 6-31 用弯板在花盘上安装工件
1—螺钉孔槽；2—花盘；3—平衡块；4—工件；
5—安装基面；6—弯板

6.2.5.6 中心架与跟刀架

在加工细长轴时,为防止工件被车刀顶弯或防止工件振动,需要用中心架或跟刀架增加工件的刚性,减少工件的变形。

中心架固定在车床床身上,如图 6-32 所示,其三个爪支承在预先加工好的工件外圆上,起固定支承的作用。一般多用于加工阶梯轴及长轴的端面、打中心孔及加工内孔等。与中心架不同,跟刀架固定在大拖板上,并随之一起移动。使用跟刀架(图 6-33)时,首先在工件的右端车出一小段圆柱面,根据它来调整支承爪的位置和松紧,然后车出被加工面的全长。跟刀架一般在车削细长光轴或丝杠时起辅助支承作用。

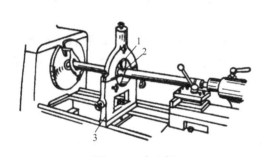

图 6-32 中心架
1—可调节支承爪;2—预先车出的外圆面;3—中心架

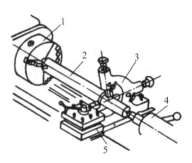

图 6-33 跟刀架
1—三爪卡盘;2—工件;3—跟刀架;
4—尾座;5—刀架

使用中心架或跟刀架时,工件被其支承的部分应是加工过的外圆表面,并且要加注机油进行润滑。工件的转速不能太高,以防工件与支承爪之间摩擦过热而烧坏工件表面,造成支承爪的磨损。

6.2.6 车削加工

6.2.6.1 车外圆

将工件车削成圆柱形表面的加工称为车外圆。它是车削加工中最基本的操作之一。

(1) 外圆车刀

车外圆一般采用尖刀(直头外圆车刀)、弯头(外圆)车刀或偏刀。如图 6-34 所示。

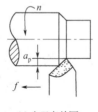
(a) 尖刀车外圆

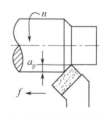
(b) 45°弯头车刀车外圆

(c) 偏刀车外圆

图 6-34 外圆车削

尖刀适用于粗车外圆和没有台阶(或台阶不大)的外圆;45°弯头车刀既可以车外圆,又可车端面,还可以车 45°倒角,应用较普遍;偏刀的主偏角为 90°时,车外圆时的径向力很小,适用于车削有垂直台阶的外圆和细长轴,一般适用于精加工。由于直头外圆车刀和弯头车刀的切削部分强度较高，一般适用于粗加工及半精加工。

(2) 粗车和精车

在车床上加工一个零件，往往需要许多车削步骤才能完成。为了提高生产效率，保证加工质量，生产中把车削加工分为粗车和精车。当零件精度要求高，还需要磨削时，车削又分粗车和半精车。

① 粗车。粗车的目的是尽快从工件上切去大部分加工余量，使工件接近图纸要求的尺寸和形状。粗车要给精车留有合适的加工余量，其精度和表面粗糙度要求并不高。为了提高生产率，保证车刀的耐用度，减少刀具刃磨次数，粗车时要优先选用较大的背吃刀量，根据可能适当加大进给量，选用中等偏低的切削速度。

② 精车。精车的目的是切去粗车给精车留下的少量加工余量，以保证零件的尺寸精度和表面粗糙度，使工件达到图纸要求。一般精车的尺寸精度为 IT8、IT7，表面粗糙度 Ra 值可达 $0.8\sim1.6\mu m$。对于尺寸公差等级和表面粗糙度要求更高的表面，精车后还需进行磨削加工。在选择精车切削用量时，首先应选择合适的切削速度（高速或低速），再选择较小进给量，最后根据工件尺寸要求来确定背吃刀量。

精车时，保证表面粗糙度要求的主要措施有：选用较小的主偏角或副偏角，或刀尖磨有小圆弧，以减小残留面积，使表面粗糙度 Ra 减小；选用较大前角，将刀刃磨得更为锋利，亦可使 Ra 值减小；合理选用切削用量，采取较高的切削速度、较小的背吃刀量和进给量都有利于减小残留面积，从而提高表面质量；选用合适的切削液，也可降低表面粗糙度值。

(3) 刻度盘的应用

在车削工件时，为了能正确迅速地控制背吃刀量，可以利用中拖板上的刻度盘。中拖板刻度盘紧固在中拖板丝杠轴上。当摇动中拖板手柄带着刻度盘转一周时，中拖板丝杠也转了一周。这时，固定在中拖板上、与丝杠配合的螺母沿丝杠轴线方向移动了一个螺距。因此，安装在中拖板上的刀架也移动了一个螺距。刀架横向进给的距离（即背吃刀量），可按刻度盘的格数计算。刻度盘转动一格时：横向进给的距离＝丝杠螺距÷刻度盘格数。

例如，CA6140 车床中，如果中拖板丝杠螺距为 5mm，中拖板刻度盘圆周上等分为 100 格，当手柄带动刻度盘转动一格时，刀架横向移动距离为：$5\div100=0.05$（mm），即背吃刀量为 0.05mm。由于工件是旋转的，使用中拖板刻度盘时，车刀横向进给后的切除量刚好是背吃刀量的两倍。因此要注意，当工件外圆余量测得后，中拖板刻度盘控制的背吃刀量是外圆余量的 1/2。

使用中拖板刻度盘时，应慢慢地把刻度盘转到所需要的位置。若不慎多转过几格，不能就简单地退回几格，由于丝杠和螺母之间有间隙存在，会产生空行程（即刻度盘转动，而刀架并未移动），此时一定要向相反方向退回全部空行程，再转到所需位置，如图 6-35 所示。

(4) 试切的方法及步骤

工件在车床上装夹后，要根据工件的加工余量决定走刀的次数和每次定刀的背吃刀量。因为刻度盘和横向进给丝杠都有误差，在半精车或精车时，往往不能满足加工精度要求。为了准确地确定背吃刀量，保证工件的加工尺寸精度，只靠刻度盘进刀是不行的，这就需要采用试切的方法。试切的方法与步骤如下：

第一步，开车对刀，转动中拖板手柄缓慢进刀，使刀尖与工件表面轻微接触 [图 6-36(a)]，记下中拖板刻度盘上的数值。然后转动大拖板手柄向右纵向退刀 [图 6-36(b)]。

第二步，按背吃刀量或工件直径的要求，转动中拖扳手柄，根据中拖板刻度盘上的数值

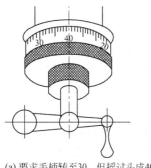
(a) 要求手柄转至30，但摇过头成40

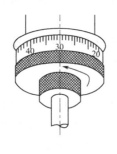
(b) 错误：直接退至30

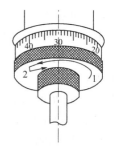
(c) 正确：反转约一周后再转至30

图 6-35　手柄摇过头后的纠正方法

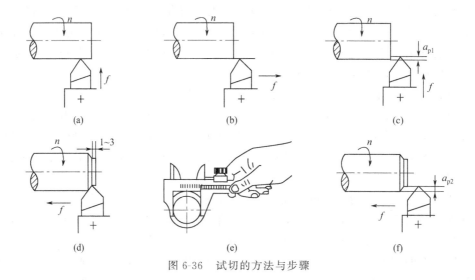

图 6-36　试切的方法与步骤

进刀[图 6-36(c)]，并手动纵向进给切进工件 1~3mm[图 6-36(d)]，然后再次向右纵向退刀。

第三步，进行测量[图 6-36(e)]，如果尺寸合格，就按该切深纵向进给将整个表面加工完，如果尺寸偏大或偏小，就重新进行试切[图 6-36(f)]，直到尺寸合格。试切调整过程中，为了迅速而准确地控制尺寸，背吃刀量须按中拖板丝杠上的刻度盘调整。

(5) 车外圆时的质量分析

① 尺寸不正确：原因是车削时粗心大意，看错尺寸；刻度盘计算错误或操作失误；测量时不仔细、不准确。

② 表面粗糙度不合要求：原因是车刀刃磨角度不对；刀具安装不正确或刀具磨损；切削用量选择不当；车床各部分间隙过大。

③ 外径有锥度：原因是吃刀深度过大，刀具磨损；刀具或拖板松动；用小拖板车削时转盘下基准线不对准"0"线；两顶尖车削时床尾"0"线不在轴线上；精车时加工余量不足。

6.2.6.2　车台阶

车削台阶的方法与车削外圆基本相同，但在车削时应兼顾外圆直径和台阶长度两个方向的尺寸要求，还必须保证台阶平面与工件轴线的垂直度要求。

车高度在 5mm 以下的低台阶时,可用主偏角为 90°的偏刀在车外圆时同时车出;车高度在 5mm 以上的高台阶时,应分几次走刀进行切削,最后一次纵向走刀后,退刀时,车刀沿径向向外车出,以修光端面。台阶的车削如图 6-37 所示。

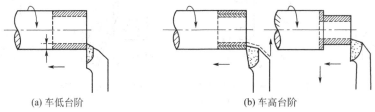

图 6-37 台阶的车削

台阶轴向尺寸的控制可根据生产批量而定,批量较小时,可用钢直尺或样板确定其轴向位置,如图 6-38 所示。车削时先用刀尖或卡钳在工件上划出线痕,线痕的轴向尺寸应小于图样尺寸 0.5mm 左右,以作为精车的加工余量。精车时,轴向尺寸可用游标卡尺和深度尺进行测量,轴向进刀时,可视加工精度的要求采用大拖板或小拖板刻度盘来控制,如果工件的批量较大且台阶较多,用行程挡块来控制轴向尺寸(图 6-39),可显著提高生产率并保证加工质量。

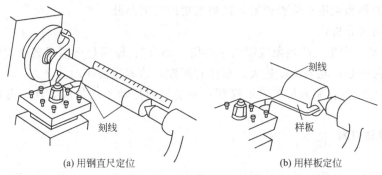

图 6-38 台阶位置的确定

车台阶的质量分析:

① 台阶长度不正确,不垂直,不清晰:原因是操作粗心,测量失误;自动走刀控制不当;刀尖不锋利;车刀刃磨或安装不正确。

② 表面粗糙度差:原因是车刀不锋利;手动走刀不匀或太快;自动走刀切削用量选择不当。

6.2.6.3 车端面

对工件端面进行车削的方法称为车端面。车端面的常用车刀及其车削情况如图 6-40 所示。45°弯头车刀应用较广,车削时,因为端面上的中心凸台是被弯头车刀逐渐切除的,因此,刀尖不易损坏,但端面的表面粗糙度值较大,一般用于车削大端面。用右偏刀由外向中心车削端面时,由于端面上的中心凸台是瞬时被切除的,容易损坏刀尖,而

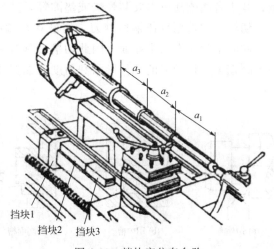

图 6-39 挡块定位车台阶

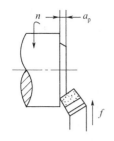 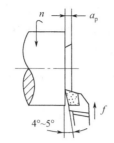 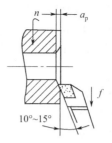 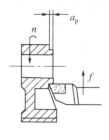

(a) 弯头刀车端面　(b) 右偏刀从外向中心车端面　(c) 右偏刀从中心向外车端面　(d) 左偏刀车端面

图 6-40　车端面

且由于切削时前角比较小，切削不顺利，背吃刀量大时容易扎刀，使端面出现内凹，一般不用此方法车削端面。通常情况下，用右偏刀由内向外车削带孔工件的端面或精车端面，此时切削前角较大，切削顺利且端面表面粗糙度数值较低。

车端面时应注意以下几点：车刀的刀尖应对准工件的回转中心，以免车出的端面中心留有凸台；端面的直径从外到中心逐渐减小，切削速度也在逐渐降低，为获得整个端面上较好的表面质量，精车端面的转速应比精车外圆略高一些；车削直径较大的端面，应保持车刀的锋利，检查方刀架和大拖板是否锁紧，以防出现凹心或凸肚。

车端面的质量分析：

① 端面不平，产生凸凹现象或端面中心留"小头"：原因是车刀刃磨或安装不正确，刀尖没有对准工件中心；吃刀深度过大；车床有间隙，造成拖板移动。

② 表面粗糙度差：原因是车刀不锋利；手动走刀摇动不均匀或太快；自动走刀切削用量选择不当。

6.2.6.4　切槽和切断

(1) 切槽

在工件表面上车削沟槽的方法叫切槽。用车削加工的方法所加工出的槽有外槽、内槽和端面槽，如图 6-41 所示。轴上的外槽和孔的内槽多属于工艺槽，如车螺纹时的退刀槽和磨削时砂轮的越程槽。它们的作用是车削螺纹或进行磨削时便于退刀，否则工件将无法加工，同时，在轴上或孔内装配其他零件时，也便于确定其轴向位置。端面槽的主要作用是减少质量，其中有些槽还可以安装弹簧或垫圈等，其作用要根据零件的结构和使用要求而定。

切槽时常选用高速钢切槽刀。切槽和车端面很相似，切槽如同左右两把偏刀合并在一起，同时车削左右两个端面。因此切槽刀具有一个主切削刃、一个主偏角、两个副切削刃和两个副偏角，切槽刀的几何形状和角度值如图 6-42 所示。

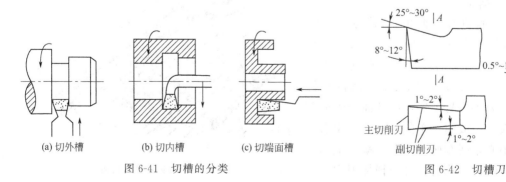

图 6-41　切槽的分类　　　　　　　　　图 6-42　切槽刀

切削宽度在 5mm 以下的窄槽时，可采用主切削刃的宽度等于槽宽的切槽刀，在一次横向进给中切出，如图 6-43(a) 所示。切削宽度在 5mm 以上的宽槽时，一般采用先分段横向粗车，在最后一次横向切削后，再进行纵向精车的加工方法，如图 6-43(b) 所示。

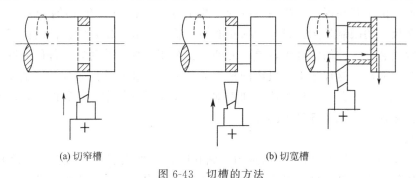

(a) 切窄槽　　　　　　　　　　(b) 切宽槽

图 6-43　切槽的方法

（2）切断

把坯料或工件分成两段或若干段的车削方法称为切断，它主要用于把长的圆棒料按尺寸要求下料或把加工完的工件从毛坯上切下来，如图 6-44 所示。

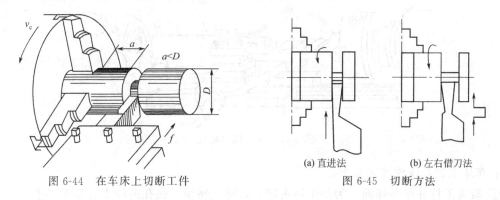

图 6-44　在车床上切断工件　　　(a) 直进法　　(b) 左右借刀法

图 6-45　切断方法

切断刀的形状与切槽刀相似，但因刀头窄而长，在切断过程中，散热条件差，刀具刚性低，很容易折断，因此必须减低切削用量，以防止工件、机床的振动以及刀具的损伤。

常用的切断方法有直进法和左右借刀法两种，如图 6-45 所示。直进法常用于切断铸铁等脆性材料，左右借刀法常用于切断钢等塑性材料。

切断时应注意以下几点：

① 切断时，工件一般用卡盘装夹，切断处应尽量靠近卡盘处，以免引起工件振动，如图 6-44 所示。

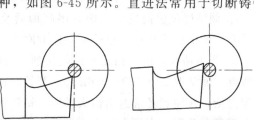

(a) 刀尖过低易被压断　　(b) 刀尖过高不易切削

图 6-46　切断刀刀尖须与工件中心同高

② 切断刀刀尖必须与工件中心等高，较高或较低均会使工件中心部位形成凸台，损坏刀头，如图 6-46 所示。

③ 切断刀伸出刀架的长度不要过长，进给要缓且均匀。即将切断时，必须放慢进给速度，以免刀头折断。

④ 切断钢件时需要加切削液进行冷却润滑；切铸铁时一般不加切削液，必要时可用煤

油进行冷却润滑。

6.2.6.5 孔加工

在车床上可以使用麻花钻头、扩孔钻、铰刀等定尺寸刀具加工孔，也可以使用内孔车刀镗孔。内孔加工由于存在观察、排屑、冷却、测量及尺寸控制等方面的困难，刀具的形状、尺寸又受内孔尺寸的限制且刚性较差，内孔的加工质量受到一定影响。同时由于加工内孔不能用顶尖，因而装夹工件的刚性也较差。另外，在车床上加工孔时，工件的外圆和端面必须在同一次装夹中完成，这样才能靠机床的精度保证工件内孔与外圆表面的同轴度以及工件轴线与端面的垂直度。因此在车床上适合加工轴类、盘套类零件中心位置的孔，而不适合于加工大型零件及箱体、叉架类零件上的孔。

（1）钻孔

图 6-47 所示为在车床上钻孔的示意图。钻孔时，工件安装在卡盘上，其旋转运动为主运动。若使用锥柄麻花钻，则将其直接安装在尾座套筒内，若使用直柄麻花钻，则可通过钻夹头夹持后，再装入尾座套筒内。此外，钻头也可以用专用工具夹持在刀架上，以实现自动进给。

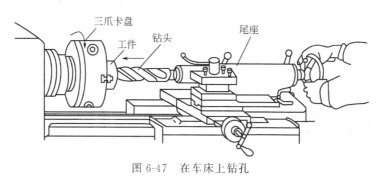

图 6-47 在车床上钻孔

在车床上钻孔操作步骤如下：

① 装夹工件并车平端面。为便于钻头定心，防止钻偏，钻孔前应先将端面车平。

② 钻中心孔。用中心孔钻在工件中心处先钻出麻花钻定心孔，或用车刀在工件中心处车出定心小坑。

③ 装夹钻头。选择与所钻孔直径对应的麻花钻，麻花钻的工作部分长度应略长于孔深。

④ 调整尾座纵向位置。松开尾座锁紧装置，移动尾座使钻头能进给到钻孔所需长度，并使套筒伸出长度较短，以保证尾座的刚性，锁紧尾座。

⑤ 开车钻孔。由于钻孔是封闭切削，散热困难，钻头容易过热，因此钻孔的切削速度不宜高，通常取 $v_c=0.3\sim0.6\text{m/s}$。开始时进给要慢，使钻头准确地钻入，然后以正常的进给量进给，并注意经常退出钻头排屑，钻钢件时要加切削液。钻盲孔时，可利用尾座套筒上的刻度控制孔深，也可在钻头上做深度标记来控制孔深。孔的深度还可用深度尺测量。若钻通孔，当快要钻通时应缓慢进给，以防钻头折断。钻孔结束后，应先退出钻头，然后再停车。

（2）扩孔与铰孔

机床扩孔的公差等级为 IT10、IT9，表面粗糙为 $Ra3.2\sim6.3$。扩孔的加工余量与孔径的大小有关，一般为 $0.5\sim2\text{mm}$。

车床铰孔的公差等级一般为 IT6～IT8，表面粗糙为 $Ra0.8\sim1.6$。加工余量一般为

0.1~0.2mm。钻-扩-铰连用是孔加工的典型方法之一，多用于成批生产，或用于单件小批生产中加工细长孔。

（3）镗孔

镗孔是用镗孔刀对已铸、锻或钻出的孔作进一步加工，以扩大孔径，提高孔的精度和降低孔表面粗糙度的加工方法。在车床上可镗通孔、盲孔、台阶孔及孔内环形沟槽等，如图6-48所示。镗孔可以较好地纠正原来孔轴线的偏斜，提高孔的位置精度，镗孔主要用于加工大直径孔，可以进行粗加工、半精加工和精加工。

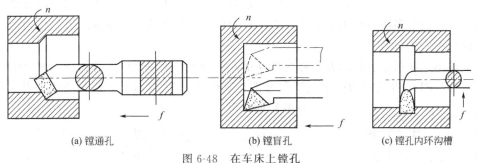

(a) 镗通孔　　(b) 镗盲孔　　(c) 镗孔内环沟槽

图 6-48　在车床上镗孔

在车床上镗孔时，工件旋转作主运动，镗刀在刀架的带动下作纵向进给运动。由于镗刀要进入孔内进行镗削，因此镗刀切削部分的结构尺寸较小，刀杆也比较细，刚性比较差，镗孔时要选择较小的背吃刀量和进给量，生产率不高。但镗刀切削部分的结构形状与车刀一样，便于制造，而且镗削加工的通用性较强，应用广泛，对于大直径和非标准的孔都可进行镗削，镗削加工的精度接近于车外圆的精度，可达 IT8、IT7，表面粗糙为 $Ra0.8\sim1.6$。

在车床上镗孔时，其径向尺寸的控制方法与外圆车削时基本一样，镗盲孔或台阶时，轴向尺寸（孔的深度）的控制方法与车台阶时相似，需要注意的是，当镗刀纵向进给至末端时，需作横向进给加工内端面，以保证内端面与孔轴线垂直。此外镗孔时还要注意下列事项：

① 开动机床镗孔前，用手动方法使镗刀在孔内试走一遍，确认无运动干涉后再开车镗削。

② 镗孔时镗刀杆尽可能粗些，以增加刚性，减小振动。在镗盲孔时，镗刀刀尖至刀杆背面的距离必须小于孔的半径，否则，孔底中心将无法车平。

③ 装夹镗刀时，刀尖应略高于工件回转中心，以减少加工中的颤动和扎刀现象，也可以减小镗刀下部碰到孔壁的可能性，尤其在镗小孔的时候。

④ 在保证镗孔深度的情况下，镗刀伸出刀架的长度应尽量短，以增加镗刀的刚性，减少振动。

⑤ 镗孔的切深方向和退刀方向与车外圆正好相反。

（4）车内孔时的质量分析

① 孔径大于要求尺寸：原因是镗孔刀安装不正确；刀尖不锋利；小拖板下面转盘基准线未对准"0"线；孔偏斜、跳动；测量不及时。

② 孔径小于要求尺寸：原因是刀杆细造成"让刀"现象，量具有误差如塞规磨损或选择不当；镗刀磨损以及车削温度过高。

③ 内孔成多边形：原因是车床齿轮咬合过紧，接触不良，车床各部间隙过大、薄壁工

件装夹变形使内孔呈多边形。

④ 内孔有锥度：原因是主轴中心线与导轨不平行；使用小拖板时基准线不对；切削量过大或刀杆太细造成"让刀"现象。

⑤ 表面粗糙度达不到要求：原因是刀刃不锋利，几何角度不正确，切削用量选择不当；冷却液不充分。

6.2.6.6 车圆锥面

在机械制造业中，除了采用内外圆柱面作为配合表面外，还广泛采用内外圆锥面作为配合表面，如车床的主轴锥孔、尾座的套筒、钻头和铰刀的锥柄等。因为圆锥面配合紧密，不但拆卸方便，而且多次拆卸仍能准确定心，对中性好，锥度较小的锥面还可以传递很大的扭矩，所以应用广泛。

将工件车削成圆锥表面的方法称为车圆锥面。圆锥分为圆锥体（外圆锥）和圆锥孔（内圆锥）两种。图 6-49 所示为圆锥主要尺寸图，其中 D 为大端直径，d 为小端直径，l 为圆锥的轴向长度。

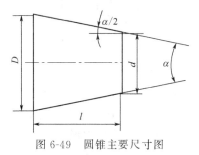

图 6-49 圆锥主要尺寸图

锥度 $$C = \frac{D-d}{l} = 2\tan\alpha$$

斜度 $$M = \frac{D-d}{2l} = \tan\alpha = \frac{C}{2}$$

为了降低成本和使用方便，把圆锥面的参数定为标准值，编成不同的号数，只有号数相同的内外锥面，才能配合和具有互换性。常用的标准圆锥有两种：一种是公制圆锥，其锥度 $C=1:20$，公制圆锥有八个号，分别是 4、6、80、100、120、140、160、200，其号码是指圆锥的大端直径。另一种是莫氏圆锥，目前应用很广泛，如车床主轴和尾座套筒锥度、钻头等的锥柄度都是采用莫氏锥度，莫氏圆锥有 0、1、2、3、4、5、6 共七个号。锥度最小的是 0 号，最大的是 6 号，莫氏圆锥是从英制换算而来的，号码不同，其圆锥角和尺寸也不同。

圆锥面的车削方法有很多种，常用的方法有宽刀法、小刀架转位法、偏移尾座法等。

(1) 宽刀法

宽刀法是指利用主切削刃横向运动直接车出圆锥面，如图 6-50 所示。该方法简便、迅速，可加工任意角度的圆锥面。在使用宽刀时，车床和工件必须有较好的刚度，否则易引起振动。宽刀法一般适用于批量加工较短的圆锥面。

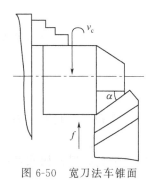

图 6-50 宽刀法车锥面　　图 6-51 小刀架转位法车锥面

（2）小刀架转位法

如图6-51所示，根据零件的锥度，松开小刀架的紧固螺母，使小刀架绕转盘扳转α角度（中拖板上有刻度）后锁紧，转动小拖板手柄，即可斜向进给车出圆锥面。此法操作简单，能保证一定的加工精度，可车内、外锥面及锥角很大的锥面，因此应用很广。但由于受小刀架行程的限制，且只能手动进给，锥面粗糙度值较高。所以常用于单件小批量生产中加工要求不高的短锥面。

（3）偏移尾座法

在长工件上车削锥度较小的锥面，可采用偏移尾座法，如图6-52所示。工件安装在前、后顶尖上，通过偏移尾座一个距离s，使工件旋转轴线与车床主轴轴线的交角等于工件圆锥面的半锥角。利用车刀纵向进给，就可以车出所需的锥面。这种方法可以在任何普通车床上使用，并且能实现自动进给，工件表面粗糙度较小。但因受尾座偏移量的限制，只能车$α<8°$的外锥面，又因顶尖在中心孔是歪斜的，接触不良，磨损不均匀，导致在加工锥度较大的锥面时将会影响加工精度。

尾座偏移距离s，可由以下公式计算

$$s = L\sin\alpha$$

当α较小时，有

$$s = L\sin\alpha = L(D-d)/l$$

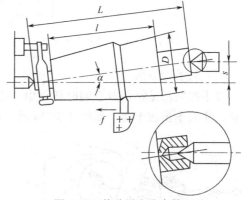

图6-52 偏移尾座法车锥面

（4）车圆锥面的质量分析

① 锥度不准确：原因是计算上的误差；小拖板转动角度和尾座偏移量偏移不精确；车刀、拖板、尾座没有固定好而在车削中移动。甚至可能会因为工件的表面粗糙度太差，量规或工件上有毛刺或没有擦干净，而造成检验和测量的误差。

② 锥度准确而尺寸不准确：原因是粗心大意，测量不及时、不仔细；进刀量控制不好，尤其是最后一刀没有掌握好进刀量。

③ 圆锥母线不直：圆锥母线不直是指锥面不是直线，锥面上产生凹凸现象或是中间低、两头高。主要原因是车刀安装没有对准中心。

④ 表面粗糙度不合要求：配合锥面一般精度要求较高，表面粗糙度不高，往往会造成废品。造成表面粗糙度差的原因是切削用量选择不当；车刀磨损或刃磨角度不对；没有进行表面抛光或抛光余量不够；用小拖板车削锥面时，手动走刀不匀；另外机床的间隙大、工件刚性差也会影响表面粗糙度。

6.2.6.7 车成形面

有些机械零件，如手柄、手轮、圆球、凸轮等，它们不像圆柱面、圆锥面那样母线是一条直线，这些零件是以一条曲线为母线，绕直线旋转而形成的表面，这样的零件表面叫成形面，也称特形面。

在车床上加工成形面的方法有成形刀法、双手控制法和靠模法等车削方法。

（1）成形刀法

把刀刃形状刃磨成和工件成形面形状相似的车刀叫作成形刀（也称样板刀）。车削大圆角、内外圆弧槽、曲面狭窄而变化较大或数量较多的成形面工件时，常采用成形刀法，如图 6-53 所示，加工时车刀只作横向进给。该方法操作简便，效率高，能获得准确的表面形状，但其加工精度主要靠刀具保证，刀具制造成本高。由于切削时接触面较大，切削抗力也较大，容易出现振动和工件移位。因此，要求操作中切削速度应取小些，工件的装夹必须牢靠。

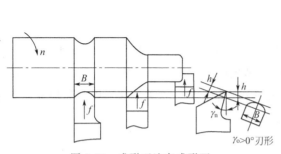

图 6-53 成形刀法车成形面

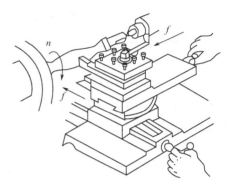

图 6-54 双手控制法车成形面

（2）双手控制法

双手控制法是指用双手同时摇动中、小滑板手柄，通过双手的协调动作，使车刀作曲线运动，从而车出成形面，如图 6-54 所示。该方法简单易行，不需特殊设备，但对操作技能要求高，且生产率低，故适用于加工单件小批量、精度要求不高的成形面。

（3）靠模法

靠模法就是事先做一个与工件形状相同的曲面靠模，仿形车削即可，如图 6-55 所示。用靠模法加工手柄的成形面 2，此时，刀架的横向滑板已经与丝杠脱开，其前端的拉杆 3 上装有滚柱 5。当大拖板纵向走刀时，滚柱 5 即在靠模 4 的曲线槽内移动，从而使车刀刀尖也随着作曲线移动，同时用小刀架控制切深，即可车出手柄的成形面。当靠模 4 的槽为直槽时，将靠模 4 扳转一定角度，即可用于车削锥度。用这种方法加工成形面，操作简单、加工质量好、生产率较高，但靠模制造成本高，因此多用于大批生产。

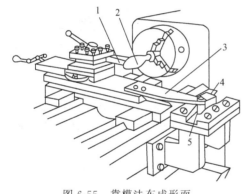

图 6-55 靠模法车成形面
1—车刀；2—成形面；3—拉杆；4—靠模；5—滚柱

6.2.6.8 车螺纹

将工件的表面车削成螺纹的方法称为车螺纹。

螺纹的种类很多，应用十分广泛。按标准分为公制螺纹和英制螺纹。按螺纹的牙型分为三角螺纹、矩形螺纹和梯形螺纹等，如图 6-56 所示。三角螺纹常用于连接，矩形螺纹和梯形螺纹常用于传动。按螺旋方向分为右旋螺纹和左旋螺纹；按螺纹旋转的线数分为单线螺纹和多线螺纹等。其中公制三角螺纹应用最广，称为普通螺纹。

（1）普通螺纹的各部分名称及基本要素

图 6-57 标注了普通螺纹各部分的名称和代号。

相配合的螺纹除了旋向与线数需一致外，螺纹的配合质量主要取决于下面三个基本要素的精度：

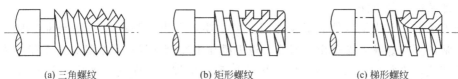

(a) 三角螺纹　　　　　　(b) 矩形螺纹　　　　　　(c) 梯形螺纹

图 6-56　螺纹的种类

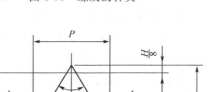

图 6-57　普通螺纹各部分的名称

D—内螺纹大径（公称直径）；d—外螺纹大径（公称直径）；D_2—内螺纹中径；d_2—外螺纹中径；
D_1—内螺纹小径；d_1—内螺纹小径；P—螺距；H—原始三角形高度

① 牙型角 α。它是螺纹轴向剖面内螺纹两侧面的夹角。公制螺纹为 $\alpha=60°$，英制螺纹 $\alpha=55°$。

② 螺距 P。它是沿轴线方向上相邻两牙对应点的距离。公制螺纹的螺距用 mm 表示。

③ 螺纹中径 $D_2(d_2)$。它是平分螺纹理论高度的一个假想圆柱体的直径。在中径处螺纹的牙厚和槽宽相等。只有内、外螺纹中径相等时，两者才能很好地配合。

（2）螺纹车刀的角度和安装

要车削出合格的螺纹，螺纹车刀的刀尖角等于螺纹牙型角 α，刀具切削部分的形状应与螺纹轴向剖面形状相同，如图 6-58 所示。为了保证车刀切削部分形状与螺纹截面形状相吻合，又使车刀刃磨方便，常取前角 $\gamma_o=0°$。只有在粗加工或螺纹精度要求不高时，为了改善切削条件，才用正前角的车刀。另外，当螺距较大时，要考虑螺旋角对车刀两侧后角的影响。为了防止车刀后面与螺纹表面摩擦，顺利进行切削，车刀后角应加上或减去一个螺旋角（车右螺纹时，左面后角增大，右面后角减小）。

安装螺纹车刀时，应使刀尖与工件轴线等高，否则会影响螺纹的截面形状，并且刀尖的平分线要与工件轴线垂直。如果车刀装得左右歪斜，车出来的牙型就会偏左或偏右。为了使车刀安装正确，可采用样板对刀，如图 6-59 所示。

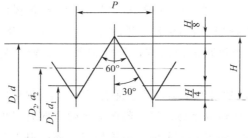

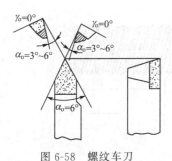

图 6-58　螺纹车刀　　　　　　　　　　　图 6-59　螺纹车刀的对刀方法

(3) 螺纹的车削方法

车削螺纹前,首先把工件的螺纹外圆直径按要求车出,并在螺纹起始端车出 45°或 30°倒角。通常还要在螺纹末端车出退刀槽,退刀槽比螺纹槽略深。其次调整好车床,为了在车床上车出螺纹,必须使车刀主轴每转一周便得到一个等于螺距大小的纵向移动量,因此刀架用开合螺母通过丝杠来带动,只要选用不同的配换齿轮或改变进给箱手柄位置,即可改变丝杠的转速,从而车出不同螺距的螺纹。一般车床都有完善的进给箱和挂轮箱,车削标准螺纹时,可以从车床的螺距指示牌中,找出进给箱各操纵手柄应放的位置,进行调整。车床调整好后,选择较低的转速,开动车床,合上开合螺母,开正反车数次后,检查丝杠与开合螺母的工作状态是否正常,为使刀具移动较平稳,需消除车床各拖板间隙及丝杠螺母的间隙。

以下为正、反车法车削螺纹的步骤,此法适合于车削各种螺纹:

① 开车,使车刀与工件轻微接触,记下刻度盘读数,向右退出车刀[图 6-60(a)]。
② 合上开合螺母,在工件表面上车出一条螺旋线,横向退出车刀,停车[图 6-60(b)]。
③ 开反车,使车刀退到工件右端,停车,用钢直尺检查螺距是否正确[图 6-60(c)]。
④ 利用刻度盘调整切深,开车切削[图 6-60(d)]。
⑤ 车刀行至螺纹端头时,应快速退出车刀,然后停车,开反车向右退回车刀[图 6-60(e)]。
⑥ 反复调整横向进给切深,直至螺纹达到要求[图 6-60(f)]。

(4) 车螺纹的进刀方法

车削螺纹时,主要有两种方法:直进法和斜进法。

直进法是指用中拖板横向进刀,两切削刃和刀尖同时参加切削,此方法操作简单,能保

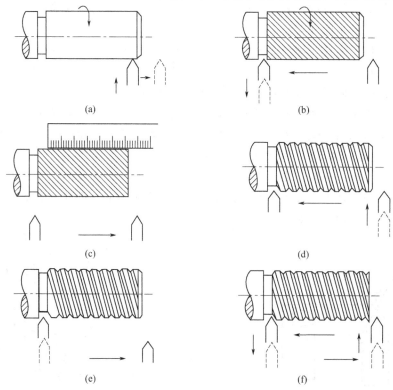

图 6-60 车削螺纹的步骤

证螺纹牙型精度，但刀具受力大、散热差、排屑困难、刀尖易磨损。此法适用于车削脆性材料、小螺距螺纹或最后的精车螺纹。

斜进法又称左右赶刀法，用中拖板横向进刀与小拖板纵向（左或右）微量进刀相配合，使车刀基本上只有一个切削刃参加切削。这种方法刀具受力较小，车削比较平衡，生产率较高，但螺纹的牙型一侧表面粗糙，所以，在最后一刀要留有余量，用直进法进刀修整牙型两侧。此法适用于车削塑性材料和螺纹的粗车。

（5）车削螺纹时注意事项

① 为避免车刀与螺纹槽对不上而产生"乱扣"，在车削过程中和退刀时，始终应保持主轴至刀架的传动系统不变，即不脱开传动系统中任何齿轮或开合螺母，但当丝杠螺距和车削的螺距之比为整数时，可在不切削及向右退刀时脱开开合螺母。再次车削时，即可合上开合螺母。

② 车削螺纹时每次切削深度要小，通常为 0.1mm 左右，每次走刀后应牢记刻度，作为下次进刀时的基数，并注意进刀时中拖板手柄不能多摇一圈，否则会造成刀尖崩刃，工件被顶弯等。

③ 车刀在车刀架上的位置应始终保持不变，如中途须卸下进行刃磨，则应重新对刀。对刀必须在合上开合螺母，使刀架移动到工件的中间后，停车进行。此时移动小拖板使车刀切削刃与螺纹槽相吻合即可。

④ 应按螺纹车削长度及时退刀。退刀过早，下次车到位置时，背吃刀量过大，易损坏刀尖，或螺纹车完时有效长度不够；退刀过迟，会使车刀撞上工件，造成车刀损坏和工件报废。

（6）车螺纹的质量分析

① 尺寸不正确：原因是是车螺纹前直径或孔径不对；车刀刀尖磨损；螺纹车刀切深过大或过小。

② 螺纹不正确：原因是挂轮在计算或搭配时错误；进给箱手柄位置放错；车床丝杠和主轴窜动；开合螺母塞铁松动。

③ 牙型不正确：原因是车刀安装不正确，产生半角误差；车刀刀尖角刃磨不正确；刀具磨损。

④ 螺纹表面不光洁：原因是切削用量选择不当；切屑流出方向不对；产生切屑瘤拉毛螺纹侧面；刀杆刚性不够，产生振动。

6.2.6.9 滚花

某些工具和机器零件的手持部分，如铰杠扳手以及螺纹量规等，为了便于手握和增加美观，常在表面上滚出各种不同的花纹。

滚花是在车床上用滚花刀挤压工件，使其表面产生塑性变形而形成花纹的工作，如图 6-61 所示。由于滚花时工件的径向压力很大，因此加工时工件的转速要低些。一般还要加切削液冷却润滑，以免研坏滚花刀和防止细屑滞塞在滚花刀内而产生乱纹。

滚花刀按花纹的式样分为直纹和网纹两种，其花纹的粗细取决于不同的滚花轮。滚花刀按滚花轮的数量又可分为单轮、双轮和三轮，如图 6-62 所示。其中最常用的是网纹式双轮滚花刀。

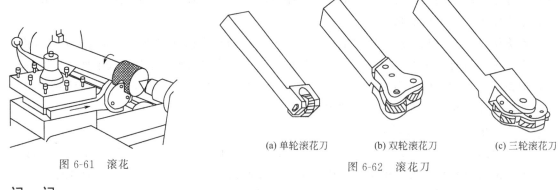

图 6-61 滚花　　(a) 单轮滚花刀　　(b) 双轮滚花刀　　(c) 三轮滚花刀

图 6-62 滚花刀

记一记

6.3 任务实施

6.3.1 任务报告

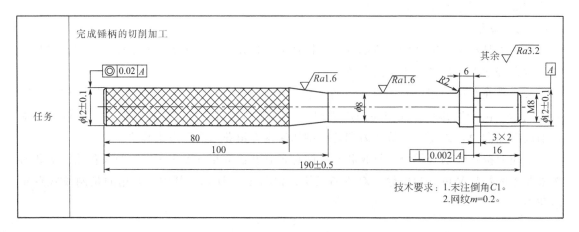

完成锤柄的切削加工

技术要求：1. 未注倒角C1。
2. 网纹 $m=0.2$。

续表

材料准备	φ14×200,45钢
所需设备	
刀具	
量具	
操作步骤	

6.3.2 任务考核评价表

项目		项目内容	配分	学生自评分	教师评分
任务完成质量得分（50%）	1	基准确定	5		
	2	长度 190±0.5	5		
	3	$\phi 12\pm 0.1\times 80$	10		
	4	$\phi 12\pm 0.1\times 6$	10		
	5	退刀槽 3×2	10		
	6	$\phi 8\times 68$	10		
	7	M8×16	10		
	8	锥度	10		
	9	倒角 1×45，R2 圆角	10		
	10	滚花	10		
	11	表面粗糙度	10		
		合计	100		
任务过程得分（40%）	1	准备工作	20		
	2	工位布置	10		
	3	工艺执行	20		
	4	清洁整理	10		
	5	清扫保养	10		
	6	工作态度是否端正	10		
	7	安全文明生产	20		
		合计	100		
任务反思得分（10%）	1.每日一问：				
	2.错误项目原因分析：				
	3.自评与师评差别原因分析：				
任务总得分					

任务完成质量得分	任务过程得分	任务反思得分	总得分

6.4 巩固练习

（1）选择题

① 卧式车床主轴前端内部为（　　）。
　　A. 内螺纹　　　　B. 圆柱孔　　　　C. 台阶圆柱孔　　　D. 圆锥孔

② 车刀的斜向移动是由（　　）带动的。
　　A. 大拖板　　　　B. 中拖板　　　　C. 小拖板　　　　D. 尾座

③ 卧式车床的主运动为（　　）。
　　A. 工件的旋转运动　　　　　　　　B. 车刀的进给运动

C. 工件的旋转运动及车刀的进给运动

④ 外圆与孔的倒角，是为了（　　）。
　A. 美观　　　　　B. 便于装配　　　　C. 前两者兼有　　　D. 操作者的习惯

⑤ 车床钻孔前，一般先车端面，主要目的是（　　）。
　A. 减小钻头偏斜便于控制钻孔深度　　B. 降低钻削的表面粗糙度
　C. 为提高生产率　　　　　　　　　　D. 减小钻削力

⑥ 车外圆时，若主轴转速调高，则进给量（　　）。
　A. 按比例变大　　　　　　　　　　　B. 按比例变小
　C. 不变　　　　　　　　　　　　　　D. 因皮带可能打滑，变与不变难确定

⑦ 钻孔的粗糙度. Ra 值一般可达（　　）。
　A. $0.4 \sim 0.2 \mu m$　　B. $1.6 \sim 0.8 \mu m$　　C. $25 \sim 12.5 \mu m$

⑧ 车削 $\phi 60mm$ 的圆盘上的端面并镗削偏心孔，工件用（　　）附件装夹最好。
　A. 三爪卡盘　　　B. 四爪卡盘　　　　C. 花盘　　　　　　D. 弯板

⑨ 在车床上用双顶尖、卡箍和拨盘安装工件时卡箍的作用是（　　）。
　A. 防止工件轴向窜动　　　　　　　　B. 为了圆周定位
　C. 带动工件旋转

⑩ 车床主轴中心部位的通孔，是主要的作用之一是（　　）。
　A. 防止刀具碰伤主轴　　　　　　　　B. 为了便于主轴的加工
　C. 为穿入细棒料，依次车削多个较小的工件

⑪ 背吃刀量是指工件的（　　）表面之间的距离。
　A. 待加工与过渡（加工）　　　　　　B. 已加工与过渡
　C. 已加工与待加工

⑫ 中心架安装在（　　）上。
　A. 大拖板　　　　B. 尾座　　　　　　C. 床身导轨　　　　D. 方刀架

⑬ 车削轴径差较大的阶梯轴需用（　　）。
　A. 尖刀　　　　　B. 90°偏刀　　　　C. 弯头车刀　　　　D. 切断刀

⑭ 副后刀面是与工件上（　　）相对的表面。
　A. 待加工表面　　B. 已加工表面　　　C. 过渡表面　　　　D. 工件表面

⑮ 多次安装工件时，可以保证较高同轴度的夹具是（　　）。
　A. 双顶尖　　　　B. 三爪卡盘　　　　C. 花盘、弯板　　　D. 中心架

⑯ 平面度是属于加工精度中的（　　）。
　A. 尺寸精度　　　B. 位置精度　　　　C. 形状精度

⑰ 中拖板可带动车刀沿大拖板上导轨作（　　）移动。
　A. 纵向　　　　　B. 横向　　　　　　C. 斜向　　　　　　D. 任意方向

⑱ 在卧式车床上主要加工（　　）。
　A. 叉架类零件　　　　　　　　　　　B. 盘、轴、套类零件
　C. 箱体类零件

⑲ 有一圆盘，内孔已经加工好，现要车外圆，要使外圆与内孔同心，需选用（　　）装夹方法。

A. 四爪卡盘　　　　　B. 心轴　　　　　　C. 花盘

⑳ 下列哪一项不是车削加工的特点（　　　）。

A. 刀具简单

B. 易于保证零件各加工表面间的相互位置精度

C. 适用于有色金属材料的精加工

D. 切削不连续，切削过程不平稳

(2) 判断题

① 外圆车削时工件的旋转运动称为进给运动。　　　　　　　　　　　　　（　　）

② 四爪卡盘装夹工件时，四个卡爪同时自动对中的。　　　　　　　　　　（　　）

③ 45°弯头车刀既能车外圆又能车端面。　　　　　　　　　　　　　　　（　　）

④ 偏移尾架法既可车外锥面，也可车内锥面。　　　　　　　　　　　　　（　　）

⑤ 加工时车床 A 主轴转速为 600r/min，车床 B 主轴转速为 400r/min，车床 A 的切削速度一定大于 B。　　　　　　　　　　　　　　　　　　　　　　　　　　　　（　　）

⑥ 车刀刃倾角的主要作用是控制切屑流向，并影响刀头强度。　　　　　　（　　）

⑦ 精车时进行"试切"，其目的是为了保证加工面的形状精度。　　　　　（　　）

⑧ 在同样的切削条件下，进给量 f 越小，则粗糙度 Ra 值越大。　　　　（　　）

⑨ 在车床上镗孔只能镗通孔，而不能镗台阶孔或盲孔。　　　　　　　　　（　　）

⑩ 在卧式车床上车削端面后，端面中心留有一小凸台，产生的原因是车刀刀尖没有和高轴轴线等高。　　　　　　　　　　　　　　　　　　　　　　　　　　　　（　　）

⑪ 跟刀架，应安装在大滑板上。　　　　　　　　　　　　　　　　　　　（　　）

⑫ 进给量即为车刀移动的速度。　　　　　　　　　　　　　　　　　　　（　　）

⑬ $\phi 70$ 外圆加工至 $\phi 60$，背吃刀量为 10mm。　　　　　　　　　　　　（　　）

⑭ 前角是前刀面与基面间的夹角，在切削平面内测量。　　　　　　　　　（　　）

⑮ 车削左旋螺纹时，"对开螺母"不必闭合。　　　　　　　　　　　　　（　　）

⑯ 高速钢或碳素工具钢车刀应在绿色碳化硅砂轮上刃磨。　　　　　　　　（　　）

⑰ 粗车的目的是切去工件的大部余量，表面质量可以不考虑。　　　　　　（　　）

⑱ 高速钢车刀可用于高速切削。　　　　　　　　　　　　　　　　　　　（　　）

⑲ 在车床上镗孔比车外圆困难些，故切削用量要比车外圆选取得小些。　　（　　）

⑳ 使用中拖板刻度盘时，若不慎多转过几格，只需简单地退回几格。　　　（　　）

(3) 填空题

① 在车削过程中，工件上形成了＿＿＿＿表面、＿＿＿＿表面、＿＿＿＿表面。

② 切削用量三要素为＿＿＿＿＿＿＿＿＿＿＿＿＿＿＿＿＿＿＿＿＿。其单位分别为＿＿＿＿＿＿＿＿＿＿＿＿＿＿。

③ 零件的加工质量是指零件的＿＿＿＿＿＿和＿＿＿＿＿＿。

④ 表面粗糙度最为常用的评定参数是＿＿＿＿＿＿。

⑤ 车削加工所能达到的尺寸精度等级一般为＿＿＿＿＿，表面粗糙度 Ra（轮廓算术平高度）数值范围一般是＿＿＿＿＿ μm。

⑥ 机床型号 CA6140 中，C 表示＿＿＿＿＿，40 表示＿＿＿＿＿。

⑦ 在普通车床传动中，车外圆采用＿＿＿＿＿传动，车螺纹采用＿＿＿＿＿传动。

⑧ 车刀按用途可为＿＿＿＿＿、＿＿＿＿＿、＿＿＿＿＿、内孔车刀和

螺纹车刀等。

⑨ 刀具材料的硬度必须高于被加工材料的硬度，常温下，刀具硬度一般在_____以上。

⑩ 刀头是一个几何体，是由三面、二刃、一刀尖组成组成，其中三面是指_____、_____、_____。

⑪ 硬质合金刀具材料可分为_____和_____，加工铸铁常用_____类。

⑫ 车床常用的装夹附件有三爪卡盘、四爪卡盘、_____、_____、_____、心轴和花盘等。

⑬ 三爪自定心卡盘主要用来装夹截面形状为_____、_____的中小型轴类、盘套类工件。

⑭ 精车的目的是_____ _____，以保证零件的尺寸精度和表面粗糙度，使工件达到图纸要求。

⑮ 圆锥的车削方法有_____、_____、偏移尾座法。

项目七 铣削

【项目背景】 铣削的应用仅次于车削,是一种高生产率的加工方法。在大批量生产中,除加工狭长的平面外,铣削加工几乎可取代刨削,成为平面、沟槽和成形表面加工的常用方法。

7.1 实习任务

7.1.1 任务描述

本任务需完成一六面体的铣削加工,其技术要求如图 7-1 所示。单件生产,工件材料为 45 钢,各尺寸加工余量为 4mm。

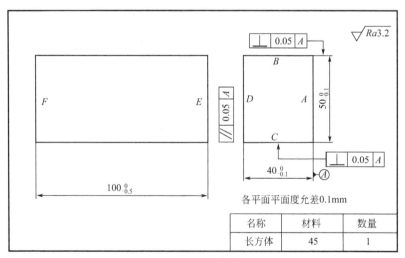

图 7-1 六面体零件

需解决问题

- 铣削加工可以完成哪些工作?
- 你了解铣床吗?

- 铣削加工中常用附件有哪些?
- 如何选择合适的铣刀?
- 在铣削中如何选择合适的工件装夹方法?
- 你会使用铣床对零件进行加工吗?

7.1.2 实习目的

① 了解铣削加工的工艺特点及加工范围。
② 了解铣床种类,熟悉常用铣床的结构、运动及功能。
③ 熟悉铣刀的种类、用途和安装方法。
④ 熟悉分度头的结构、用途,掌握简单分度原理及方法。
⑤ 掌握铣削平面、沟槽及分度表面的方法。
⑥ 了解齿轮齿形的加工方法。
⑦ 能按工件图纸的技术要求正确、合理地选择刀具、工具、量具、夹具,制定简单的铣削工艺加工顺序、加工方法及步骤,独立地完成零件加工。

7.1.3 安全注意事项

① 不准戴手套操作机床、测量工件、更换刀具、擦拭机床。
② 装卸刀具、工件,变换转速和进给量,搭配齿轮时必须在停车状态下进行。
③ 操作机床时严禁离开工作岗位,不准做与操作无关的事情。
④ 自动进给时,手动进给离合器要脱开,以防手柄随轴旋转伤人。
⑤ 不准两个方向同时进给,在进给时,不得进行变速。
⑥ 在走刀时,不准测量工件,不准用手抚摸加工表面,走刀完毕,先停进给再停主轴。
⑦ 装卸附件,须有他人帮助,装卸时应擦净工作台和附件的底部。
⑧ 毛坯件、手锤、扳手等不得直接放在工作台面和导轨面上。
⑨ 刀在工件表面加工时不得停机,如需停机,应把刀退出加工表面再停机。
⑩ 两人或多人共同操作一台机床时,必须严格分工,分段操作,严禁同时操作一台机床。
⑪ 操作中出现异常应停车检查,出现事故应立即关闭电源报告指导老师。
⑫ 高速铣削或磨刀时须戴防护眼镜。
⑬ 铣后的工件取出后,应及时去除毛刺,防止拉伤手指或划伤堆放的其他工件。
⑭ 使用后,各手柄应置于空挡,各紧固螺钉应松开,工作台处于中间位置,导轨面适当涂润滑油。

7.2 知识准备

7.2.1 概述

7.2.1.1 铣削加工范围及其特点

铣削加工是指铣刀旋转作主运动,工件平移作进给运动的一种切削加工方法,它是金属切削加工中最常用的方法之一。铣削的加工范围广，可以加工平面（水平面、垂直面等）、沟槽（键槽、T形槽、燕尾槽等）、分齿零件（齿轮、链轮、棘轮、花键轴等）、螺旋形表面（螺纹和螺旋槽）及各种曲面等，如图7-2所示。铣削加工时，工件的尺寸公差等级一般为IT9、IT8，表面粗糙度一般为1.6～6.3μm。

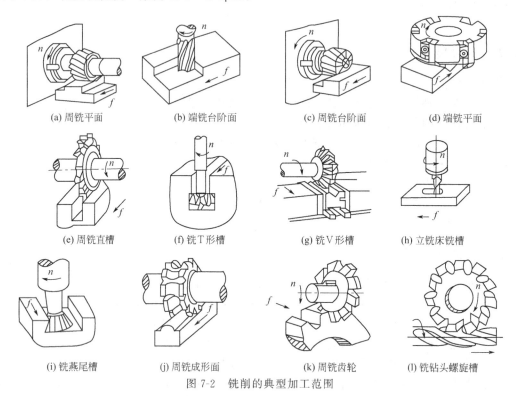

(a) 周铣平面　　(b) 端铣台阶面　　(c) 周铣台阶面　　(d) 端铣平面
(e) 周铣直槽　　(f) 铣T形槽　　(g) 铣V形槽　　(h) 立铣床铣槽
(i) 铣燕尾槽　　(j) 周铣成形面　　(k) 周铣齿轮　　(l) 铣钻头螺旋槽

图7-2　铣削的典型加工范围

铣削加工特点有：

① 生产率较高：铣刀是典型的多齿刀具，铣削时有几个刀齿同时参加工作，并且参与切削的切削刃较长。铣削的主运动是铣刀的旋转，有利于高速铣削。因此，铣削的生产效率比刨削高。

② 加工范围广：铣刀的规格种类丰富，铣床的随机附件齐全，铣削加工方法灵活多样，因此加工范围很广。

③ 容易产生振动：铣刀的刀齿切入和切出时产生冲击，在铣削过程中铣削力是变化的，切削过程不平稳，容易产生振动，这就限制了铣削加工质量和生产效率的进一步提高。

④ 刀齿散热条件较好：铣刀刀齿在切离工件的一段时间内，可以得到一定的冷却，散热条件较好。但是，切入和切出时热和力的冲击将加速刀具的磨损，甚至可能引起硬质合金刀片的碎裂。

⑤ 加工成本较高：铣床的结构复杂，铣刀的制造和刃磨都比较困难，使得加工成本较高；但由于铣削的生产效率高，在大批量生产时可以使生产成本相对减低。

7.2.1.2　铣削运动及铣削用量

铣削运动分为主运动和进给运动，铣削时刀具作快速的旋转运动（主运动），工件作缓慢的直线运动（进给运动），如图7-3所示。通常将铣削速度、进给量、背吃刀量（铣削深度）和侧吃刀量（铣削宽度）称为铣削用量四要素。

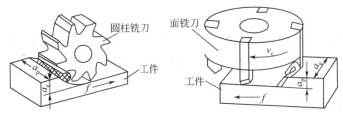

图 7-3 铣削运动及铣削用量

(1) 铣削速度 v_c

铣削速度即铣刀最大直径处的线速度，可用下式表示

$$v_c = \frac{\pi D n}{1000}$$

式中　v_c——铣削速度，m/min；
　　　D——铣刀切削刃上最大直径，mm；
　　　n——铣刀的转速，r/min。

(2) 进给量

铣削时，工件在进给运动方向上相对刀具的移动量即为铣削时的进给量。由于铣刀为多刃刀具，计算时按单位时间不同，有以下三种度量方法。

① 每齿进给量 f_z：指铣刀每转过一个刀齿时，工件对铣刀的进给量（即铣刀每转过一个刀齿，工件沿进给方向移动的距离），其单位为 mm/z。

② 每转进给量 f：指铣刀每转一转，工件对铣刀的进给量（即铣刀每转一转，工件沿进给方向移动的距离），其单位为 mm/r。

③ 每分钟进给量 v_f：又称进给速度，指工件对铣刀每分钟进给量（即每分钟工件沿进给方向移动的距离），其单位为 mm/min。上述三者的关系为

$$v_f = fn = f_z z n$$

式中　n——铣刀转速，r/min；
　　　z——铣刀齿数。

(3) 背吃刀量（铣削深度）a_p

铣削深度为平行于铣刀轴线方向测量的切削层尺寸（切削层是指工件上正被刀刃切削着的那层金属），单位为 mm。因周铣与端铣相对于工件的方位不同，故铣削深度的标示也有所不同。

(4) 侧吃刀量（铣削宽度）a_e

铣削宽度是垂直于铣刀轴线方向测量的切削层尺寸，单位为 mm。

(5) 铣削用量选择的原则

通常粗加工时，为了保证必要的刀具耐用度，应优先采用较大的侧吃刀量或背吃刀量，其次是加大进给量，最后才是根据刀具耐用度的要求选择适宜的切削速度，这样选择是因为切削速度对刀具耐用度影响最大，进给量次之，侧吃刀量或背吃刀量影响最小。精加工时，为减小工艺系统的弹性变形，必须采用较小的进给量，同时也是为了抑制积屑瘤的产生。对于硬质合金铣刀，应采用较高的切削速度，对高速钢铣刀应采用较低的切削速度，如铣削过程中不产生积屑瘤时，也应采用较大的切削速度。

7.2.2 铣床

铣床的种类很多，常用的有卧式铣床、立式铣床，此外还有龙门铣床、数控铣床及铣镗加工中心等。在一般工厂，卧式铣床和立式铣床应用最广，主要用于单件小批生产中加工尺寸不太大的工件。

7.2.2.1 卧式升降台铣床

卧式升降台铣床是铣床中应用最广的一种。其主轴是水平的，与工作台面平行。工作台可沿纵、横、垂直三个方向移动，并可在水平面内转动一定的角度，以适应铣削时不同的工作需要。下面以常用的 X6132 铣床为例，介绍万能铣床型号以及组成部分和作用。

（1）铣床型号

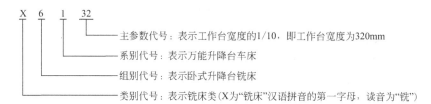

主参数代号：表示工作台宽度的 1/10，即工作台宽度为 320mm
系别代号：表示万能升降台车床
组别代号：表示卧式升降台铣床
类别代号：表示铣床类（X 为"铣床"汉语拼音的第一字母，读音为"铣"）

（2）铣床的主要组成部分及作用

X6132 卧式铣床由床身、横梁、主轴、工作台、转台、底座等部分组成，如图 7-4 所示。

① 床身。床身 1 用来固定和支承铣床上所有的部件。顶部有水平导轨，前壁有燕尾形的垂直导轨，内部装有电动机、主轴及主轴变速机构等部件。

② 横梁。横梁 5 上面安装支架 7，用来支承刀杆 6 外伸的一端，以加强刀杆的刚性。横梁可沿床身的水平导轨移动，以调整其伸出的长度。

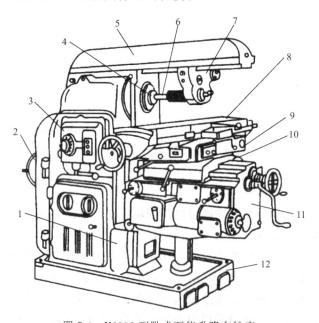

图 7-4　X6132 型卧式万能升降台铣床
1—床身；2—电动机；3—变速机构；4—主轴；5—横梁；6—刀杆；7—刀杆支架；
8—纵向工作台；9—转台；10—横向工作台；11—升降台；12—底座

③ 主轴。主轴 4 是空心轴，其前端有 7∶24 的精密锥孔，用途是安装铣刀刀杆并带动铣刀旋转。

④ 纵向工作台。纵向工作台 8 可沿转台的导轨上作纵向移动，带动台面上的工件作纵向进给。

⑤ 横向工作台。横向工作台 10 位于升降台上面的水平导轨上，可带动转台和纵向工作台一起作横向进给。

⑥ 转台。转台 9 位于纵、横工作台之间，其作用是将纵向工作台在水平面内扳转一定的角度，以便铣削螺旋槽。带有转台的卧铣，由于其工作台除了能作纵向、横向和垂直方向移动外，还能在水平面内左右扳转 45°，因此称为万能卧式铣床。

⑦ 升降台。升降台 11 可以使整个工作台沿床身的垂直导轨上下移动，以调整工作台面到铣刀的距离，并作垂直进给。

⑧ 底座。底座 12 用来支承铣床的全部重量，其内装有切削液。

7.2.2.2 立式升降台铣床

立式升降台铣床的主轴是垂直布置的，简称立铣，如图 7-5 所示。其工作台 3、床鞍 4 和升降台 5 的结构与卧式升降台铣床相同，主轴 2 安装在立铣头 1 内，可沿其轴线方向进给或经手动调整位置。立铣头 1 可根据加工需要在垂直面内反转一个角度（≤45°），使主轴与工作台面倾斜成所需角度，以扩大铣床的工艺范围。这种铣床可用端铣刀或立铣刀加工平面、斜面、沟槽、台阶、齿轮和凸轮等表面。

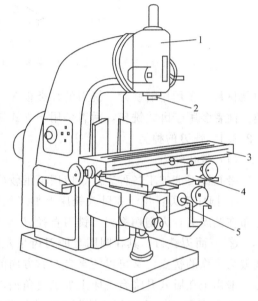

图 7-5 立式升降台铣床
1—立铣头；2—主轴；3—工作台；
4—床鞍；5—升降台

7.2.2.3 龙门铣床

龙门铣床是一种大型、高效率的铣床，主要用于加工各种大型工件的表面和沟槽，借助于附件能完成斜面、内孔加工，如图 7-6 所示。

龙门铣床因由顶梁、立柱、床身组成的"龙门"式框架而得名。通用的龙门铣床一般有 3 或 4 个铣头。每个铣头均有单独的驱动电动机、变速传动机构、主轴部件及操纵机构等。横梁 3 上的两个垂直铣头 4、8，可在横梁上沿水平方向（横向）调整其位置，横梁 3 及立柱 5、7 上的两个水平铣头 2、9，可沿立柱的导轨调整其垂直方向上的位置。各铣刀的切削深度均由主轴套筒带动铣刀主轴沿轴向移动来实现。加工时，工作台 1 连同工件作纵向进给运动。龙门铣床可用多把铣刀同时加工几个表面，所以生产效率较高，在成批、大量生产中得到广泛应用。

7.2.3 铣刀

铣刀实质上是一种由几把单刃刀具组成的多刀刀具，其刀齿分布在圆柱铣刀的外圆柱表面或端铣刀的端面上。常用的铣刀刀齿材料有高速钢和硬质合金两种。高速钢铣刀应用广泛，尤其适宜制造形状复杂的铣刀。硬质合金铣刀可用于高速切削或加工硬度超过 40HRC

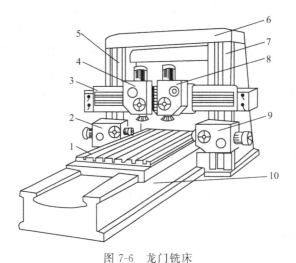

图 7-6 龙门铣床

1—工作台；2,9—水平铣头；3—横梁；4,8—垂直铣头；5,7—立柱；6—顶梁；10—床身

的硬材料，多用作端铣刀。铣刀的种类很多，按其安装方法可分为带孔铣刀和带柄铣刀两大类。前者多用于卧式铣床，后者多用于立式铣床。

7.2.3.1 铣刀的种类

（1）带孔铣刀

带孔铣刀能加工各种表面，应用范围较广，如图 7-7 所示。

① 圆柱铣刀：用于在卧式铣床上加工面积不太大的平面，一般用高速钢制造。切削刃分布在圆周上，无副切削刃，铣刀直径 d 为 50~100mm，加工效率不太高。

② 三面刃铣刀：其在圆周上的刀齿呈左右旋交错分布，既具有刀齿逐渐切入工件、切削较为平稳的优点，又可以使来自左右方向的轴向力获得平衡，具有较高的效率。三面刃铣刀一般用于在卧式升降台铣床上加工直角槽，也可以加工台阶面和较窄的侧面等。

③ 锯片铣刀：主要用于切断工件或铣削窄槽。

④ 模数铣刀：用于铣削直齿和斜齿圆柱齿轮的齿廓面。

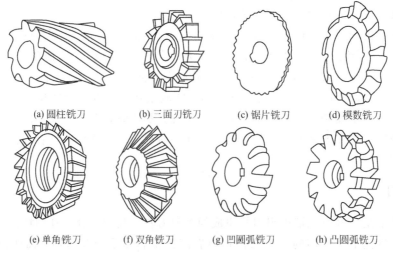

(a) 圆柱铣刀　　(b) 三面刃铣刀　　(c) 锯片铣刀　　(d) 模数铣刀

(e) 单角铣刀　　(f) 双角铣刀　　(g) 凹圆弧铣刀　　(h) 凸圆弧铣刀

图 7-7 带孔铣刀

⑤ 角度铣刀：用于加工各种角度的沟槽和斜面。
⑥ 成形铣刀：用于加工与刀刃形状对应的成形表面。

（2）带柄铣刀

带柄铣刀有直柄和锥柄两种，一般直径小于 20mm 的较小铣刀做成直柄，直径较大的铣刀多为锥柄。常用的带柄铣刀有立铣刀、键槽铣刀、T 形槽铣刀、燕尾槽铣刀和端铣刀等。如图 7-8 所示。

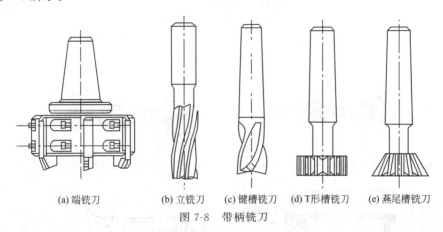

(a) 端铣刀　　(b) 立铣刀　　(c) 键槽铣刀　　(d) T形槽铣刀　　(e) 燕尾槽铣刀

图 7-8　带柄铣刀

① 端铣刀：由于其主切削刃分布在圆柱或圆锥面上，刀齿由硬质合金刀片制成，常被夹固在刀体上。故多用于在立式升降台铣床上加工平面，也可用于在卧式升降台铣床上加工平面。

② 立铣刀：主要用于在立式铣床上铣削端面、斜面、沟槽和台阶面等。其主切削刃分布在圆柱面上；副切削刃分布在端面上。

③ 键槽铣刀：只有两个刀刃，兼有钻头和立铣刀的功能。铣削时先沿铣刀轴线对工件钻孔，然后沿工件轴线铣出键槽的全长。

④ T 形槽铣刀：如不考虑柄部和尺寸的大小，其类似于三面刃铣刀，主切削刃分布在圆周上；副切削刃分布在两端面上，它主要用于加工 T 形槽。

⑤ 燕尾槽铣刀：专门用于铣燕尾槽。

7.2.3.2　铣刀的安装

（1）带孔铣刀的安装

带孔铣刀大多数情况下安装在卧式铣床上使用。安装时通过长刀杆、压紧套筒、螺母等零件将铣刀夹紧（图 7-9）。具体操作过程是先将铣刀杆有锥体的一端插入主轴前端的锥孔，并对准端面键 3，使刀杆准确定位，然后用拉杆 1 拉紧，使刀杆与主轴锥孔紧密配合。通过套筒调整铣刀的合适位置，刀杆另一端用吊架支承。常用的刀杆有 $\phi16$、$\phi22$、$\phi27$ 和 $\phi32$ 等几种规格，以对应不同尺寸的铣刀刀孔。圆柱铣刀的安装步骤见图 7-10。

用刀杆装夹带孔铣刀时，应注意以下事项：

① 在不影响加工的条件下，应尽量使铣刀靠近铣床主轴或吊架，以保证铣刀有足够的刚度。

② 套筒的端面与铣刀的端面必须擦拭干净，以保证铣刀端面与刀杆轴线垂直。

③ 拧紧刀杆的压紧螺母时，必须先装上吊架，以免刀杆受力弯曲。

④ 斜齿圆柱铣刀所产生的轴向切削力应指向主轴轴承。

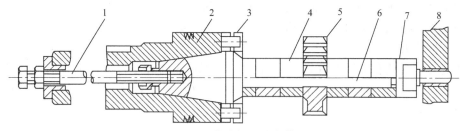

图 7-9 带孔铣刀的安装

1—拉杆；2—主轴；3—端面键；4—套筒；5—铣刀；6—刀杆；7—螺母；8—吊架

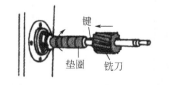 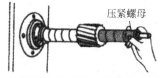

(a) 刀杆上先套上几个垫圈，装上键，再套上铣刀　　(b) 铣刀外边的刀杆上再套上几个垫圈后，拧上

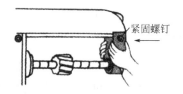 

(c) 装上支架，拧紧支架紧固螺钉，轴承孔内加油润滑　　(d) 初步拧贤螺母，开车观察铣刀是否装正，装正后用力拧紧螺母

图 7-10 安装圆柱铣刀的步骤

（2）带柄铣刀的安装

① 直柄铣刀的安装：直柄铣刀常用弹簧夹头来安装，如图 7-11(a) 所示。安装时，将铣刀直柄插入弹簧套的孔内，收紧螺母，使弹簧套作径向收缩而将铣刀的柱柄夹紧。

② 锥柄铣刀安装：当铣刀锥柄尺寸与主轴端部锥孔相同时，可直接装入锥孔，并用拉杆拉紧。否则要用过渡锥套进行安装，如图 7-11(b) 所示。

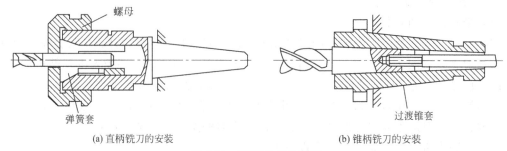

图 7-11 带柄铣刀的安装

7.2.4 铣床附件及工件的安装

7.2.4.1 铣床附件

铣床常用的附件有平口虎钳、回转工作台、万能立铣头和万能分度头等。

(1) 平口虎钳

平口虎钳是铣床常用附件之一，如图7-12所示，它由底座、钳身、固定钳口、活动钳口、钳口铁、螺杆等零件组成的。通过丝杠、螺母传动调整两钳口间距离，可安装不同宽度的工件。平口虎钳是一种通用夹具，其结构简单，夹紧可靠。平口虎钳使用时安装在工作台的T形槽内，工作时应先校正其在工作台上的位置，然后再夹紧工件。

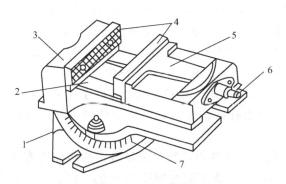 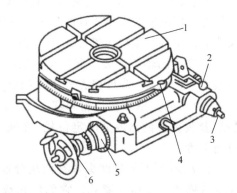

图7-12 平口虎钳
1—底座；2—钳身；3—固定钳口；4—钳口铁；
5—活动钳口；6—螺杆；7—刻度

图7-13 回转工作台
1—转台；2—离合器手柄；3—传动轴；
4—挡铁；5—刻度盘；6—手轮

(2) 回转工作台

回转工作台，又称转盘或圆工作台，如图7-13所示。其内部有一副蜗轮蜗杆。手轮与蜗杆同轴连接，转台与蜗轮连接。转动手轮，通过蜗轮蜗杆副的传动使转台转动。转台周围有刻度，可用来观察和确定转台位置，手轮上的刻度盘也可读出转台的准确位置。转台中央有一主轴孔，用它可方便地确定工件的回转中心。当底座上的槽和铣床工作台上的T形槽对齐后，即可用螺栓把回转工作台固定在铣床工作台上。

(3) 万能立铣头

万能立铣头安装在卧式铣床上，其底座用4个螺栓固定在铣床垂直导轨上，铣头的内壳体可绕铣床主轴轴线扳转任意角度，铣头主轴的外壳体能绕铣头的内壳体扳转任意角度，如图7-14所示。因此，不仅能完成各种立铣的工作，而且还可以根据铣削的需要，将铣头主轴扳转到任意角度，这样就扩大了卧式铣床的加工范围。

(4) 万能分度头

万能分度头是升降台铣床所配备的重要附件之一，用来扩大机床的工艺范围。分度头安装在铣床工作台上，被加工工件支承在分度头主轴顶尖与尾座顶尖之间或安装于分度头主轴前端的卡盘上。利用分度头可进行以下工作：

① 使工件绕分度头主轴轴线同转一定角度，以完成等分或不等分的分度工作，如使用于加工方头、六角头、花键、齿轮以及多齿刀具等。

② 通过分度头使工件的旋转与工作台丝杠的纵向进给保持一定运动关系，以加工螺旋槽、交错轴斜齿轮

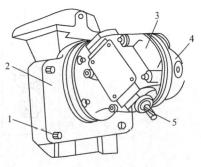

图7-14 万能立铣头
1—螺栓；2—底座；3—外壳体；
4—内壳体；5—铣刀

及阿基米德螺旋线凸轮等。

③ 用卡盘夹持工件，使工件轴线相对于铣床工作台倾斜一定角度，以加工与工件轴线相交成一定角度的平面、沟槽及直齿锥齿轮等。

图 7-15 所示为 FW250 型万能分度头。分度头主轴 9 安装在回转体 8 内，回转体 8 以两侧轴颈支承在底座 10 上，并可绕其轴线沿底座 10 的环形导轨转动，使主轴 9 在水平线以下 6°至水平线以上 90°范围内调整倾斜角度，调整后螺钉 4 将回转体 8 锁紧。主轴前端有一莫氏锥孔，用以安装支承工件的顶尖；主轴前端还有定位锥面，可用于三爪自定心卡盘的定位及安装。主轴后端莫氏锥孔用于安装交换齿轮轴，并经交换齿轮与侧轴连接，实现差动分度。分度头侧轴 5 可装上配换交换齿轮，以建立与工作台丝杠的运动联系。在分度头侧面可装上分度盘 3，分度盘在若干不同圆周上均布着不同的孔数。转动分度手柄 11，经传动比为 1∶1 的交错轴斜齿轮副和 1∶40 的蜗杆副带动主轴 9 回转。通过分度手柄 11 转过的转数及装在手柄槽内分度定位销 12 插入分度盘上孔的位置，就可使主轴转过一定角度，进行分度。

FW250 型万能分度头备有两块分度盘，供分度时选用，每块分度盘正反两面皆有孔，正面 6 圈孔，反面 5 圈孔。它们的孔数分别为：第一块正面每圈孔数为 24、25、28、30、

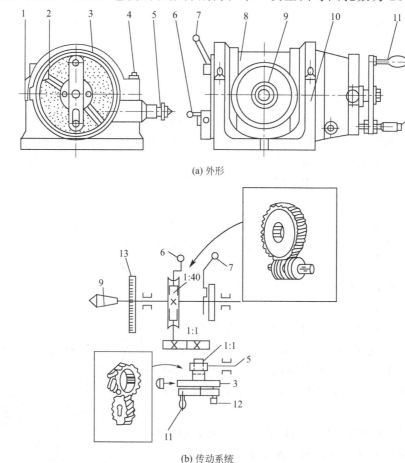

图 7-15 FW250 型万能分度头

1—紧固螺钉；2—分度叉；3—分度盘；4—螺钉；5—侧轴；6—螺杆脱落手柄；7—主轴锁紧手柄；
8—回转体；9—主轴；10—底座；11—分度手柄；12—分度定位销；13—刻度盘

34、37；反面每圈孔数为 38、39、41、42、43。第二块正面每圈孔数为 46、47、49、51、53、54；反面每圈孔数为 57、58、59、62、66。

万能分度头常用的分度方法有直接分度法、简单分度法和差动分度法等。这里仅介绍最常用的简单分度法。简单分度法是指直接利用分度盘进行分度的方法。

分度时用分度盘紧固螺钉1锁定分度盘，拔出分度定位销12，转动分度手柄11，通过传动系统使分度主轴转过所需的角度，然后将分度定位销12插入分度盘3相应的孔中。

由于蜗杆、蜗轮的传动比为40，即手柄通过一对传动比为1∶1的齿轮带动蜗杆转动一圈，蜗轮只带动主轴转过1/40圈。如果被加工工件所需分度数为 z（即在一周内分成 z 个等分），每次分度时分度头主轴应转过 $1/z$ 圈，根据传动关系，这时手柄对应转过的转数可确定为

$$1:40=\frac{1}{z}:n$$

即

$$n=\frac{40}{z}$$

式中　n——手柄的转数；
　　　z——工件的等分数。

对齿轮来说，分度数 z 即为齿轮的齿数，例如在铣床上加工直齿圆柱齿轮，齿数 $z=28$，用FW250分度，则每次分度手柄应转过的整数转与转过的孔数为

$$n=\frac{40}{z}=\frac{40}{28}=1+\frac{3}{7}=1+\frac{12}{28}=1+\frac{18}{42}=1+\frac{21}{49}$$

计算时应将分数部分化为最简分数，然后分子、分母同乘以一个整数，使分母等于FW250分度盘上具有的孔数。计算结果表明：每次分度时，手柄转过10/7圈，即在手柄转过整数转后，应在孔数为28的孔圈上再转过12个孔距，或在孔数为42、49的孔圈上分别转过18、21个孔距。

在分度时，为防止由于记忆出错而导致分度操作失误，可把分度盘上分度叉的夹角调整到正好为手柄转过非整数圈的孔间距，这样在每次分度时就可做到又快又准。

使用分度头的注意事项如下：

① 使用分度头前要精心调整校正，计算要准确无误，调整后要进行试切验证。

② 操作前应将分度手柄空摇几周，目的在于消除蜗杆与蜗轮的啮合间隙，空摇的方向为加工时分度手柄转动的方向。

③ 分度手柄只应向一个方向转动，不得反方向转动。

④ 如果分度手柄不慎转多了孔距数，应将手柄退回1/3圈以上，以消除传动件之间的间隙，再重新转到正确的孔位上。

⑤ 除加工螺旋表面或槽外，其余分度加工在分度后不要忘记旋上紧固手柄，切削后不要忘记松开紧固手柄。

7.2.4.2 工件的安装

工件在铣床上的安装方法主要有以下几种。

(1) 用铣床附件安装

① 用平口钳安装：小型和形状规则的工件多用此法安装，如图 7-16 所示。它具有布局简单，夹紧牢靠等特点，所以应用广泛。

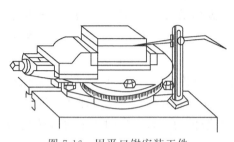

图 7-16 用平口钳安装工件

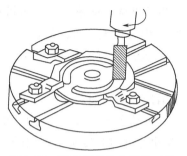

图 7-17 用回转工作台安装工件

② 用回转工作台安装：当铣削一些有弧形表面的工件时，可通过圆形转台安装，如图 7-17 所示。

③ 用分度头安装：铣削加工各种需要分度的工件，可用分度头安装，如图 7-18 所示。

(2) 用专用夹具安装

当生产批量较大时，可采用各种简易和专用夹具安装工件，如图 7-19 所示，这样既可提高生产效率，又能保证产品质量。

(3) 用压板螺栓安装

对于较大或形状特殊的工件，可用压板螺栓直接安装在铣床的工作台上，如图 7-20 所示。当卧式铣床上用端铣刀铣削时，普遍采用压板装夹工件进行铣削加工。

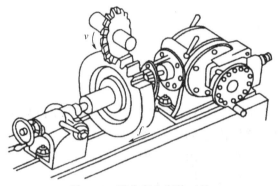

图 7-18 用分度头安装工件

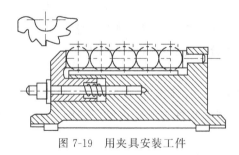

图 7-19 用夹具安装工件　　　　图 7-20 用压板螺栓安装工件

用压板安装的注意事项：

① 压板螺栓应尽量靠近工件，使螺栓到工件的距离小于螺栓到垫铁的距离，这样可增大夹紧力，如图 7-21(a) 所示。

② 垫铁的选择要正确，高度要与工件相同或高于工件，否则会影响夹紧效果，如图 7-21(b) 所示。

③ 压板夹紧工件时，应在工件和压板之间垫上铜皮或纸以避免损伤工件的已加工表面，

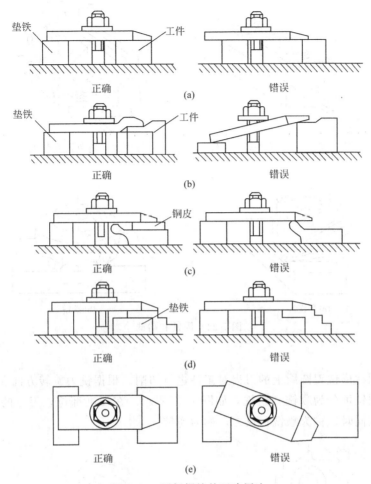

图 7-21 压板螺栓的正确用法

如图 7-21(c) 所示。

④ 压板的夹紧位置要适当,应尽量靠近加工区域和工件刚度较好的位置。若夹紧位置有悬空,应将工件垫起,如图 7-21(d) 所示。

⑤ 每个压板的夹紧力应大小均匀,以防止压板夹紧力的偏移而使压板倾斜,如图 7-21(e) 所示。

⑥ 夹紧力大小要适合。粗加工时,压紧力要大,以防止加工过程中工件移动;精加工时,压紧力要合适,注意防止工件发生变形。

工件在铣床上的安装方法,除了上述介绍的方法之外,对于圆形工件可以用 V 形铁安装,如图 7-22 所示;当工件各表面间有平行度和垂直度要求时,还可用角铁安装,如图 7-23 所示。

7.2.5 铣削加工

7.2.5.1 铣平面

平面铣削有周铣和端铣两种方式,如图 7-24 所示。

图 7-22 用 V 形铁安装工件

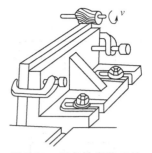
图 7-23 用角铁安装工件

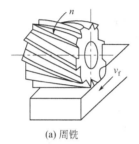
(a) 周铣　　(b) 端铣

图 7-24 周铣和端铣

（1）周铣

周铣是用圆柱形铣刀圆周上的刀齿对工件进行切削。根据铣刀旋转方向和工件移动进给方向的关系，周铣可分为顺铣和逆铣，如图 7-25 所示。在切削部位，刀齿的运动方向和工件的进给方向相同时，称为顺铣；反之，称为逆铣。

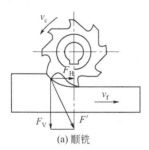
(a) 顺铣

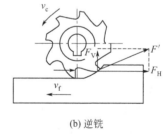
(b) 逆铣

图 7-25 顺铣和逆铣

逆铣时，每个刀齿的切削层厚度从零增大到最大值，由于铣刀刃口处总有圆弧存在，而不是绝对尖锐的，所以在刀齿接触工件的初期，不能切入工件，而是在工件表面上挤压、滑行，使刀齿与工件之间的摩擦加大，加速刀具磨损，同时也使表面质量下降。顺铣时，每个刀齿的切削层厚度由最大减小到零，从而避免了上述缺点。

逆铣时，铣削力上抬工件；而顺铣时，铣削力将工件压向工作台，减少了工件振动的可能性，尤其是在铣削薄而长的工件时，更为有利。

由上述分析可知，从提高刀具使用寿命和工件表面质量、增加工件夹持的稳定性等观点出发，一般以采用顺铣法为宜。但是，顺铣时忽大忽小的水平分力 F_f 与工件的进给方向是相同的，而工作台进给丝杠与固定螺母之间一般都存在间隙，如图 7-26 所示，该间隙在进给方向的前方。由于 F_f 的作用（当 F_f 大于进给力时），就会使工件连同工作台和丝杠一起向前窜动，造成进给量突然增大，甚至引起打刀。窜动产生后，间隙在进给方向的后方，又会造成丝杠仍在旋转而工作台暂时不进给的现象。逆铣时，水平分力 F_f 与进给方向相反，铣削过程中工作台丝杠始终压向螺母，不会因为间隙的存在而引起工件窜动。目前，一般铣床尚没有消除工作台丝杠与螺母之间间隙的机构，所以，在生产中仍多采用逆铣法。另外，当铣削带有黑皮的表面时，例如铸件或锻件表面的粗加工，若用顺铣，因为刀齿首先接触黑皮，将加剧刀齿的磨损，所以也应采用逆铣。

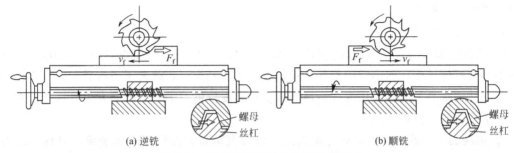

图 7-26　逆铣和顺铣时的丝杠螺母间隙

(2) 端铣

端铣是以端铣刀端面上的刀刃铣削工件表面的一种加工方式。由于端铣刀具有较多同时工作的刀齿，又使用了硬质合金刀片和修光刃口，所以加工表面粗糙度较低，并且铣刀的使用寿命、生产效率都比周铣高。根据铣刀和工件相对位置的不同，端铣可以分为对称铣削和不对称铣削，如图 7-27 所示。

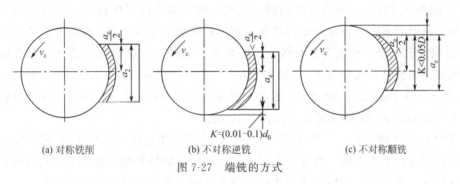

图 7-27　端铣的方式

工件相对铣刀的回转中心处于对称位置时称为对称铣削。此时，刀齿切入工件与切出工件时的切削厚度相同，每个刀齿在切削过程中，一半是逆铣，一半是顺铣。当刀齿刚切入工件时，切屑较厚，没有滑行现象，但在转入顺铣阶段时，对称铣削与圆柱铣刀顺铣方式一样，会使工作台顺着进给方向窜动，造成不良后果。生产中对称铣削方式很适宜于加工淬硬钢件，因为它可以保证刀齿超越冷硬层切入工件，能提高端铣刀使用寿命，获得光洁度较均匀的加工表面。

铣削中，刀齿切入时的切削厚度小于或大于切出时的切削厚度的铣削方式，称为不对称铣削。这种铣削方式又可分为不对称逆铣和不对称顺铣两种。

不对称逆铣：刀齿切入工件时的切削厚度小于切出时的厚度。这种铣削方式在加工碳钢及高强度合金钢之类的工件时，可减少切入时的冲击，能提高硬质合金端铣刀使用寿命 1 倍以上。不对称逆铣方式还可减少工作台窜动现象，特别在铣削中采用大直径的端铣刀加工较窄平面时,切削很不平稳,若采用逆铣成分比较多的不对称铣削方式,将更为有利。

不对称顺铣:刀齿以最大的切削厚度切入工件,以最小的切削厚度切出。实践证明,不对称顺铣用于加工不锈钢和耐热合金时,可减少硬质合金刀具的热裂、磨损,可使切削速度提高 40%~60%,提高刀具使用寿命达 3 倍之多。

端铣可以通过调整铣刀和工件的相对位置,调节刀齿切入和切出时的切削层厚度,从而达到改善铣削过程的目的。一般情况,当工件宽度接近铣刀直径时,采用对称铣;当工件较窄时,采用不对称铣。

(3) 周铣法与端铣法的比较

① 端铣的加工质量比周铣高。端铣同周铣相比,同时工作的刀齿数多,铣削过程平稳;端铣的切削厚度虽小,但不像周铣那样切削厚度最小时为零,改善了刀具后刀面与工件的摩擦状况,从而提高了刀具使用寿命,减小表面粗糙度数值;端铣刀的修光刃可修光已加工表面,使表面粗糙度值较小。

② 端铣的生产效率比周铣高。端铣的面铣刀直接安装在铣床主轴端部,刀具系统刚性好,同时刀齿可镶硬质合金刀片,易于采用大的切削用量进行强力切削和高速切削,使生产效率得到提高,而且工件已加工表面质量也得到提高。

③ 端铣的适应性比周铣差。端铣一般只用于铣平面,而周铣可采用多种形式的铣刀加工平面、沟槽和成形面等,因此周铣的适应性强,生产中仍常用。

(4) 铣削平面的步骤

① 根据工件的形状、加工平面的部位选用合适的方法装夹工件。

② 选择并安装铣刀。采用排屑顺利、铣削平稳的螺旋齿圆柱铣刀。铣刀的宽度应大于工件待加工表面的宽度,以减少走刀次数。并尽量选用小直径铣刀,以防止产生振动。

③ 选取铣削用量。根据工件材料、加工余量、工件宽度及表面粗糙度要求等确定合理的切削用量。粗铣时,铣削宽度 a_e 为 2~8mm,每齿进给量 f_z 为 0.03~0.16mm/z,铣削速度 v_c 为 15~140m/min。精铣时,铣削速度 $v_c \leqslant 10$m/min 或 $v_c \geqslant 50$m/min,每转进给量 f 为 0.1~1.5mm/r,铣削宽度 a_e 为 0.2~1mm。

④ 调整铣床工作台位置。开车使铣刀旋转,升高工作台使工件与铣刀稍微接触。停车,将垂直丝杠刻度盘零线对推。将铣刀退离工件,利用手柄转动刻度盘将工作台升高到选定的铣削深度位置,固定升降和横向进给手柄,调整纵向工作台自动进给挡铁位置。

⑤ 铣削操作。先手动使工作台纵向进给,当工件被稍微切入后,改为自动进给,进行铣削。

(5) 铣削平面的操作要点

① 粗铣时,铣削用量选择的顺序是先选取较大的铣削宽度 a_e,再选取较大的进给量 f_z,最后选取合适的铣削速度 v_c。

② 精铣时,铣削用量选择的顺序是先选取较低或较高的铣削速度 v_c,再选取较小的进给量 f_z,最后根据零件尺寸确定铣削宽度 a_e。

③ 当用手柄转动刻度盘调整工作台位置时,要注意"回间隙"的方法,即如果不小心把刻度盘多转了一些,要反转刻度盘时,必须把手柄倒转 2 周后,再重新仔细地将刻度盘转到原定位置。这是因为丝杠和螺母间存在间隙,仅把刻度盘退到原定刻度线上是不能带动工作台退回到所需位置上的。

（6）铣削平面质量分析

① 表面不光洁，有明显波纹或表面粗糙，有切痕，拉毛现象：原因是进给量过大；铣削进给时，中途停顿，产生"深啃"；铣刀安装不好，跳动过大，使铣削不平稳；铣刀不锋利、已磨损。

② 平面不平整，出现凹下和凸起：原因是机床精度差或调整不当；端铣时主轴与进给方向不垂直；圆柱铣刀圆柱度不好。

7.2.5.2 铣斜面

工件上的斜面可以采用如下方法之一进行铣削。

（1）将铣刀倾斜所需角度

如图 7-28 所示，在装有万能铣头的卧式铣床或立式铣床上进行，将铣床的刀轴倾斜一定的角度，移动工作台采用自动进给进行铣削。

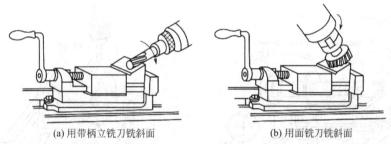

图 7-28　将铣刀倾斜铣斜面

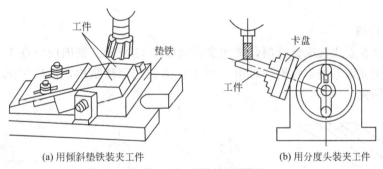

图 7-29　将工件倾斜铣斜面

（2）将工件倾斜所需角度

此方法是将工件倾斜适当的角度，使斜面位于水平位置，然后采用铣平面的方法来铣斜面。装夹工件的方法可以用倾斜垫铁或使用分度头等方法，如图 7-29 所示。

（3）用角度铣刀铣斜面

对于一些较小的斜面，也可以使用角度铣刀进行铣削加工，如图 7-30 所示。

（4）铣削斜面质量分析

铣斜面时，通常出现的质量问题是倾斜角度不对，其产生的原因有：

① 工件垫衬不好，装夹不稳固，在铣削过程中产生窜动。

② 用万能分度头使工件倾斜的角度或用万能立铣头使铣刀

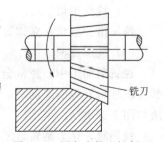

图 7-30　用角度铣刀铣斜面

倾斜的角度不准确。

7.2.5.3 铣沟槽

利用不同的铣刀在铣床上可加工直角槽、V形槽、T形槽、燕尾槽和键槽等多种沟槽。

(1) 铣键槽

常见的键槽有敞开式和封闭式两种。对于敞开式键槽的加工，可在卧式铣床上进行，一般采用三面刃铣刀加工，见图 7-31。工件可用平口钳或分度头装夹。

对于封闭式键槽，单件生产一般在立式铣床上加工，当批量较大时，则常在键槽铣床上加工。在键槽铣床上加工时，利用抱钳把工件卡紧后，再用键槽铣刀一薄层一薄层地铣削，直到符合要求为止，如图 7-32 所示。

若用立铣刀加工，由于立铣刀中央无切削刃，不能向下进刀。因此必须预先在槽的一端钻一个落刀孔，才能用立铣刀铣键槽。

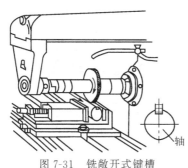
图 7-31 铣敞开式键槽

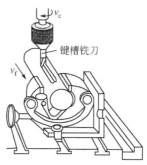
图 7-32 铣封闭式键槽

(2) 铣 T 形槽

T 形槽通常在立式铣床上铣削，铣削步骤如图 7-33 所示，铣削前应在工件的相应部位上划线，然后用立铣刀铣出直槽，再用 T 形槽铣刀铣削两侧横槽，最后用倒角铣刀铣出 T 形槽槽口部的倒角。

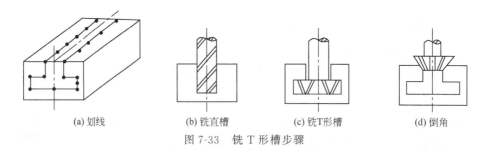

(a) 划线　　(b) 铣直槽　　(c) 铣T形槽　　(d) 倒角

图 7-33 铣 T 形槽步骤

(3) 铣燕尾槽

燕尾槽一般也在立式铣床上铣削，铣削步骤如图 7-34 所示。

(4) 铣螺旋槽

在铣削加工中，经常会遇到螺旋槽的加工，如斜齿圆柱齿轮的齿槽，麻花钻、立铣刀及螺旋圆柱铣刀等的螺旋槽。这些螺旋槽通常都是在卧式万能铣床上完成的，其原理及铣削方法如图 7-35 所示。

铣削时，铣刀旋转，工件在随工作台作纵向进给的同时，又被分度头带动绕自身的轴线

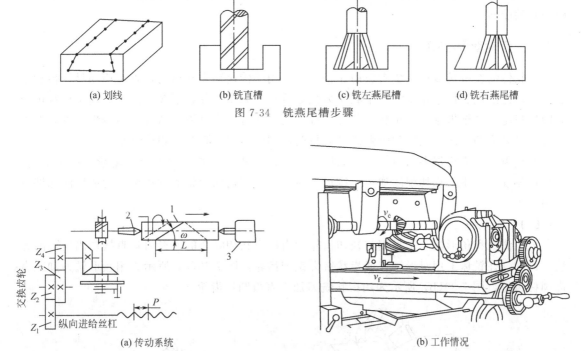

(a) 划线　　(b) 铣直槽　　(c) 铣左燕尾槽　　(d) 铣右燕尾槽

图 7-34　铣燕尾槽步骤

(a) 传动系统　　　　　　　　　　　(b) 工作情况

图 7-35　铣螺旋槽

1—工件；2—分度头主轴；3—尾座

作旋转进给。根据螺旋线形成原理，要铣削出具有一定导程的螺旋槽，两种进给运动必须保证当工件随工作台纵向进给一个导程时，工件刚好旋转一圈。两种进给运动是通过工作台丝杠和分度头之间的交换齿轮实现的。

7.2.5.4　铣成形面和曲面

(1) 铣成形面

成形面一般在卧式铣床上用成形铣刀来加工，如图 7-36 所示。成形铣刀的形状与加工面相吻合。

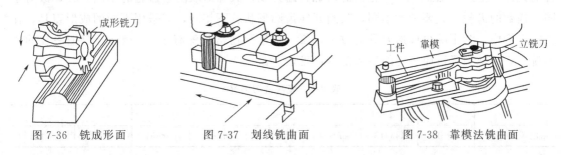

图 7-36　铣成形面　　　　图 7-37　划线铣曲面　　　　图 7-38　靠模法铣曲面

(2) 铣曲面

曲面一般在立式铣床上加工，其方法有以下两种：

① 划线铣曲面：对于要求不高的曲面，可按工件上划出的线迹，移动工作台进行加工，如图 7-37 所示。

② 靠模法铣曲面：在成批及大量生产时，可以采用靠模铣曲面。图 7-38 所示为在圆形

工作台上用靠模铣曲面。铣削时，立铣刀上面的圆柱部分始终与靠模接触，从而加工出与靠模一致的曲面。

7.2.6 齿轮齿形加工

齿轮传动在机械传动系统中应用比较广泛，用于传递动力和运动，齿轮传动具有传动平稳、传动比准确、传递扭矩大、承载能力强等特点。齿轮的种类很多，按齿圈结构形状可分为圆柱齿轮、圆锥齿轮、蜗轮和齿条等，按齿线形状可分为直齿、斜齿和曲线齿三种，按齿廓形状可分为渐开线、摆线和圆弧线等。目前使用较多的是渐开线圆柱齿轮。

制造齿轮的方法很多。但铸造、碾压（热轧、冷轧）等方法加工的齿轮精度还不够高，精密齿轮现在仍主要靠切削法加工。按加工原理不同，切削齿轮的方法可分为成形法和展成法两大类。

7.2.6.1 成形法

成形法又称仿形法，是采用与被切齿轮的齿槽形状相吻合的成形刀具直接切出齿形的方法。例如，在铣床上用盘形铣刀或指状铣刀铣削齿轮。图 7-39(a) 所示为用盘形铣刀加工直齿圆柱齿轮，图 7-39(b) 所示为用指状铣刀加工直齿圆柱齿轮。

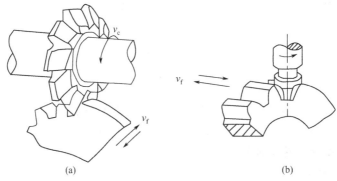

图 7-39　铣齿

成形法加工齿形的优点是不需要专门的齿轮加工机床，可以在通用机床（如配有分度装置的铣床）上进行加工。由于轮齿的齿廓为渐开线，其廓形取决于齿轮的基圆直径，故对于同一模数的齿轮，只要齿数不同，其渐开线齿廓形状就不相同，需采用不同的成形刀具。在实际生产中，为了减少成形刀具的数量，每一种模数通常只配有 8 把一套或 15 把一套的成形铣刀，每把刀具适应一定的齿数范围，见表 7-1。

表 7-1　模数铣刀刀号

刀号	1	2	3	4	5	6	7	8
加工齿数范围	12～13	14～16	17～20	21～25	26～34	35～54	55～134	>135

标准齿轮铣刀的模数、压力角和加工的齿数范围都标记在铣刀的端面上。由于每种编号的刀齿形状均按加工齿数范围中最小齿数设计，因此，加工该范围内的其他齿数的齿轮时，就会产生一定的齿廓形状误差。盘状齿轮铣刀适用于加工 $m \leqslant 8\text{mm}$ 的齿轮，指状齿轮铣刀可用于加工较大模数的齿轮。

铣齿加工出来的渐开线齿廓是近似的，加工精度较低，齿形精度只达 IT9～IT11。而且，每加工完一个齿槽后，工件需要分度一次，生产效率也较低。所以，本方法常用于修配行业中加工精度要求不高的齿轮，或用于重型机器制造业中，以解决缺乏大型齿轮加工机床的问题。

在大批量生产中，也可采用多齿廓成形刀具加工齿轮，如用齿轮拉刀、齿轮推刀或多齿刀盘等刀具，此时，其渐开线齿形可按工件齿廓的要求精确制造。加工时在机床的一个工作循环中即可完成全部齿槽的加工，生产效率较高，但刀具制造比较复杂且成本较高。

7.2.6.2 展成法

展成法也称范成法或包络法。展成法加工齿轮利用的是齿轮的啮合原理，即把齿轮啮合副（齿条与齿轮、齿轮与齿轮）中的一个转化为刀具，另一个转化为工件，并强制刀具和工件作严格的啮合运动，在工件上切出齿廓。由于齿轮啮合副正常啮合的条件是模数相同，故展成法加工齿轮所用刀具切削刃的渐开线廓形仅与刀具本身的模数有关，与被切齿轮的齿数无关。因此，每一种模数，只需用一把刀具就可以加工各种不同齿数的齿轮。此外，还可以用改变刀具与工件的中心距来加工变位齿轮。这种方法的加工精度和生产率一般比较高，因而在齿轮加工机床中应用最为广泛，如插齿、滚齿、剃齿和展成法磨齿等。

（1）插齿

插齿加工是在插齿机上进行的，图7-40为Y5132型插齿机的外形。

插齿过程相当于一对齿轮对滚，插齿刀的外形像一个齿轮，在每一个齿上磨出前角和后角，从而使它具有锋利的刀刃。切削时刀具作上下往复运动，从工件上切下切屑。可把插齿过程分解为：插齿刀先在齿坯上切下一小片材料，然后插齿刀退回，并转过一个小角度，齿坯也同时转过相应角度。之后，插齿刀又下插在齿坯上切下一小片材料。不断重复上述过程，整个齿槽被一刀刀地切，齿形则被逐渐地包络而成。因此，一把插齿刀，可加工相同模数而齿形不同的齿形，不存在理论误差。插齿原理如图7-41所示。

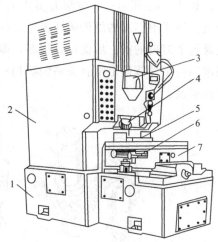

图7-40　Y5132型插齿机
1—床身；2—立柱；3—刀架；4—主轴；
5—工作台；6—挡板支架；7—工作台溜板

为完成插齿加工，插齿机需要有以下5种切削运动：

① 主运动：即插齿刀的上下往复直线运动。

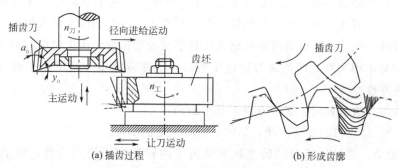

图7-41　插齿原理

② 展成运动（又称分齿运动）：即插齿刀与齿坯之间强制保持一对齿轮的啮合关系的运动。

③ 圆周进给运动：即插齿刀每往复一次，在自身分度圆上所转过弧长的运动，控制着每次插齿刀下插的切割量。

④ 径向进给运动：即插齿刀向工件作径向逐渐切入运动，以便切出全齿深。

⑤ 让刀运动：为了避免刀具回程时与工件表面摩擦，擦伤已加工表面和减少刀齿的磨损，要求插齿刀在回程时，工作台带着工件让开插齿刀，而在插齿时又要恢复到原来的位置，工作台的这个运动就称为让刀运动。

插齿除可加工一般外圆柱齿轮外，特别适宜加工内齿轮及多联齿轮，其加工精度为 IT7、IT8 级，齿面的表面粗糙度 Ra 为 $1.6\mu m$。插齿用于各种批量生产。

（2）滚齿

滚齿加工的过程相当于一对交错轴的斜齿轮互相啮合的过程，其中一个齿轮的齿数很少（只有一个或几个），且螺旋角很大，就变成了一个蜗杆，再将其开槽并铲背，就成为齿轮滚刀，如图 7-42 所示。齿轮滚刀实质上是一个螺旋角很大、螺旋升角很小、齿数很少、牙齿很长、绕了很多圈的斜齿圆柱齿轮。在它的圆柱面上均匀地开有容屑槽，经过铲背，淬火以及对各个刀齿的前、后面进行刃磨，即形成一把切削刃分布在蜗轮螺旋表面上的齿轮滚刀。当滚刀与工件按确定啮合关系强制相对运动时，滚刀的切削刃便在齿坯上切出齿槽，形成渐开线齿面。

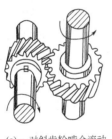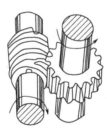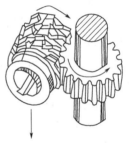

(a) 一对斜齿轮啮合滚动　　(b) 齿轮演变为蜗杆　　(c) 蜗杆成为滚刀

图 7-42　滚齿加工

在图 7-43(a) 所示的滚切过程中，分布在滚刀螺旋线的各刀齿相继切出齿槽中一薄层金属，每个齿槽在滚刀旋转过程中由几个刀齿依次切出，渐开线齿廓则在滚刀与齿坯的对滚过程中由切削刃一系列瞬时位置包络而成，如图 7-43(b) 所示。滚齿时成形运动是由滚刀的旋转运动和工件的旋转运动组成的复合运动（$B_{11}+B_{12}$），这个复合运动称为展成运动，也称范成运动。当滚刀与工件连续不断地转动时，便在工件整个圆周上依次切出所有齿槽，形成齿轮的渐开线齿廓。为了得到所需的渐开线齿廓和齿轮齿数，滚齿时滚刀和工件之间必须保持严格的相对运动关系，即当滚刀转过 1 转时，工件应该相应地转 k/z 转（k 为滚刀头数，z 为工件齿数）。

滚齿机在加工直齿轮时，必须有以下几个运动：

① 主运动：即滚刀的旋转运动，如图 7-43(a) 中的 B_{11}。

② 分齿运动：是保证滚刀的转速和被切齿轮的转速之间的关系的，即滚刀旋转 1 转（相当于齿条轴向移动一个齿距），被切齿轮转过 1 个齿，如图 7-43(a) 中的 B_{12}。

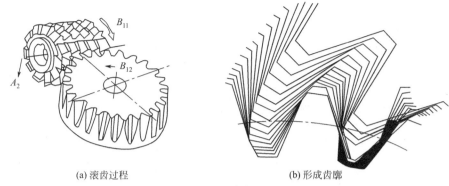

(a) 滚齿过程   (b) 形成齿廓

图 7-43 滚齿过程

③ 垂直进给运动：即滚刀沿工件轴线的垂直移动，这是保证切出整个齿宽所必需的运动，如图 7-43(a) 中的 A_2。

滚齿加工是在滚齿机上进行的，常见的中型通用滚齿机有立柱移动式和工作台移动式两种。Y3150E 型滚齿机属于工作台移动式，其外形如图 7-44 所示。立柱 2 固定在床身上，刀架溜板 3 带动滚刀架 5 沿立柱导轨作垂直方向的进给运动或快速移动。滚刀安装在刀杆 4 上，由滚刀架的主轴带动作旋转主运动。滚刀架可绕自己的轴线运动，以调整滚刀的安装角度。工件安装在工作台 9 的心轴 7 上或者直接安装在工作台上，随同工作台一起作旋转运动。工作台和后立柱 8 装在同一溜板上，可沿床身水平导轨移动，以调整工件的径向位置或作手动径向进给运动。后立柱上的支架 6 可通过轴套或顶尖支承工件心轴的上端，这样可以提高滚切工作的平衡性。

滚齿加工适于加工直齿、斜齿圆柱齿轮，还可用蜗轮滚刀、链轮滚刀滚切蜗轮和链轮，其加工精度为 IT7、IT8 级，齿面的表面粗糙度 Ra 为 $1.6\mu m$。其生产效率在一般情况下比铣齿、插齿高，但不能加工内齿轮。

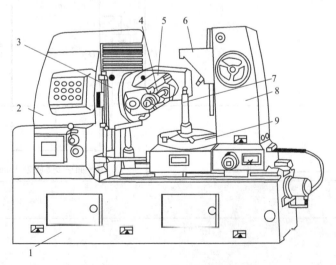

图 7-44 Y3150E 型滚齿机

1—床身；2—立柱；3—刀架溜板；4—刀杆；5—滚刀架；6—支架；7—心轴；8—后立柱；9—工作台

记一记

7.3 任务实施

7.3.1 任务报告

任务	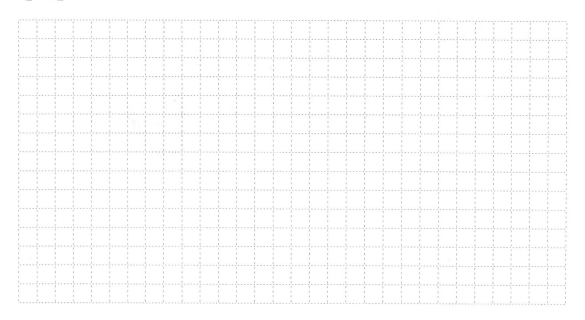 完成一六面体的铣削加工,其技术要求如图所示。单件生产,工件材料为45钢,各尺寸加工余量为4mm
材料准备	
所需设备	

续表

刀具	
量具	
操作步骤	

7.3.2 任务考核评价表

项目		项目内容	配分	学生自评分	教师评分
任务完成质量得分(50%)	1	基准确定	10		
	2	长度 100mm	10		
	3	长度 50mm	10		
	4	长度 40mm	10		
	5	平面度 6 处	10		
	6	平行度	20		
	7	垂直度	20		
	8	表面粗糙度	10		
		合计	100		
任务过程得分（40%）	1	准备工作	20		
	2	工位布置	10		
	3	工艺执行	20		
	4	清洁整理	10		
	5	清扫保养	10		
	6	工作态度是否端正	10		
	7	安全文明生产	20		
		合计	100		
任务反思得分（10%）	1.每日一问： 2.错误项目原因分析： 3.自评与师评差别原因分析：				
任务总得分					
任务完成质量得分		任务过程得分	任务反思得分		总得分

7.4 巩固练习

（1）选择题

① 铣削的主运动为（　　）。
　　A. 工作台的纵向移动　　　　　　B. 工作台的横向移动
　　C. 铣刀的旋转运动　　　　　　　D. 工作台的上下移动

② 卧铣与立铣的主要区别是（　　）。
　　A. 卧铣时主轴与工作台平行，而立铣时主轴与工作台垂直
　　B. 卧铣时主轴与工作台垂直，而立铣时主轴与工作台平行
　　C. 卧铣时主轴与床身平行，而立铣时主轴与床身垂直
　　D. 卧铣时主轴与机床垂直，而立铣时主轴与床身平行

③ 轴上平键槽一般在什么机床上加工？（　　）

A. 立铣　　　　　　B. 插床　　　　　　C. 拉床　　　　　　D. 刨床

④ 成形铣刀用于（　　）。

A. 切断工件　　　　B. 加工键槽　　　　C. 加工特形面

⑤ 铣削齿数为 30 的齿轮，每次分度时，分度头手柄应转多少？（　　）

A. 用 24 的孔圈转，转 1 圈　　　　B. 用 28 的孔圈转，转 21 个孔距

C. 用 30 的孔圈转，转 1 圈加 10 个孔距

⑥ 在工件上铣 T 形槽，应如何进行？（　　）

A. 用 T 形铣刀直接加工　　　　B. 先用立铣刀铣出直槽，再铣 T 形槽

C. 毛坯不必须先铸出 T 形槽

⑦ 回转工作台的主要作用有（　　）。

A. 用来加工非整圆的弧面和槽　　　　B. 分度

C. A 和 B 两种作用

⑧ 铣床上能否进行钻、扩、铰孔？（　　）

A. 能　　　　　　　　　　　　　B. 不能

C. 卧铣能，立铣不能　　　　　　D. 立铣能，卧铣不能

⑨ 模数 $m=2mm$ 的齿轮滚刀可否滚切 $m=2mm$ 的各种齿数（小于最小齿数的除外）的圆柱齿轮？（　　）

A. 可以　　　　　　　　　　　　B. 不可以

C. 可以，但精度低于铣齿　　　　D. 滚直齿才可以

⑩ 齿轮精度为 10 级，粗糙度 $Ra=6.3\mu m$，数量为 4 件，齿形应选用（　　）方法加工。

A. 插齿　　　　　　B. 滚齿　　　　　　C. 铣齿

(2) 判断题

① 万能铣头可以把立铣改作卧铣使用。　　　　　　　　　　　　　　　（　　）

② 镶齿端铣刀一般在立铣上应用，也可在卧铣上应用。　　　　　　　　（　　）

③ 平口钳可以装夹小型的六面体零件，也可以装夹轴类零件铣键槽等。　（　　）

④ 分度头的作用是装夹工件进行分度。　　　　　　　　　　　　　　　（　　）

⑤ 铣轴上的键槽，可以在键槽铣床上进行，也可以在立铣上进行。　　　（　　）

⑥ 用卧铣加工齿轮时，用旋转工作台装夹。　　　　　　　　　　　　　（　　）

⑦ 燕尾槽可以直接用燕尾槽铣刀加工出来。　　　　　　　　　　　　　（　　）

⑧ 铣床升降台可以带动工作台垂直移动。　　　　　　　　　　　　　　（　　）

⑨ 铣床无法加工螺旋槽工件。　　　　　　　　　　　　　　　　　　　（　　）

⑩ 铣床的各类很多，最常用的是立式铣床和卧式铣床。　　　　　　　　（　　）

(3) 填空题

① 铣削加工是指＿＿＿＿＿＿作主运动，＿＿＿＿＿＿作进给运动的一种切削加工方法。

② 铣削的加工范围广，它可以加工＿＿＿＿＿＿、＿＿＿＿＿＿、＿＿＿＿＿＿、螺旋形表面（螺纹和螺旋槽）及各种曲面等。

③ 卧式升降台铣床的主轴＿＿＿＿＿＿，所以称为卧式铣床。

④ 立式升降台铣床的主轴是＿＿＿＿＿＿布置的，简称立铣。

⑤ 铣床的主要附件有_____、_____、_____和_____等。

⑥ 铣刀的种类可分为_____和_____。_____多用于立式铣床，_____一般用于卧式铣床。

⑦ 铣削时，工件的装夹方法有_____、_____、_____等。

⑧ 端铣法是用_____铣削工件表面的一种加工方式。

⑨ 周铣法是用_____铣削工件表面的一种加工方式。

⑩ 在切削部位刀齿的运动方向和工件的进给方向相同时，称为_____；反之，称为_____。

项目八 磨 削

【项目背景】 磨削加工是机械制造中最常用的加工方法之一,它的应用范围很广。随着工业的发展,磨削加工正不断向自动化方向发展。在工业发达国家,磨床已占机床总数的 25% 左右,个别行业可达到 40%～50%。

8.1 实习任务

8.1.1 任务描述

需完成如图 8-1 所示六面体的磨削加工(材料为 45 钢,热处理硬度 48～52HBC)。

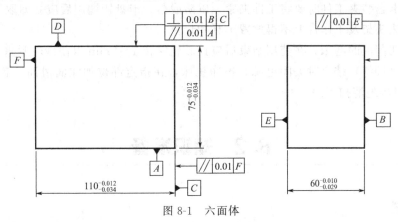

图 8-1 六面体

需解决问题
• 磨削加工可以完成哪些工作?
• 你了解磨床吗?
• 如何选择合适的砂轮?
• 砂轮该如何安装与修整?
• 在磨削中如何选择合适的工件装夹方法?
• 你会使用磨床对零件进行加工吗?

8.1.2 实习目的

① 了解磨削加工的工艺特点及用途。
② 了解常用磨床的种类、用途、磨削运动,了解磨床的组成、各部件的功用。
③ 了解砂轮的构成和各种砂轮的用途。
④ 掌握内外圆柱面、内外圆锥面及平面的基本磨削方法。

8.1.3 安全注意事项

① 学生进入实习(训练)场地要听从指导教师安排,穿好工作服,扎紧袖口,戴好工作帽;认真听讲,仔细观摩,严禁嬉戏打闹,保持场地干净整洁。
② 学生必须在掌握相关设备和工具的正确使用方法后,才能进行操作。
③ 起动磨床前,要检查砂轮、卡盘、挡铁、砂轮罩壳等是否紧固,磨床机械、液压、润滑、冷却等是否正常;严禁使用有缺损及裂纹的砂轮。
④ 砂轮应经过 2min 空运转试验,确定正常后才能开始磨削。
⑤ 砂轮启动后,必须慢慢引向工件,严禁突然接触工件。吃刀量不能过大,以防切削力过大将工件顶飞发生事故。
⑥ 砂轮是在高速旋转下工作的,操作者应站在砂轮旋转方向的侧面,不得面对砂轮旋转方向。严禁在砂轮正面或侧面手持工件进行磨削。
⑦ 砂轮未停稳不能卸工件。测量工件尺寸时,要将砂轮退离工件。
⑧ 发生事故时,应立即关闭机床电源。外圆磨床纵向挡铁的位置要调整得当,防止砂轮与顶尖、卡盘、轴肩等部位撞击。
⑨ 使用卡盘装夹工件时要将工件夹紧,以防脱落,卡盘钥匙用后应立即取下。
⑩ 在磨床头架及工作台上不得放置工具和量具。
⑪ 使用切削液的磨床,在使用结束后应让砂轮空转 1~2min 以便砂轮脱水。
⑫ 实习(训练)结束时关闭电源,擦净机床,在指定部位加注润滑油,各部件调整到正常位置,将场地清扫干净。

8.2 知识准备

8.2.1 概述

8.2.1.1 磨削加工特点及加工范围

磨削是指用磨具以较高的速度从工件表面切除多余材料,使其在形状、精度和表面粗糙度等方面都达到预定要求的加工方法。磨削加工是零件精加工的主要方法之一。磨削时可采用砂轮、油石、磨头、砂带等作磨具,而最常用的磨具是用磨料和黏结剂做成的砂轮。通常磨削能达到的精度为 IT5~IT7,表面粗糙度 Ra 值一般为 $0.8~0.2\mu m$。

磨削的加工范围很广,不仅可以加工内外圆柱面、内外圆锥面和平面,还可加工螺纹、花键轴、曲轴、齿轮、叶片等特殊的成形表面,如图 8-2 所示。

从本质上来说,磨削加工是一种切削加工,但和车削、铣削、刨削等相比,却有以下的

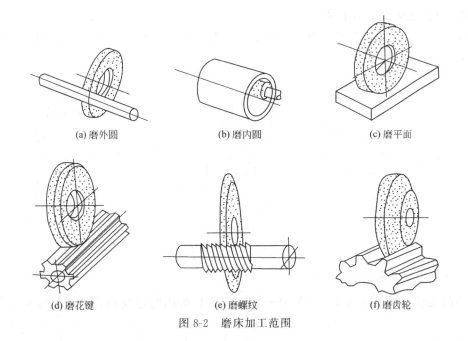

(a) 磨外圆　　(b) 磨内圆　　(c) 磨平面

(d) 磨花键　　(e) 磨螺纹　　(f) 磨齿轮

图 8-2　磨床加工范围

特点：

① 磨削属多刃、微刃切削。磨削用的砂轮有许多细小坚硬的磨粒，这些锋利的磨粒就像铣刀的切削刃，在砂轮高速旋转的条件下，切入零件表面，故磨削是一种多刃、微刃切削过程。

② 加工尺寸精度高，表面粗糙度值低。磨削的切削厚度极薄，每个磨粒的切削厚度可小到微米，故磨削的尺寸精度可达 IT5、IT6，表面粗糙度 Ra 值达 $0.1 \sim 0.8 \mu m$。高精度磨削时，尺寸精度可超过 IT5，表面粗糙度 Ra 值不大于 $0.012 \mu m$。

③ 磨削速度快，温度高。一般砂轮的圆周速度达 $2000 \sim 3000 m/min$，而高速磨削砂轮线速度已达到 $60 \sim 250 m/s$。由于切削速度很高，产生大量切削热，温度超过 $1000 ℃$。同时，高温磨屑在空气中发生氧化作用，产生火花。在如此高温下，将会使零件材料性能改变而影响质量。因此，为减少摩擦和迅速散热，降低磨削温度，及时冲走屑末，以保证零件表面质量，磨削时需使用大量切削液。

④ 加工材料广泛。由于磨料硬度极高，故磨削不仅可加工一般金属材料，如碳钢、铸铁等，还可加工一般刀具难以加工的高硬度材料，如淬火钢、各种切削刀具材料及硬质合金等。但磨削不适宜加工硬度低而塑性大的有色金属材料。

⑤ 砂轮有自锐性。当作用在磨粒上的切削力超过磨粒的极限强度时，磨粒就会破碎，形成新的锋利棱角进行磨削；当此切削力超过结合剂的黏结强度时，钝化的磨粒就会自行脱落，使砂轮表面露出一层新鲜锋利的磨粒，从而使磨削加工能够继续进行。砂轮的这种自行保持自身锋利的性能称为自锐性。砂轮的自锐性可使砂轮连续进行加工，这是其他刀具没有的特性。

磨削加工是机械制造中重要的加工工艺，已广泛用于各种表面的精密加工。许多精密铸造成形的铸件、精密锻造成形的锻件和重要配合面，也要经过磨削才能达到精度要求。因此，磨削在机械制造业中的应用日益广泛。

8.2.1.2 磨削运动及磨削用量

磨削分为外圆磨削、内圆磨削和平面磨削。磨削过程一般都包含四个方向的运动，如图 8-3 所示。

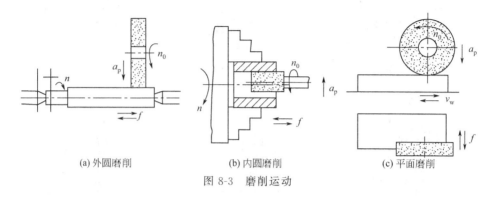

图 8-3 磨削运动

(1) 主运动及磨削速度 v_c

砂轮的旋转运动为主运动。砂轮外圆相对于工件的瞬时速度称为磨削速度 v_c，可用下式计算

$$v_c = \frac{\pi d n}{1000 \times 60} \quad \text{m/s}$$

式中　d——砂轮直径，mm；

　　　n——砂轮每分钟的转速，r/min。

外圆和平面磨削的磨削速度一般为 35m/s 左右，内圆磨削速度一般为 18～30m/s。从上式可看出，当砂轮直径因磨耗而减小时，磨削速度会降低，影响磨削质量和生产效率。因此，当砂轮直径减小到一定值时，应更换砂轮或提高砂轮转速，以保证合理的磨削速度。

(2) 圆周进给运动及进给速度 v_w

工件的旋转运动是圆周进给运动。工件外圆相对于砂轮的瞬时速度称为圆周进给速度 v_w，可用下式计算

$$v_w = \frac{\pi d_w n_w}{1000 \times 60} \quad \text{m/s}$$

式中　d_w——工件磨削外圆直径，mm；

　　　n_w——工件每分钟的转速，r/min。

工件的圆周进给速度一般为 10～30m/s。按加工要求来选择，加工精度高可取较低的速度，反之取较高的速度。实际生产时，往往先选定工件速度，再计算出工件转速，以此调整机床转数。

(3) 纵向进给运动及纵向进给量 $f_纵$

工作台带动工件所作的直线往复运动是纵向进给运动，工件每转一圈时砂轮在纵向进给方向上相对于工件的位移称为纵向进给量，用 $f_纵$ 表示，单位为 mm/r。一般 $f_纵 = (0.1～0.8)B$，B 为砂轮宽度。

(4) 横向进给运动及横向进给量 $f_横$

砂轮沿工件径向上的移动量是横向进给运动。工作台每往复（或单行程）一次，砂轮相对工件径向上的移动距离称为横向进给量，用 $f_横$ 表示，其单位是 mm/str。横向进给量实

际上是砂轮每次切入工件的深度即背吃刀量，也可用 a_p 表示，单位为 mm，即每次磨削切入以 mm 计的深度。一般情况下横向进给量很小，$f_横=0.005\sim0.04$mm/str。

v_c、v_w、$f_横$ 和 $f_纵$ 称为磨削用量四要素。磨削用量选择得是否合理，直接关系到工件表面质量、加工精度及生产效率。磨削用量常用数值如表 8-1 所示。

表 8-1 磨削用量常用数值

磨削方式	v_c/(m/s)	v_w/(m/min)		$f_纵$(mm/r)		$f_横$/(mm/str)	
		粗磨	精磨	粗磨	精磨	粗磨	精磨
外圆磨削	25~35	20~30	20~60	(0.3~0.7)B	(0.3~0.4)B	0.015~0.05	0.005~0.01
内圆磨削	18~30	20~40	20~40	(0.4~0.7)B	(0.2~0.4)B	0.005~0.02	0.0025~0.01
平面磨削	25~35	6~30	15~20	(0.4~0.7)B	(0.2~0.3)B	0.015~0.05	0.005~0.015

8.2.2 磨床

随着高精度、高硬度机械零件数量的增加，以及精密铸造和精密锻造工艺的发展，磨床的性能、品种和产量都在不断的提高和增长。磨床可分为万能外圆磨床、普通外圆磨床、内圆磨床、平面磨床、无心磨床、工具磨床、齿轮磨床和螺纹磨床等多种类型。

磨床的种类很多，根据 GB/T 15375—2008，磨床品种分为三类。一般磨床为第一类，用字母 M 表示；超精加工机床、抛光机床、砂带抛光机为第二类，用 2M 表示；轴承套圈、滚球、叶片磨床为第三类，用 3M 表示。齿轮磨床和螺纹磨床分别用 Y 和 S 表示

8.2.2.1 外圆磨床

常用的外圆磨床分为普通外圆磨床和万能外圆磨床。在普通外圆磨床上可磨削零件的外圆柱面和外圆锥面；在万能外圆磨床上，由于砂轮架、头架和工作台上都装有转盘，能回转一定的角度，且增加了内圆磨具附件，所以万能外圆磨床除可磨削外圆柱面和外圆锥面外，还可磨削内圆柱面、内圆锥面及端平面，故万能外圆磨床较普通外圆磨床应用更广。下面以 M1432A 型万能外圆磨床为例介绍外圆磨床的结构组成及其传动系统。

M1432A 型号中数字与字母的含义如下：

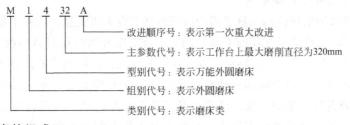

(1) 外圆磨床的组成

如图 8-4 所示，万能外圆磨床由床身、工作台、头架、尾座、砂轮架、内圆磨头等组成。

① 床身：用于支承和连接磨床各个部件。为提高机床刚度，磨床床身一般为箱型结构，内部装有液压传动装置，上部装有工作台和磨头，床身上的纵向导轨供工作台移动用，横向导轨供磨头移动用。

② 工作台：工作台靠液压驱动，沿着床身的纵向导轨作直线往复运动，使工件实现纵向进给。在工作台前侧面的 T 形槽内，装有两个换向挡块，用以操纵工作台自动换向。工

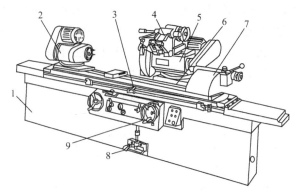

图 8-4　M1432A 万能外圆磨床
1—床身；2—头架；3—工作台；4—内圆磨具；5—砂轮架；6—滑鞍；
7—尾座；8—脚踏操纵板；9—横向进给手轮

作台也可手动，分上、下两层，上层可在水平面内偏转一个不大的角度（顺时针方向 3°，逆时针方向 9°），以便磨削圆锥面，还可以用来消除磨削圆柱面时产生的锥度误差。

③ 头架：头架上有主轴，主轴端部可以装夹顶尖、拨盘或卡盘，以便装夹工件。主轴由单独电动机通过带传动变速机构带动，使工件可获得不同的转动速度。头架可在水平面内偏转一定的角度。

④ 尾座：尾座的套筒内有顶尖，用来支承工件的另一端。尾座在工作台上的位置，可根据工件长度的不同进行调整。尾座可在工作台上纵向移动。扳动尾座上的杠杆，顶尖套筒可伸出或缩进，以便装卸工件。

⑤ 砂轮架：用于装夹砂轮，并有单独的电动机带动砂轮架主轴旋转。砂轮架可在床身后部的导轨上作横向移动，其移动方式有自动周期进给、快速引进和退出以及手动三种，前两种是由液压传动实现的，砂轮架还可沿垂直轴线旋转某一角度。

⑥ 内圆磨头：内圆磨头是磨削内圆表面用的，其主轴上可装上内圆磨削砂轮，由另一台电机带动。内圆磨头可绕支架旋转，用时翻下，不用时翻向砂轮架上方。

（2）外圆磨床的液压传动系统

磨床传动广泛采用液压传动，这是因为液压传动具有无级调速、运转平稳、无冲击振动等优点。外圆磨床的液压传动系统比较复杂，图 8-5 为工作台纵向往复运动的液压传动原理图。整个传动系统由液压泵、液压缸、转阀、安全阀、节流阀、换向阀、换向手柄等元件组成。

工作时，液压泵经滤油器将油从油箱中吸出，转变为高压油，经过转阀、节流阀、换向阀，输入液压缸的右腔，推动活塞、活塞杆及工作台向左移动。液压缸左腔的液压油则经换向阀流回油箱。当工作台移至行程终点时，固定在工作台前侧面的右行程挡块，自右向左推动换向手柄，并连同换向阀的活塞杆和活塞一起向左移至虚线位置。于是高压油流入液压缸的左腔，使工作台返回。液压缸右腔的油也经换向阀流回油箱。如此反复循环，从而实现了工作台的纵向往复运动。

工作台的行程长度和位置，可通过改变行程挡块之间的距离和位置来调节。当转阀转过 90°时，液压泵中输出的高压油全部流回油箱，工作台停止不动。安全阀的作用是使系统中维持一定的油压，并把多余的高压油排入油箱。节流阀是用来控制工作台移动快慢的调速装置。

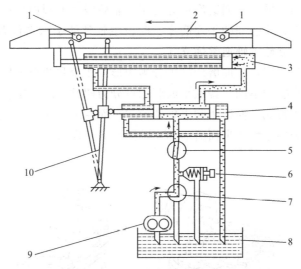

图 8-5 液压传动原理图

1—挡块；2—工作台；3—液压缸；4—换向阀；5—节流阀；6—安全阀；
7—转阀；8—油箱；9—液压泵；10—换向手柄

8.2.2.2 内圆磨床

内圆磨床主要用于磨削圆柱孔、圆锥孔及其端面。图 8-6 所示为 M2120 型内圆磨床，主要由床身、工作台、头架、磨具架、砂轮修整器、砂轮及操纵手轮等部分组成。头架可以在水平面内偏转一个角度，以便磨削锥孔。M2120 型磨床的磨削孔径范围为 50～200mm。

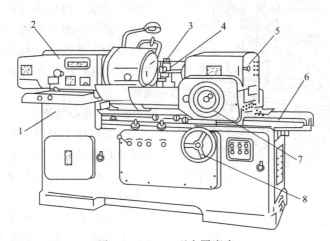

图 8-6 M2120 型内圆磨床

1—床身；2—头架；3—砂轮修整器；4—砂轮；5—磨具架；6—工作台；
7—操纵磨具架手轮；8—操纵工作台手轮

内圆磨床的传动也用液压传动，其原理与外圆磨床相似，工件转速能作无级调速，而且砂轮趋近及退出时能自动变为快速，以提高生产效率。

8.2.2.3 平面磨床

平面磨床主要用于磨削零件上的平面。平面磨床与其他磨床不同的是工作台上安装有电磁吸盘或其他夹具，用作装夹零件。

根据砂轮的工作面不同，平面磨床可分为用砂轮轮缘（即圆周）进行磨削和用砂轮端面进行磨削两类。用砂轮轮缘磨削的平面磨床，砂轮主轴常处于水平位置（卧式）；而用砂轮端面磨削的平面磨床，砂轮主轴通常为立式。

根据工作台的形状不同，平面磨床又可分为矩形工作台和圆形工作台两类。因此，根据砂轮工作面和工作台形状的不同，普通平面磨床可分为四类：卧轴矩台式平面磨床、卧轴圆台式平面磨床、立轴矩台式平面磨床和立轴圆台式平面磨床，如图8-7所示。在机械制造行业中，用得较多的是卧轴矩台式平面磨床和立轴圆台式平面磨床。

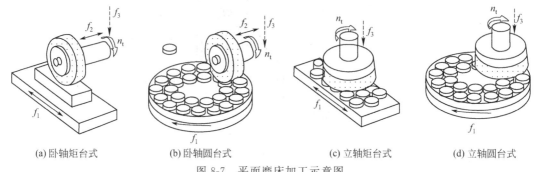

(a) 卧轴矩台式　　(b) 卧轴圆台式　　(c) 立轴矩台式　　(d) 立轴圆台式

图 8-7　平面磨床加工示意图

图8-8所示为M7120A型卧轴矩台式平面磨床。它主要由床身、工作台、立柱、滑板和磨头等组成。磨头2沿滑板3的水平导轨作横向进给运动，这可由液压驱动或横向进给手轮4操纵。滑板3可沿立柱6的导轨垂直移动，以调整磨头2的高低位置及完成垂直进给运动，该运动也可操纵手轮9实现。砂轮由装在磨头壳体内的电动机直接驱动旋转。

8.2.2.4　无心磨床

无心磨床主要用于磨削大批量的细长轴及无中心孔的轴、套、销等零件，生产效率高。图8-9为M1080型无心外圆磨床，其工作原理如图8-10所示。磨削时工件不需要装夹，而是放在砂轮与导轮之间，由托板支承着；工件轴线略高于砂轮与导轮轴线，以避免工件在磨削时产生圆度误差；工件由橡胶结合剂制成的导轮带着作低速旋转（$v_0 = 0.2\sim0.5$m/s），并由高速旋转着的砂轮进行磨削。

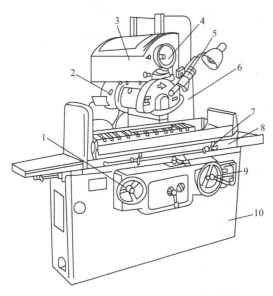

图 8-8　M7120A型卧轴矩台式平面磨床
1—驱动工作台手轮；2—磨头；3—滑板；4—横向进给手轮；5—砂轮修整器；6—立柱；7—行程挡块；8—工作台；9—垂直进给手轮；10—床身

导轮的外圆表面为双曲面，导轮安装时轴线与工件轴线不平行，倾斜一个角度（α 为 $1°\sim4°$）。因而导轮旋转时所产生的线速度 $v_w = v_r\cos\alpha$ 垂直于工件的轴线，使工件产生旋转运动，而进给速度 $v_{fx} = v_r\sin\alpha$ 则平行于工件的轴线，使工件作轴向进给运动。

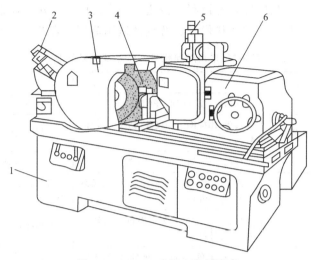

图 8-9　M1080 型无心外圆磨床

1—床身；2—磨削轮修整器；3—磨削轮架；4—工件支架；5—导轮修整器；6—导轮架

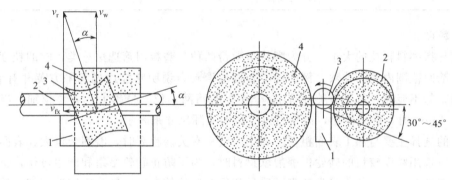

图 8-10　无心外圆磨床工作原理

1—托板；2—工件；3—导轮；4—砂轮

8.2.3　砂轮

砂轮是磨削的切削工具，它是由细小而坚硬的磨料加结合剂制成的疏松的多孔体，如图 8-11 所示。砂轮表面上杂乱地排列着许多磨粒，磨粒的每一个棱角都相当于一个切削刃，整个砂轮相当于一把具有无数切削刃的铣刀。磨削时砂轮高速旋转，切下粉末状切屑。磨粒、结合剂和空隙是构成砂轮的三要素。

8.2.3.1　砂轮的特性

表示砂轮的特性主要包括磨料、粒度、硬度、结合剂、组织、形状和尺寸等。

（1）磨料

磨料是砂轮的主要成分，直接担负着切削工作。磨料在磨削过程中承受着强烈的挤压力及高温的作

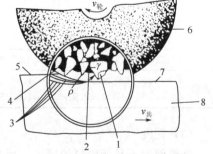

图 8-11　砂轮的组成

1—磨粒；2—结合剂；3—过渡表面；
4—空隙；5—待加工表面；6—砂轮；
7—已加工表面；8—工件

用,所以必须硬度高、耐热性好,有锋利的棱边和一定的强度。用于制造砂轮的磨料有刚玉类、碳化硅类和超硬磨料。常用磨料代号、特点及适用范围如表 8-2 所示。

表 8-2 常用磨料代号、特点及适用范围

类别	磨料名称	代号	特点	适用范围
刚玉类	棕刚玉	A	棕褐色,硬度较低,韧性好,价格较低	磨削各种碳钢、合金钢和可锻铸铁
	白刚玉	WA	白色,比棕刚玉硬度高,韧性低,价格较高	磨削淬硬的高碳钢、高速钢和合金钢
	铬刚玉	PA	玫瑰红色,韧性较白刚玉好	磨削高速钢、不锈钢、成形磨削
碳化硅类	黑色碳化硅	C	黑色光泽,比刚玉类硬度高,性脆而锋利,导热性好	磨削铸铁、黄铜、耐火材料及其他非金属材料
	绿色碳化硅	GC	绿色带光泽,硬度比黑色碳化硅更高,导热性好	磨削硬质合金、宝石、陶瓷、玻璃
超硬磨料	人造金刚石	MBD/RVD	白色、黑色、淡绿色,硬度高,比天然金刚石脆	磨削硬质合金、光学玻璃、宝石
	立方氮化硼	CBN	棕黑色,硬度仅次于人造金刚石,韧度较人造金刚石好	磨削高性能高速钢、耐热钢、不锈钢

(2) 粒度

粒度是指磨料颗粒的大小,分为磨粒与微粉两种。磨粒用筛选法分类,它的粒度号指每平方英寸筛网范围内的筛孔数。例如 60# 粒度的磨粒,说明它能通过每平方英寸有 60 个孔眼的筛网,却不能通过每平方英寸有 70 个孔眼的筛网,粒度号越大,磨粒越细;当磨粒的直径小于 40μm 时,称为微粉,微粉号以磨料的实际尺寸来表示。

粒度的选择主要与加工表面粗糙度和生产效率有关。粗磨时,磨削余量大,表面质量要求不高,应选用粒度较粗的砂轮;磨削软材料时,为了防止砂轮堵塞和产生烧伤,也应选用粗砂轮;精磨时,为了获得较高的表面质量和保持砂轮的轮廓精度,应该选用细砂轮。常用的砂轮粒度号及其使用范围如表 8-3 所示。

表 8-3 常用砂轮粒度号及其使用范围

类别		粒度号	适用范围
磨粒	粗粒	8#、10#、12#、14#、16#、20#、22#、24#	荒磨
	中粒	30#、36#、40#、46#	一般磨削,加工表面粗糙度 Ra 值可达 0.8μm
	细粒	54#、60#、70#、80#、90#、100#	半精磨、精磨和成形磨削,加工表面粗糙度 Ra 值可达 0.16~0.8μm
	微粒	120#、150#、180#、200#、220#、240#	精磨、精密磨、超精磨和成形磨削、刀具刃磨、珩磨
微粉		w60、w50、w40、w28、w20、w14、w10、w7、w5、w3.5、w2.5、w1.5、w1、w0.5	精磨、精密磨、超精磨、珩磨、螺纹磨、超精密磨、镜面磨、精研,加工表面粗糙度 Ra 值可达 0.012~0.05μm

(3) 硬度

砂轮硬度不是指磨料的硬度,而是指结合剂对磨粒黏结的牢固程度,是指砂轮上磨料在外力作用下脱落的难易程度。磨粒易脱落的称为软砂轮,反之则称为硬砂轮。同一种磨料可以做成不同硬度的砂轮,砂轮的软硬取决于结合剂的性能、配比以及砂轮的制造工艺。

砂轮的硬度对磨削生产效率、磨削表面质量都有很大的影响。如果砂轮太硬,磨粒磨钝

后仍不能自行脱落，工件表面粗糙并可能会烧伤，磨削效率降低；如果砂轮太软，磨粒还未磨钝就脱落了，砂轮损耗大，不易保持形状，也影响工件的表面质量。砂轮的硬度代表了砂轮的自锐性，选择砂轮的硬度，实际上就是选择砂轮的自锐性，使钝化的磨粒能够及时脱落，以求保持砂轮的锐利。砂轮的硬度分7大级（超软、软、中软、中、中硬、硬、超硬），16小级，参见表8-4。

表8-4 砂轮的硬度分级

等级	超软			软			中软			中		中硬			硬		超硬
代号	D	E	F	G	H	J	K	L	M	N	P	Q	R	S	T	Y
选择	磨未淬硬钢选用 L~N，磨淬火合金钢选用 H~K，高表面质量磨削时选用 K~L，磨硬质合金刀具选用 H~J																

选择砂轮硬度的一般原则是：

① 工件材料越硬，选用砂轮应越软。这是因为高硬度工件对砂轮磨粒的磨损较快，为了使被磨钝的磨粒能够及时脱落而露出新的尖锐棱角磨粒（即自锐性），需要选用软砂轮；而磨削较软工件时，砂轮的磨粒磨损很慢，为了使磨粒不致过早脱落，需要选用硬砂轮。

② 磨导热性差的材料，不易散热，宜选用软砂轮以免工件烧伤。

③ 砂轮与工件磨削接触面积大时，磨粒参加切削的时间较长，较易磨损，应选较软的砂轮。

④ 粗磨时选择较软的砂轮。精磨和成形磨时，为了保证磨削精度和粗糙度，应选用稍硬的砂轮。

简单地说，选择砂轮硬度的原则是：磨软材料时，选硬砂轮；磨硬材料时，选软砂轮。粗磨选软砂轮；精磨选较硬砂轮。通常情况下，粗磨比精磨选低1~2级硬度。

(4) 结合剂

结合剂的作用是将磨料黏合在一起，使之成为具有一定强度和形状的砂轮。砂轮的强度、抗冲击性、耐热性以及抗腐蚀能力主要取决于结合剂的性能。此外，它对磨削温度、磨削表面质量也有一定影响。常用结合剂的代号、特性及适用范围如表8-5所示。

表8-5 常用结合剂的代号、性能及适用范围

名称	代号	特性	适用范围
陶瓷	V	化学稳定性好、耐热、耐油、耐腐蚀，较脆	最常用，适用于各类磨削加工
树脂	B	强度高、弹性好、耐冲击、耐热性差	适用于高速磨削、开槽、切断
橡胶	R	强度高、弹性好、抛光作用好、耐热性差，不耐油和酸，易堵塞	适用于开槽、切断、无心磨导轮、抛光砂轮

(5) 组织

组织是指砂轮中磨料、结合剂、气孔三者体积的比例关系。组织号是由磨料所占的百分比来确定的。国标中规定了15个组织号：0，1，2，…，13，14，如表8-6所示。0号组织最紧密，磨料率最高；14号组织最疏松，磨料率最低。普通磨削常用4~7号组织的砂轮。紧密组织成形性好，加工质量高，适于成形磨、精密磨和强力磨削；中等组织适于一般磨削工作，如淬火钢、刀具刃磨等。疏松组织不易堵塞砂轮，适于粗磨，磨软材、平面、内圆等接触面积较大的工件，磨热敏性强的材料或薄件。

表 8-6 砂轮的组织号

组织号	0	1	2	3	4	5	6	7	8	9	10	11	12	13	14
磨粒率/%	62	60	58	56	54	52	50	48	46	44	43	40	38	36	34
用途	成形磨削、精密磨削				磨削淬火钢、刀具刃磨				磨削韧性大而硬度不高的材料					磨削热敏感性大的材料	

8.2.3.2 砂轮的形状及代号

根据机床结构与磨削加工的需要，砂轮可制成各种形状和尺寸。常用砂轮的形状、代号及用途见表 8-7。

表 8-7 常用砂轮的形状、代号及用途

砂轮名称	代号	断面简图	基本用途
平形砂轮	1		根据不同尺寸，可分别用在外圆磨、内圆磨、平面磨、无心磨、工具磨、螺纹磨和砂轮机上
筒形砂轮	2		用于立式平面磨床上
双斜边砂轮	4		主要用于磨齿轮齿面和磨单线螺纹
杯形砂轮	6		主要用其端面刃磨刀具，也可用其圆周磨平面和内孔
双面凹一号砂轮	7		主要用于外圆磨削和刃磨工具，还用作无心磨的磨轮和导轮
碗形砂轮	11		通常用于刃磨刀具，磨机床导轨
碟形一号砂轮	12a		适于磨铣刀、铰刀、拉刀等，大尺寸的一般用于磨齿轮的齿面
平形切割砂轮	41		主要用于切断和开槽等

生产中，为了使用和保管方便，在砂轮的端面上印有标志，以明确表示砂轮的特性参数，举例如下：

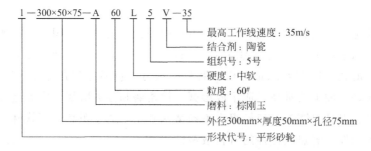

8.2.3.3 砂轮的检查、安装、平衡与修整

(1) 砂轮的检查

砂轮因在高速下工作，安装前应首先查看砂轮的标记是否清晰，若无法核对、确认砂轮的特性，不管是否有缺陷，都不可使用；然后检查外观没有裂纹后，再用木锤轻敲，如果声音嘶哑，则禁止使用，否则砂轮破裂后会飞出伤人。

(2) 砂轮的安装

砂轮由于形状、尺寸不同而有不同安装方法。当砂轮直接装在主轴上时，砂轮内孔与砂轮轴配合间隙要合适，一般配合间隙为 0.1～0.8mm。砂轮用法兰盘与螺母紧固，在砂轮与法兰盘之间垫以 0.3～3mm 的皮革或耐油橡胶制垫片，如图 8-12 所示。

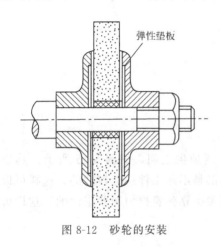

图 8-12 砂轮的安装

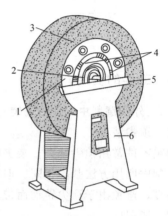

图 8-13 砂轮的平衡
1—砂轮套筒；2—心轴；3—砂轮；4—平衡铁；
5—平衡轨道；6—平衡架

(3) 砂轮的平衡

由于砂轮各部分密度不均匀、几何形状不对称以及安装偏心等各种原因，往往造成砂轮重心与其旋转中心不重合，即产生不平衡现象。不平衡的砂轮在高速旋转时会产生振动，影响磨削质量和机床精度，严重时还会造成机床损坏及砂轮碎裂。为使砂轮工作平稳，一般直径大于 125mm 的砂轮都要进行平衡试验，如图 8-13 所示。将砂轮装在心轴 2 上，再将心轴放在平衡架 6 的平衡轨道 5 的刃口上。若不平衡，较重部分总是转到下面。这时可移动法兰盘端面环槽内的平衡铁 4 进行调整。经反复平衡试验，直到砂轮可在刃口上任意位置静止，即说明砂轮各部分的质量分布均匀，这种方法称为静平衡。

(4) 砂轮的修整

砂轮工作一定时间后，磨粒逐渐变钝，气孔会被磨屑堵塞，如继续使用，将影响磨削质量和效率，甚至使工件表面产生烧伤退火现象，因此对磨钝的砂轮必须进行修整。修整时，将砂轮表面一层变钝的磨粒切去，使砂轮重新露出完整锋利的磨粒，以恢复砂轮的几何形状。砂轮常用金刚石笔进行修整，如图 8-14 所示。修整时要使用大量的冷却液，以免金刚石因温度急剧升高而破裂。砂轮修整除用于磨损砂轮外，还用于以下场合：砂轮被切屑堵塞；部分工材黏结在磨粒上；砂轮廓形失真；精密磨中的精细修整等。

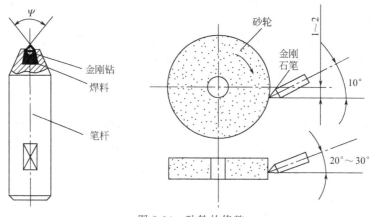

图 8-14 砂轮的修整

8.2.4 工件的安装

8.2.4.1 外圆磨削中工件的安装

(1) 顶尖装夹

轴类零件常用顶尖装夹。装夹时，工件支承在两顶尖之间，如图 8-15 所示，其装夹方法与车削中所用方法基本相同。但磨床所用的顶尖都是不随工件一起转动的，这样可以提高加工精度，避免由于顶尖转动而带来的误差。后顶尖是靠弹簧推力顶紧工件的，这样可以自动控制松紧程度。

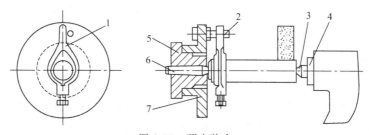

图 8-15 顶尖装夹

1—夹头；2—拨杆；3—后顶尖；4—尾架套筒；5—头架主轴；6—前顶尖；7—拨盘

磨削前，工件的中心孔均要进行修研，以提高几何形状精度和减小表面粗糙度。修研时一般采用四棱硬质合金顶尖，如图 8-16 所示。在车床或钻床上进行挤研，研亮就可以。当中心孔较大、修研精度较高时，必须选用油石顶尖作前顶尖，一般顶尖作后顶尖。修研时，头架旋转，工件不旋转，研好一端再研另外一端，如图 8-17 所示。

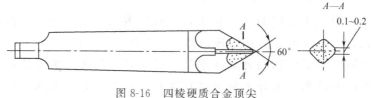

图 8-16 四棱硬质合金顶尖

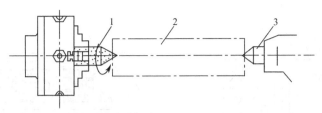

图 8-17 用油石顶尖修研中心孔
1—油石顶尖；2—工件；3—后顶尖

（2）卡盘装夹

在磨床上使用卡盘装夹工件的方法与车床操作基本相似。卡盘有三爪自定心卡盘、四爪单动卡盘和花盘三种。无中心孔的圆柱形工件大多采用三爪自定心卡盘装夹，不对称的复杂工件采用四爪单动卡盘装夹，形状不规则的采用花盘装夹。

（3）心轴装夹

盘套类空心工件常以内孔定位磨削外圆，往往采用心轴来装夹工件。常用的心轴种类与车床装夹用心轴类似。心轴必须和卡箍、拨盘等传动装置一起配合使用。其装夹方法与顶尖装夹相同。

8.2.4.2 内圆磨削中工件的安装

磨削内圆时，工件大多数是以外圆和端面作为定位基准的。通常采用三爪自定心卡盘、四爪单动卡盘、花盘及弯板等夹具装夹工件。其中最常用的是用四爪单动卡盘通过找正装夹工件，如图 8-18 所示。

8.2.4.3 平面磨削中工件的安装

磨削平面时，一般是以一个平面为基准磨削另一个平面。若两个平面都要磨削且要求平行时，则可互为基准，反复磨削。

磨削中小型工件的平面，常采用电磁吸盘工作台吸住工件。电磁吸盘工作台的工作原理如图 8-19 所示。在钢制吸盘体 1 的中部凸起的芯体 5 上绕有线圈 2，钢制盖板 3 被绝缘层 4 隔成一些小块。当线圈 2 中通过直流

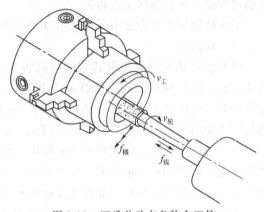

图 8-18 四爪单动卡盘装夹工件

电时，芯体 5 被磁化，磁力线由芯体 5 经过钢制盖板 3—工件—钢制盖板 3—钢制吸盘体 1—芯体 5 而闭合（图中用虚线表示），工件被吸住。电磁吸盘工作台的绝磁层由铅、铜或巴氏合金等非磁性材料制成，它的作用是使绝大部分磁力线能通过工件再回到吸盘体，而不能通过盖板直接回去，这样才能保证工件被牢固地吸在工作台上。

当磨削键、垫圈、薄壁套等小尺寸的零件时，由于工件与工作台接触面积小，吸力弱，容易被磨削力弹出而造成事故，所以装夹此类工件时，需用挡铁围住在工作四周或左右两端，以防工件移动，如图 8-20 所示。

在平面磨削中，除了用电磁吸盘安装工件外，还可用精密平口钳、精密导磁角铁、精密角铁来安装工件。

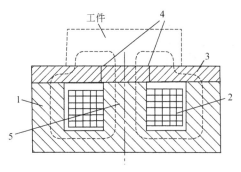
图 8-19 电磁吸盘工作台的工作原理
1—钢制吸盘体；2—线圈；3—钢制盖板；
4—绝缘层；5—芯体

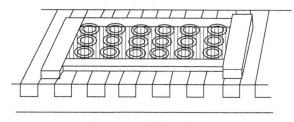
图 8-20 用挡铁围住工件

8.2.5 磨削加工

8.2.5.1 平面磨削

机械零件上有一些相互平行、垂直或成一定角度的平面，这些平面所要求达到的技术要求主要是平面的平面度，平面间的平行度、垂直度、倾斜度以及平面与其他要素之间的位置度和平面表面粗糙度。当这些要求较高时，特别是加工淬硬的平面，就需要进行磨削。平面磨削通常是在平面磨床上进行的。

平面磨削常用的方法有周磨法和端磨法两种。

(1) 周磨法

周磨法是指在卧轴矩台式或卧轴圆台式平面磨床上，用砂轮的外圆柱面进行磨削，如图 8-7(a)、(b) 所示。采用周磨时，由于砂轮与工件的接触面积和磨削力小，排屑及冷却条件较好，磨削热少且工件受热变形小，砂轮磨损均匀，因此磨削精度高，表面质量好。磨削的两平面间的尺寸精度可达 IT5、IT6，两面的平行度可达 0.01～0.03mm，直线度可达 0.01～0.03mm/m，表面粗糙度 Ra 可达 0.2～0.8μm。但周磨时砂轮主轴呈悬臂状态，故刚性较差，磨削用量不能太大，生产效率较低。一般适用于中小批量生产中磨削精度要求较高的中小型零件以及易产生翘曲变形的薄板工件。

在实际生产当中，周磨法又可分为横向磨削法、深度磨削法和阶梯磨削法三种方法，以适应不同生产率的要求。

① 横向磨削法：是最常用的一种方法，如图 8-21(a) 所示。这种磨削法是当工作台纵向行程终了时，砂轮主轴作一次横向进给，等到工件表面上第一层金属磨削完毕，砂轮按预选磨削深度作一次垂直进给，按照上述过程逐层磨削，直到把所有余量磨去，使工件达到所需尺寸。粗磨时，应选用较大垂直进给量和横向进给量，精磨时则两者均应选较小值。这种磨削法适用于宽长工件，也适用于相同小件按序排列集合磨削。

② 深度磨削法：如图 8-21(b) 所示，这种磨削法的纵向进给量较小，砂轮只作两次垂直进给，第一次垂直进给量等于全部的粗磨余量，当工作台的纵向行程终了时，将砂轮横向移动 3/4～4/5 的砂轮宽度，直到将工件整个表面的粗磨余量磨完为止。第二次垂直进给量等于精磨余量，其磨削过程与横向磨削法相同。这种方法垂直进给且次数少，生产效率较高，且加工质量也有保证，但磨削抗力大，仅适用于在动力大、刚性好的磨床上磨较大的

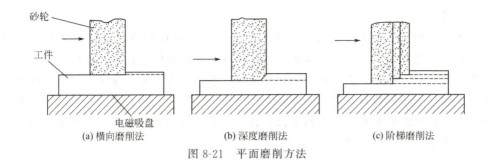

图 8-21 平面磨削方法

工件。

③ 阶梯磨削法：如图 8-21(c) 所示，磨削时按工件余量的大小，将砂轮修整成阶梯形，使其在一次垂直进给中磨去全部余量。用于粗磨的各阶梯宽度和磨削深度都应相同，其精磨阶梯的宽度应大于砂轮宽度的 1/2，磨削深度等于精磨余量（0.03～0.05mm）。磨削时，横向进给量应小些。由于磨削用量分配在各阶梯的轮面上，各段轮面的磨粒受力均匀，磨损也均匀，能较多的发挥砂轮的磨削性能。但因砂轮修整工作较为麻烦，应用上受到一定限制。

（2）端磨法

端磨法是指在立轴矩台式或立轴圆台式平面磨床上，用砂轮的端面进行磨削，如图 8-7(c)、(d) 所示。采用端磨时，因砂轮轴的刚性好，磨削用量可以增大，而且砂轮与工件的接触面积大，同时参与磨削的磨粒多，所以生产效率较高。但由于端磨过程中，磨削力大，发热量大，冷却条件差，排屑不畅，造成工件的热变形较大；砂轮端面沿径向各点的线速度不等，导致砂轮的磨损不均匀，故磨削精度较低。一般适用于大批量生产中对支架、箱体及板块状零件的平面进行粗磨以代替铣削和刨削的场合。

8.2.5.2 外圆磨削

外圆磨削是一种基本的磨削方法，它适于轴类及外圆锥零件的外表面磨削。在外圆磨床上磨削外圆常用的方法有纵磨法、横磨法、综合磨法和深磨法等。

（1）纵磨法

纵磨法又称贯穿磨削法，如图 8-22 所示。磨削时，砂轮高速旋转，起切削作用（主运动）；零件转动（圆周进给）并与工作台一起作往复直线运动（纵向进给）。当每一纵向行程或往复行程终了时，砂轮作周期性横向进给（被吃刀量）。每次背吃刀量很小，磨削余量是在多次往复行程中磨去的。当零件加工到接近最终尺寸时，采用无横向进给的几次光磨行程，直至火花消失为止，以提高零件的加工精度。纵向磨削的特点是具有较大适应性，一个砂轮可磨削长度不同、直径不等的各种零件，并且磨削精度高，表面粗糙度值小，但磨削效率较低。目前生产中，单件小批生产以及精磨时广泛采用这种方法，且尤其适用于细长轴的磨削。

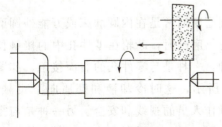

图 8-22 纵磨法

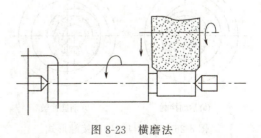

图 8-23 横磨法

(2) 横磨法

横磨法又称切入磨削法，如图 8-23 所示。横磨时，采用砂轮的宽度大于零件表面的长度，零件无纵向进给运动，而砂轮以很慢的速度连续地或断续地向零件作横向进给，直至余量被全部磨掉为止。由于工件与砂轮接触面积大，磨削力大，发热量多，磨削温度高，工件易发生变形和烧伤。因此横磨法生产率高，但精度及表面质量较低。该法适于磨削长度较短、刚性好、精度较低的外圆面及两侧都有台肩的工件的大批量生产，尤其是成形面，只要将砂轮修整成形，就可直接磨出。

(3) 综合磨法

综合磨法是先用横磨分段粗磨，相邻两段间有 5～15mm 重叠量，如图 8-24 所示，然后将留下的 0.01～0.03mm 余量采用纵磨法磨去。当加工表面的长度为砂轮宽度的 2～3 倍以上时，可采用综合磨法。综合磨法集纵磨、横磨法的优点为一身，既能提高生产效率，又能提高磨削质量。

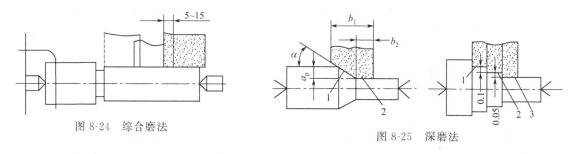

图 8-24 综合磨法　　　　　　图 8-25 深磨法

(4) 深磨法

深磨法是一种比较先进的方法，其特点是在一次纵向进给中磨去全部磨削余量。磨削时，砂轮一端修整成锥面或阶梯状，如图 8-25 所示。工件的圆周进给速度与纵向进给速度都很慢。此方法生产率较高，但砂轮修整复杂，并且要求工件的结构必须保证砂轮有足够的切入和切出长度。

8.2.5.3 内圆磨削

内圆磨削是精加工孔，特别是淬硬工件的高精度内孔加工的主要方法之一。

内圆磨削方法也分纵磨法和横磨法，其操作方法和特点与外圆磨削相似。但因内圆磨削砂轮轴一般较细长，易变形和振动，故纵磨法应用较广。

内圆磨削时，由于受零件孔径限制，使砂轮直径较小，悬伸长度大，故刚性差，磨削用量不能太大，所以生产效率较低。又由于砂轮直径小，砂轮圆周速度较低，加上冷却排屑条件不好，使得内孔表面质量不易提高。为了提高生产效率和加工精度，应尽可能选用较大直径的砂轮和砂轮轴，且砂轮轴伸出长度应尽可能缩短。

内圆磨削通常是在内圆磨床或万能外圆磨床上进行。磨削时，砂轮在零件孔中的接触位置有两种：一种是与零件孔的后面接触，如图 8-26(a) 所示，这时冷却液和磨屑向下飞溅，不影响操作人员的视线和安全。另一种是与零件孔的前面接触，如图 8-26(b) 所示，情况正

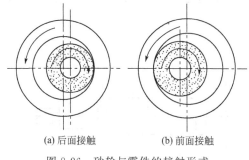

(a) 后面接触　　(b) 前面接触

图 8-26 砂轮与零件的接触形式

好与上述相反。通常，在内圆磨床上采用后面接触。在万能外圆磨床上磨孔，应采用前面接触，这样可采用自动横向进给；若采用后接触方式，则只能手动横向进给。

8.2.5.4 圆锥面磨削

圆锥面磨削通常有转动工作台法和转动零件头架法两种。

（1）转动工作台法

磨削外圆锥表面的方法如图8-27(a)所示，磨削内圆锥面的方法如图8-27(b)所示。转动工作台法大多用于锥度较小、锥面较长的零件。

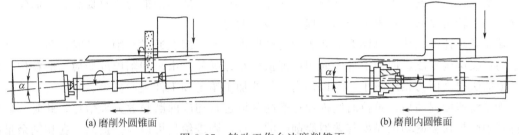

(a) 磨削外圆锥面　　　　　　　　(b) 磨削内圆锥面

图 8-27　转动工作台法磨削锥面

（2）转动零件头架法

转动零件头架法常用于锥度较大、锥面较短的内外圆锥面。图8-28(a)所示为磨削外圆锥面，图8-28(b)所示为磨削内圆锥面。

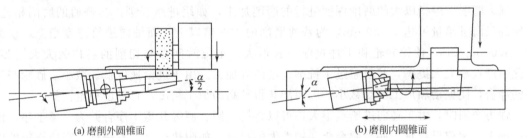

(a) 磨削外圆锥面　　　　　　　　(b) 磨削内圆锥面

图 8-28　转动零件头架法磨削锥面

8.2.6　其他磨削

8.2.6.1　精密磨削和超精密磨削

精密磨削（精密磨）是指加工精度为 $0.1\sim 1\mu m$、表面粗糙度达到 $0.025\sim 0.2\mu m$ 的磨削加工。可利用粒度为 $60^{\#}\sim 80^{\#}$ 的砂轮，经过精细修整，获得众多的等高微刃，在精密磨床上进行加工。精密磨床应具有高几何精度，包括砂轮主轴回转精度、工件主轴回转精度及导轨平直度等，以保证工件的形状及位置精度要求。此外，还需具有低速进给运动的稳定性的性能。精密磨削多用于加工机床主轴、轴承、液压元件、滚动导轨、量规等精密零件。

超精密磨削（超精密磨）是指加工精度达到 $0.1\mu m$、表面粗糙度低于 $0.025\mu m$ 的磨削加工。可利用粒度为 $w5\sim w40$ 的金刚石、立方氮化硼等超硬微粉磨料砂轮，经过精细修整或在线修整，在超精密磨床上进行磨削。超精密磨削不是一个单纯的加工方法，而是一个由多因素组成的系统工程，其中超精密磨床是超精密磨削的关键，加工精度是靠机床保证的。

超精密磨削可加工钢铁及其合金等金属材料、非金属的硬脆材料，可磨削外圆、平面、孔和孔系。

8.2.6.2 高效磨削

高效磨削包括高速磨削、强力磨削和砂带磨削等。采用高效磨削，可大大提高生产效率，扩大磨削加工范围。

（1）高速磨削

砂轮线速度在 45m/s 以上的磨削加工称为高速磨削，它是近代磨削技术发展出的一种新工艺。

砂轮速度提高以后，如果进给量仍与普通磨削相同，则每颗磨粒切去的切削厚度减少，磨粒切削刃上承受的切削负荷也就减少，这样，每颗磨粒的切削能力相对提高，从而使每次修整后的砂轮可以磨去更多的金属，提高了砂轮的寿命。

随着砂轮速度加快，每颗磨粒切去的切削厚度变薄，磨粒通过磨削区域时，留在工件表面上的切痕深度变浅，因而工件表面粗糙度值减小。另外，由于切削厚度变薄，磨粒作用在工件上的法向磨削力相应减小，可以提高工件的加工精度和工件表面质量。

砂轮线速度提高后，单位时间内通过磨削区域进行切削的磨粒数大大增加，此时，如果保持每颗磨粒切去的切削厚度与普通磨削时的一样，则进给量可以大大提高，在相同余量的情况下，磨削所用的时间可大大缩短，磨削效率提高。

为实现高速磨削，需要满足以下条件：一是砂轮的结合强度要高且要做平衡试验；二是机床刚度要好，电动机功率要大；三是冷却效果要好、必须注意安全。

（2）强力磨削

强力磨削一般指以大的磨削深度进行的磨削加工，如缓进给磨削。与普通的磨削相比，砂轮的径向进给量可达 0～30mm，为普通磨削的 100 倍以上，而轴向进给速度很低，仅为 10～300mm/min，使得砂轮和工件接触弧长增大，单位时间参与切削的磨粒数大大增多，因此生产效率大大提高，甚至超过了铣削、刨削等加工。由于进给速度低，减小了砂轮与工件的冲击，使振动和加工波纹减小，因而能获得较高的加工精度，且精度稳定性好。

强力磨削时，由于径向进给量很大，可以将铣、刨、磨等几道工序合并为一道工序，使毛坯加工一次成形，对一些高硬合金和韧性大的材料，如耐热合金、不锈钢、高速钢等的成形面，具有突出的技术经济效果。

在一次磨削循环中，砂轮只接触工件锐边一次，而一般平面磨削，在工作台每次行程中，砂轮则均与工件锐边相接触。因此，强力磨削的砂轮可以更长久地保持轮廓外形精度，不易损坏砂轮。

为实现强力磨削，需要满足以下条件：一是磨床必须具有较高的主轴刚度和较大的电动机功率且轴向进给平稳；二是必须有充分的、净化了的切削液供给；三是要有可靠的安全防护装置；四是对砂轮的磨料、粒度、结合剂、硬度、组织和修整方法都应提出更高的要求。

（3）砂带磨削

砂带磨削是以高速运动的砂带作为磨具对工件进行磨削加工的一种新型加工方法，即将环形砂带套在接触轮和张紧轮的外圆上，在张紧的状态下，使砂带表面与工件的加工表面相接触，并在一定压力作用下，以产生的相对摩擦运动对工作表面进行磨削，如图 8-29 所示。

与砂轮磨削相比，砂带磨削具有以下主要特点：

① 磨削效率高。砂带采用静电植砂法，使磨粒排列均匀，锋刃朝外，具有等高性，几乎所有磨粒都参加切削，且机床功率利用率高，磨削效率比砂轮高 5～20 倍。

② 工艺灵活性大，适应性强。砂带磨削可方便地用于平面、外圆、内圆、复杂的异型

曲面等的磨削加工。

③ 加工质量好。砂带磨削时，接触面小，摩擦发热少，且磨粒散热时间间隔长，可以有效地减少工件变形及烧伤，故加工精度高，表面粗糙度 Ra 可达 $0.2\sim0.4\mu m$，精度可以保证在 $\pm 0.005mm$ 或更高。

④ 综合成本低。砂带磨床结构简单、投资少、操作简便，生产辅助时间少（如换新砂带不到1分钟即可），对工人技术要求不高，工作时安全可靠。

砂带磨削几乎能用于加工所有的工程材料，作为在先进制造技术领域有着"万能磨削"和"冷态磨削"之称的新型工艺，砂带磨削已经成为与砂轮磨削同等重要的加工方法，在制造业中发挥着越来越重要的作用，有着广泛的应用及广阔的发展前景。

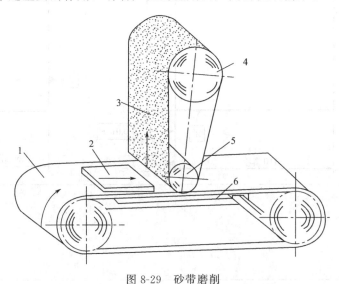

图 8-29　砂带磨削

1—传送带；2—工件；3—砂带；4—张紧轮；5—接触轮；6—支承板

记一记

8.3 任务实施

8.3.1 任务报告

任务	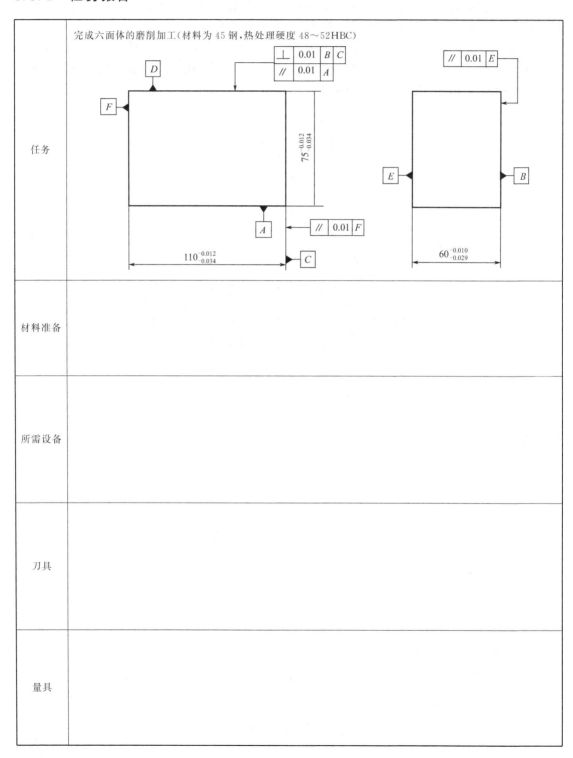完成六面体的磨削加工(材料为 45 钢,热处理硬度 48~52HBC)
材料准备	
所需设备	
刀具	
量具	

续表

操作步骤	

8.3.2 任务考核评价表

项目		项目内容	配分	学生自评分	教师评分
任务完成质量得分(50%)	1	基准确定	20		
	2	长度110	10		
	3	长度75	10		
	4	长度60	10		
	5	平行度	20		
	6	垂直度	20		
	7	表面粗糙度	10		
		合计	100		
任务过程得分(40%)	1	准备工作	20		
	2	工位布置	10		
	3	工艺执行	20		
	4	清洁整理	10		
	5	清扫保养	10		
	6	工作态度是否端正	10		
	7	安全文明生产	20		
		合计	100		
任务反思得分(10%)	1.每日一问： 2.错误项目原因分析： 3.自评与师评差别原因分析：				
任务总得分					
任务完成质量得分		任务过程得分	任务反思得分		总得分

8.4 巩固练习

(1) 选择题

① 外圆磨削的主运动是（　　）。
　　A. 工件的圆周进给运动　　　　　　B. 砂轮的高速旋转运动
　　C. 工件的纵向进给运动

② 采用（　　）传动可以使磨床运动平稳，并可实现较大范围内的无级变速。
　　A. 齿轮　　　　B. 带　　　　C. 链　　　　D. 液压

③（　　）是表示砂轮内部结构松紧程度的参数。
　　A. 砂轮组织　　B. 砂轮粒度　　C. 砂轮硬度　　D. 砂轮强度

④ 粗磨时砂轮磨料的颗粒应是（　　）。
　　A. 细颗粒　　　B. 特细颗粒　　C. 粗颗粒

⑤ 平面磨削常用的工件装夹方法是（　　）。
　　A. 卡盘　　　　B. 顶尖　　　　C. 电磁吸盘

⑥ 加工面不宽，且刚性较好的工件外圆磨削应选用（　　）。
　　A. 纵磨法　　　B. 横磨法　　　C. 深磨法　　　D. 综合磨法

⑦ 砂轮的硬度是指（　　）。
　　A. 从硬度计测量的硬度　　　　　B. 砂轮磨料的硬度
　　C. 磨粒脱落的难易程度　　　　　D. 磨粒的数量

⑧ 磨削面积较大且要求不高的平面时，应采用（　　）。
　　A. 端磨法　　　B. 周磨法　　　C. 纵磨法

(2) 判断题

① 磨削实际上是一种多刃刀具的超高速切削。（　　）
② 磨削加工中工件的运动是主运动，砂轮的转动为进给运动。（　　）
③ 为了提高加工精度，外圆磨床上使用的顶尖都是死顶尖。（　　）
④ 砂轮的磨粒号越大，磨粒尺寸也越大。（　　）
⑤ 平面磨床只能磨削由钢、铸铁等导磁性材料制造的零件。（　　）
⑥ 在转速不变的情况下，砂轮直径越大，其切削速度越高。（　　）
⑦ 磨削硬材料时，应选择硬度高的砂轮。（　　）
⑧ 周磨平面，砂轮与工件接触面小，排屑和冷却条件好，砂轮圆周上的磨损基本一致，所以能获得较好的加工质量。（　　）
⑨ 磨削锥度较小的锥孔时，转动头架的方法。（　　）
⑩ 对于同直径的工件，内圆磨削的质量和生产率低于外圆磨削。（　　）

(3) 填空题

① 磨削加工范围很广，可以加工外圆、_____、_____还可加工螺纹、花键、齿轮特殊的成形表面。

② 万能外圆磨床由_____、_____、_____、_____、_____和内圆磨头等组成。

③ _____、_____和_____是构成砂轮的三要素。

④ 用于制造砂轮的磨料有_____、_____和超硬磨料。

⑤ 外圆磨削时，工件的方法有_____、_____、_____。

⑥ 外圆磨削方法有_____、_____、_____和深磨法。

⑦ 表示砂轮的特性主要包括_____、_____、_____、_____、_____和形状和尺寸等。

参考文献

[1] 金禧德.金工实习.第3版.北京：高等教育出版社，2006.
[2] 刘霞.金工实习.北京：机械工业出版社，2009.
[3] 魏斯亮，邱小林.金工实习.北京：北京理工大学出版社，2016.
[4] 黄如林.金工实习.南京：东南大学出版社，2016.
[5] 张海军.金工实习指导教程.天津：天津大学出版社，2012.
[6] 高琪.金工实习教程.北京：机械工业出版社，2012.
[7] 京玉海，冯新红，朱海燕.金工实习.天津：天津大学出版社，2009.
[8] 袁梁梁，孙奎洲，庄曙东.机械制造工程实训.武汉：华中科技大学出版社，2013.
[9] 孙以安，鞠鲁粤.金工实习.第2版.上海：上海交通大学出版社，2005.
[10] 侯伟，张益民，赵天鹏.金工实习.武汉：华中科技大学出版社，2013.
[11] 徐永礼，涂清湖.金工实习.北京：北京理工大学出版社，2009.
[12] 刘俊义.机械制造工程训练.南京：东南大学出版社，2013.
[13] 司忠志.金工实习教程.北京：北京理工大学出版社，2015.
[14] 张力重，杜新宇.图解金工实训.第2版.武汉：华中科技大学出版社，2013.
[15] 史毅.钳工工艺与技能训练.长沙：国防科技大学出版社，2014.
[16] 王英杰.金属工艺学.北京：机械工业出版社，2010.
[17] 司马钧，舒庆.热成形技术基础.北京：高等教育出版社，2009.
[18] 王宗杰.熔焊方法及设备.北京：机械工业出版社，2014.